高等院校数据科学与大数据专业"互联网+"创新规划教材

知识表示与推理

李玉洁　主　编
谭本英　副主编
刘　岩　丁数学　覃　阳　参　编

内 容 简 介

本书聚焦于知识表示与推理，围绕经典知识表示、知识图谱、知识体系构建和知识融合、实体识别和扩展、实体消歧、关系抽取、事件抽取、知识存储和检索、经典知识推理、确定性推理与不确定性推理、数值推理、知识问答与对话等展开介绍。每章对多个相关研究方向的发展进程进行系统的、多维度的梳理，注重介绍传统知识工程的思想和理论，以及机器学习和深度学习在知识表示与推理各个环节中应用的技术和方法，从而使读者能够了解知识表示与推理的发展脉络，激发研究兴趣，思考核心问题，领悟发展方向。

本书既可作为高等院校人工智能、数据科学与大数据技术等专业本科生的必修课教材，也可作为计算机科学与技术、电子信息等专业硕士研究生的选修课教材，还可作为人工智能、数据科学等相关领域从业者的参考用书。

图书在版编目(CIP)数据

知识表示与推理 / 李玉洁主编. -- 北京 ：北京大学出版社，2024.8. -- (高等院校数据科学与大数据专业"互联网+"创新规划教材). -- ISBN 978-7-301-35352-3

Ⅰ.TP18

中国国家版本馆 CIP 数据核字第 2024MU6552 号

书　　名	知识表示与推理 ZHISHI BIAOSHI YU TUILI
著作责任者	李玉洁　主编
策划编辑	郑　双
责任编辑	黄园园　郑　双
标准书号	ISBN 978-7-301-35352-3
出版发行	北京大学出版社
地　　址	北京市海淀区成府路 205 号　100871
网　　址	http://www.pup.cn　新浪微博：@北京大学出版社
电子邮箱	编辑部 pup6@pup.cn　总编室 zpup@pup.cn
电　　话	邮购部 010-62752015　发行部 010-62750672　编辑部 010-62750667
印 刷 者	河北滦县鑫华书刊印刷厂
经 销 者	新华书店
	787 毫米×1092 毫米　16 开本　15.25 印张　371 千字 2024 年 8 月第 1 版　2024 年 8 月第 1 次印刷
定　　价	45.00 元

未经许可，不得以任何方式复制或抄袭本书之部分或全部内容。
版权所有，侵权必究
举报电话：010-62752024　电子邮箱：fd@pup.cn
图书如有印装质量问题，请与出版部联系，电话 010-62756370

前言

党的二十大报告指出要构建新一代信息技术、人工智能、生物技术、新能源、新材料、高端装备、绿色环保等一批新的增长引擎。新一代信息技术与各产业结合形成数字化生产力和数字经济,是现代化经济体系发展的重要方向。大数据、云计算、人工智能等新一代数字技术是当代创新最活跃、应用最广泛、带动力最强的科技领域之一,给产业发展、日常生活、社会治理等带来深刻影响。知识表示与推理是新一代信息技术的主要研究方向之一。知识表示与推理受到人类问题求解的启发,将知识表示为智能系统,以获得解决复杂任务的能力。知识表示方法是面向计算机的知识描述或表达形式和方法,是一种数据结构与控制结构的统一体,既考虑知识的存储又考虑知识的使用。知识推理一般运用于知识发现、冲突与异常检测,是知识精细化工作和决策分析的主要实现方式。目前的知识推理已经广泛应用在各行各业,如企业投资风险研究、信贷风控、智能投顾、农作物价格预测和动态属性生成等。

本书是编者自2019年以来,结合广西壮族自治区科技项目,从事"知识表示与推理"的课程教学和研究积累撰写而成的。为了便于读者深入理解和快速掌握知识工程领域的主流趋势和新技术,结合近年来我国知识工程迅速发展的形势,根据编者及所在课题组多年来的教学经验和国内外科研经历的积累,编写了本书。

本书聚焦于知识表示与推理,围绕经典知识表示、知识图谱、知识体系构建和知识融合、实体识别和扩展、实体消歧、关系抽取、事件抽取、知识存储和检索、经典知识推理、确定性推理与不确定性推理、数值推理、知识问答与对话等展开介绍。每章对多个相关研究方向的发展进程进行系统的、多维度的梳理,注重介绍传统知识工程的思想和理论,以及机器学习和深度学习在知识表示与推理各个环节中应用的技术和方法,从而使读者能够了解知识表示与推理的发展脉络,激发研究兴趣,思考核心问题,领悟发展方向。为更好地帮助读者学习,本书在相关知识点处添加了视频二维码,读者扫描后即可在线观看。

本书由桂林电子科技大学李玉洁编写第1章到第4章,谭本英编写第5章到第8章,丁数学和覃阳编写第 9 章和第 10 章，郑州轻工业大学刘岩编写第 11 章到第 13 章。在编写的过程中，桂林电子科技大学的陈光喜、刘振丙、石奎提出了很多宝贵意见和建议，对提高本书的质量给予了很大帮助，在此一并表示感谢！

由于本书涉及内容广泛，笔者水平有限，书中不妥和疏漏之处在所难免，欢迎广大读者批评指正。

李玉洁

2024 年 5 月

【资源索引】

/目 录/

第1章 概述 1
   1.1 知识表示的概念 2
   1.2 知识表示与推理的发展历史 5
   1.3 本书的内容安排 7
   本章习题 8

第2章 经典知识表示 9
   2.1 概念表示 9
      2.1.1 数理逻辑 10
      2.1.2 集合论 12
      2.1.3 概念的现代表示 13
   2.2 产生式表示法 14
      2.2.1 产生式 14
      2.2.2 产生式系统 15
   2.3 框架表示法 17
   2.4 脚本表示法 20
   2.5 状态空间表示法 21
   2.6 语义网表示法 23
      2.6.1 语义网络 23
      2.6.2 语义网知识描述体系 25
   2.7 数值化表示 31
      2.7.1 符号的数值化表示 31
      2.7.2 文本的数值化表示 32
   本章小结 32
   本章习题 33

第3章 知识图谱 34
   3.1 知识图谱的概念 34

3.2 知识图谱类型 36
3.3 知识图谱生命周期 42
    3.3.1 知识体系构建 42
    3.3.2 知识获取 43
    3.3.3 知识融合 46
    3.3.4 知识存储 47
    3.3.5 知识推理 47
    3.3.6 知识应用 48
3.4 知识图谱中的知识表示方法 50
    3.4.1 表示框架 50
    3.4.2 Freebase 52
    3.4.3 知识图谱的数值化表示 53
3.5 知识图谱与深度学习 54
本章小结 57
本章习题 57

第 4 章　知识体系构建和知识融合 58

4.1 知识体系构建 58
    4.1.1 人工构建方法 59
    4.1.2 自动构建方法 62
    4.1.3 典型知识体系 64
4.2 知识融合 66
    4.2.1 框架匹配 66
    4.2.2 实体对齐 68
    4.2.3 冲突检测与消解 69
    4.2.4 典型知识融合系统 70
本章小结 72
本章习题 72

第 5 章　实体识别和扩展 73

5.1 实体识别 73
    5.1.1 任务概述 73
    5.1.2 基于规则的实体识别方法 76
    5.1.3 基于机器学习的实体识别——基于特征的方法 77
    5.1.4 基于机器学习的实体识别——基于神经网络的方法 83
5.2 细粒度实体识别 84
    5.2.1 任务概述 84

  5.2.2 细粒度实体类别的制定 85
  5.2.3 细粒度实体识别方法 86
 5.3 实体扩展 86
  5.3.1 任务概述 86
  5.3.2 实体扩展方法 87
 本章小结 91
 本章习题 91

第6章 实体消歧 92

 6.1 任务概述 92
  6.1.1 任务定义 92
  6.1.2 任务分类 93
  6.1.3 相关评测 94
 6.2 基于聚类的实体消歧方法 97
  6.2.1 基于表层特征的实体指称项相似度计算 97
  6.2.2 基于扩展特征的实体指称项相似度计算 98
  6.2.3 基于社会化网络的实体指称项相似度计算 98
 6.3 基于实体链接的实体消歧方法 100
  6.3.1 链接候选过滤方法 100
  6.3.2 实体链接方法 101
 6.4 面向结构化文本的实体消歧方法 104
 本章小结 105
 本章习题 105

第7章 关系抽取 106

 7.1 任务概述 106
  7.1.1 任务定义 106
  7.1.2 任务分类 107
  7.1.3 任务难点 108
  7.1.4 相关评测 108
 7.2 限定域关系抽取 109
  7.2.1 基于模板的关系抽取方法 110
  7.2.2 基于机器学习的关系抽取方法 111
 7.3 开放域关系抽取 120
 本章小结 122
 本章习题 122

第 8 章 事件抽取 123

8.1 概述 123
8.2 限定域事件抽取 130
8.2.1 基于模式匹配的事件抽取方法 130
8.2.2 基于机器学习的事件抽取方法 132
8.3 开放域事件抽取 136
8.3.1 基于内容特征的事件抽取方法 137
8.3.2 基于异常检测的事件抽取方法 138
8.4 事件关系抽取 138
8.4.1 事件共指关系抽取 139
8.4.2 事件因果关系抽取 139
8.4.3 子事件关系抽取 140
8.4.4 事件时序关系抽取 140
本章小结 141
本章习题 141

第 9 章 知识存储和检索 142

9.1 知识图谱的存储 143
9.1.1 基于表结构的存储 143
9.1.2 基于图结构的存储 148
9.2 知识检索 150
9.2.1 常见形式化查询语言 150
9.2.2 图检索技术 160
本章小结 163
本章习题 163

第 10 章 经典知识推理 164

10.1 典型推理任务 164
10.1.1 知识补全 164
10.1.2 知识问答 165
10.2 知识推理分类 166
10.2.1 归纳推理 166
10.2.2 演绎推理 167
10.3 知识推理方法 168
10.3.1 归纳推理：学习推理规则 168
10.3.2 演绎推理：推理具体事实 169

10.4 常识知识推理	171
本章小结	173
本章习题	173

第 11 章 确定性推理与不确定性推理 ... 174

11.1 确定性推理	174
11.2 不确定性推理	175
11.2.1 概述	175
11.2.2 基于概率论的推理方法	179
11.2.3 模糊推理	180
本章小结	182
本章习题	182

第 12 章 数值推理 ... 183

12.1 基于数值计算的推理	183
12.1.1 基于张量分解的方法	183
12.1.2 基于能量函数的方法	185
12.2 符号演算和数值计算的融合推理	189
本章小结	191
本章习题	192

第 13 章 知识问答与对话 ... 193

13.1 概述	194
13.2 知识问答	195
13.2.1 基于语义解析的方法	197
13.2.2 基于搜索排序方法	203
13.2.3 常用评测数据及各方法性能比较	208
13.3 知识对话	209
13.3.1 知识对话技术概述	209
13.3.2 任务导向型对话系统	210
13.3.3 通用对话系统	215
13.3.4 评价方法	217
本章小结	218
本章习题	218

参考文献 ... 219

第1章 概述

1956年夏,在美国的达特茅斯(Dartmouth)学院,由斯坦福大学的麦卡锡(McCarthy)、哈佛大学的明斯基(Minsky)、IBM 公司的罗切斯特(Lochester)、贝尔实验室的香农(Shannon)四人共同发起,邀请 IBM 公司的塞缪尔(Samuel)、卡内基梅隆大学的纽厄尔(Newell)和西蒙(Simon)等人参加,在一起探讨用机器模拟智能,经麦卡锡提议,决定使用"人工智能"一词来概括这个研究方向。这标志着人工智能这个学科正式诞生。人工智能是一门以知识为核心的,研究知识的表示、知识的获取、知识的运用的科学[1]。知识表示与推理是人工智能领域的一个重要研究内容。

1977年,在第五届国际人工智能会议上,美国斯坦福大学计算机科学家费根鲍姆发表了特约文章《人工智能的艺术:知识工程课题及实例研究》,系统地阐述了"专家系统"的思想,并提出了"知识工程"的概念。在随后的 30 多年,研究人员提出一系列知识表示与推理的理论和方法,基于知识表示及人工构建知识库的专家系统在多个具体应用领域(如医学、化学)取得成功,知识表示与推理理论稳步发展;但另一方面,对人工构建知识库的依赖,使知识工程遇到了知识瓶颈。2012 年 5 月,Google 发布了新一代知识搜索引擎,其可以展示与关键词所描述的相关的人物、地点和事件等信息。例如,对于关键词"北大",知识搜索引擎将它理解成一个概念"北京大学",并展示成立时间、地理位置、主管部门等基本信息,以及"学部与院系""招生""北大概况"等相关信息,从而让使用者更加便捷地发现核心知识及与之相关联的新知识。支持这种知识搜索功能的是一个称为知识图谱(knowledge graph)的基础平台,它是从维基百科(Wikipedia)中抽取出来的、规模巨大的、以相互关联的实体及其属性为核心的知识网络。知识图谱丰富的语义表达能力和开放互联能力,为计算机理解万维网的内容以及万维网知识的互联打下了坚实的基础。一时间互联网巨头们纷纷跟进,构建了自己的知识图谱,包括微软 Probase、百度知心、搜狗知立方等,而学术界也倾力研究各种知识图谱构建和应用的方法。2022年 11 月,OpenAI 推出人工智能对话聊天机器人 ChatGPT,经过短短几个月时间,ChatGPT 在 2023 年 1 月份的月活跃用户数量已达 1 亿,这使其成为史上用户数量增长最快的应用。随着人工智能大模型的发展,诞生了更多的智能对话大模型,如阿里云通义千问、百度文心一言等。知识工程再次成为人工智能领域的研究热点[2]。

1.1 知识表示的概念

【知识表示的概念】

党的二十大报告指出"要以科学的态度对待科学"。在学习知识表示之前,首先要了解什么是知识。虽然人们在日常生活、学习、工作中时刻需要利用知识:如出门前查询天气预报,出行前了解交通信息,旅游需要了解目的地的文化和风俗习惯,工作需要熟悉相关领域技能,等等。但是,目前人们对知识还没有一个统一的定义,随着社会的发展,人们对知识的理解也在不断变化,可以从不同角度加以理解。

- 柏拉图认为,知识是永恒不变的且适用于世间万物的真理。
- 费根鲍姆认为,知识是经过消减、塑造、解释和转换的信息,即知识就是经过加工的信息。
- 伯恩斯坦认为,知识是由特定领域的描述、关系和过程组成的。
- 海斯罗思认为,知识是事实、信念和启发式规则。
- 达文波特认为,知识是与经验(experience)、背景(context)、解释(interpretation)和思考(reflection)结合在一起的信息,它是一种可以随时帮助人们决策与行动的高价值信息。
- 在《现代汉语词典(第7版)》中,知识的定义是:人们在社会实践中所获得的认识和经验的总和。其初级形态是经验知识,高级形态是系统科学理论。按其获得方式可分为直接知识和间接知识。按其内容可分为自然科学知识、社会科学知识和思维科学知识。知识的总体在社会实践的世代延续中不断积累和发展。
- 李德毅在《人工智能导论》[1]中提出,知识是在长期的生活及社会实践中、在科学研究及实验中积累起来的对客观世界的认识与经验。知识可以是对信息的关联。例如,如果大雁向南飞,则冬天就要来临了。知识也可以是对已有知识的再认识。例如,如果计算机能听懂人类语言,则人类可以与计算机对话;如果计算机能听懂人类语言,人类就可以直接与计算机对话,则人类将努力研究自然语言理解问题(知识的再认识)。

虽然人类涉及的知识非常广泛,但可以把知识大致分为两大类:陈述性知识(或称描述性知识)和过程性知识(或称程序性知识)。陈述性知识是描述客观事物的性状等静态信息。例如,特定的事或物、对一类事物本质特性的反映、对事物之间关系的陈述等。过程性知识是描述问题如何求解等动态信息,分为规则和控制结构两种类型。其中,规则描述事物的因果关系,控制结构描述问题的求解步骤。在对各种知识进行收集和整理的基础上,进行形式化表示,按照一定的方式进行存储,并提供相应的知识查询手段,从而使知识有序化,这是知识共享和应用的基础。在现代社会中,人们从正规学校系统中获取的知识技能有限,大量知识技能要在工作实践中不断习得,终身学习既是人们谋生发展的持续动力，也是国家现代化对人力资源开发的必然要求。

知识蕴含在数据之中。在大数据时代，人类在日常生活和工作中产生了庞大的数据，这些数据中包含了大量描述自然界和人类社会活动的信息，这些信息以文字、声音、图片、视频等各种载体表示、存储和传播。如何让计算机、边缘设备等分析及理解这些数据，从中挖掘出有价值的知识，向用户提供精准的应用服务，是构建下一代信息服务，乃至人工智能技术发展的核心目标之一。

数据分为结构化数据、半结构化数据及非结构化数据三种，计算机擅长处理结构化数据。然而，互联网中大量的信息是以半结构化数据及非结构化数据的形式存储和传播的，为了让计算机能够处理这些信息，就需要理解这些半结构化数据及非结构化数据蕴含的语义，分析其中的语义单元之间的关系，将其转换成结构化数据。图是一种能有效表示数据之间结构的形式，因此，人们尝试把数据中蕴含的知识用图的结构进行形式化表示。经过结构化的数据和已有的结构化数据进行关联，就构成知识图谱。知识图谱对于知识服务有重要的支撑作用，能够将传统基于浅层语义分析的信息服务范式提升到基于深层语义的知识服务。知识图谱是 Google 公司用来支持从语义角度组织网络数据，从而提供智能搜索服务的知识库。从这个意义上讲，知识图谱是一种比较通用的语义知识的形式化描述框架，它用节点表示语义符号，用边表示符号之间的语义关系。在计算机世界中，节点和边的符号通过符号具化(symbol grounding)表征物理世界和认知世界中的对象，并作为不同个体对认知世界中信息和知识进行描述和交换的桥梁。这种使用统一形式描述的知识描述框架便于知识的分享与利用。

在计算机科学领域，对知识和结构化数据的表示和存储具有不同的技术路线，最典型的分为本体(ontology)和数据库(database)两类。

本体这个词源于哲学，是一套对客观世界进行描述的共享概念化体系。在人工智能领域，本体是通过对象类型、属性类型及关系类型对领域知识进行形式化描述的模型。本体强调的是抽象的概念表示。例如，对于不同类型的汽车，关注它们之间具有什么类型的语义关系，而不关注具体的个体信息。因此，本体只对数据的定义进行描述，而没有描述具体的实例数据。

数据库是计算机科学家为了用计算机表示和存储应用中需要的数据而设计开发的产品。数据库主要用于存储数据，这些数据可以进行传递和交换。尽管有不同类型的数据库，如关系数据库、非关系数据库、面向对象数据库等。但对于数据的描述和定义，在传递和交换过程中，都会假定参与方都已经明白和理解。例如，在使用数据库中的人员信息表进行信息管理系统开发时，会假设开发者对数据表结构(如有什么属性、属性的数据类型是什么、数据值域等)了如指掌。数据库对数据描述和数据本身的操作提供了不同的描述语言。例如，插入数据到表中用"Insert ** Values **"命令描述，删除表中的数据用"Delete ** Values **"命令描述。

实际上，人工智能应用中不仅需要具体的知识实例数据，数据的描述和定义也非常关键。例如，概念上下位关系("羊驼"是一种"骆驼科动物")、属性之间的关系("父母"与"子女"是逆关系)、属性的约束(一个"人"的"性别"只有"1个")等。知识图谱用统一的形式对知识实例数据的定义和具体知识数据进行描述，即用三元组形式(二元关系)对知识系统进行资源描述和存储。例如，维基数据(Wikidata)中不仅用 <Yao Ming, instance of, human>、<Yao Ming, occupation, basketball player> 和 <Yao Ming, place of birth, Shanghai>表达了具体的实例数据，也用 <basketball player, subclass of, player>、<place of birth, value type constraint, geographical object>和<place of birth, subproperty of, location>等三元组形式对相关知识结构进行了描述。各个具体实例数据只有在满足系统约定的"框架"约束下运用才能体现为"知识"，其中框架(Schema，或称"元知识")就是对知识的描述和定义，知识框架和实例数据共同构成一个完整的知识系统。总之，在约定的框架下，对数据进行结构化，并与已有结构化数据进行关联，就形成了知识图谱。为了将其付诸实现，知识图谱往往需要将自身的框架结构映射到某种数据库系统所支持的框架定义上，必要时可以对数据库进行专门扩展。所以，知识是认知，图谱是载体，数据库是实现，知识图谱就是在数据库系统上利用图谱这种抽象载体表示知识这种认知内容。

综上所述，知识表示与推理以丰富的语义表示能力和灵活的结构，构建了在计算机世界中表示认知世界和物理世界中信息和知识的有效载体，并实现知识问答与对话等应用(图 1.1)，成为人工智能应用的重要基础。

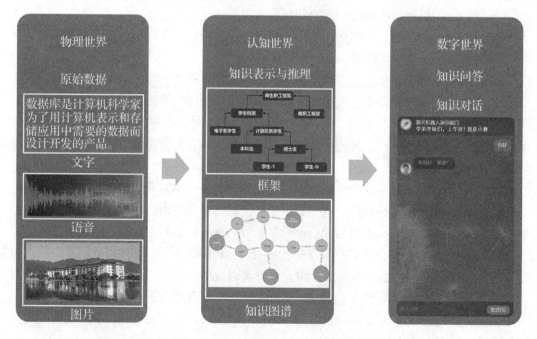

图 1.1　知识表示与推理载体示例

1.2 知识表示与推理的发展历史

知识表示与推理的发展可以从人工智能的开创开始追溯。人工智能的研究目标是制造出人造的智能机器或智能系统,来模拟人类的智能活动,以延伸人类智能的科学。使机器能够执行那些人类需要通过智能才能完成的任务,如推理、分析、预测、思考等高级思维活动。人们希望借助知识库实现该目标,即把人类所掌握的知识用计算机进行表示和组织,并设计相应算法完成推理、预测等任务。例如,专家系统就是利用知识库支撑人工智能的一种有效尝试。因此,知识库在人工智能领域的目标可以总结为知识数据化(让计算机表示、组织和存储知识,对应图 1.2 左半部分)和数据知识化(让数据支持推理、预测等智能任务,对应图 1.2 右半部分)。

【知识表示与推理的发展历史】

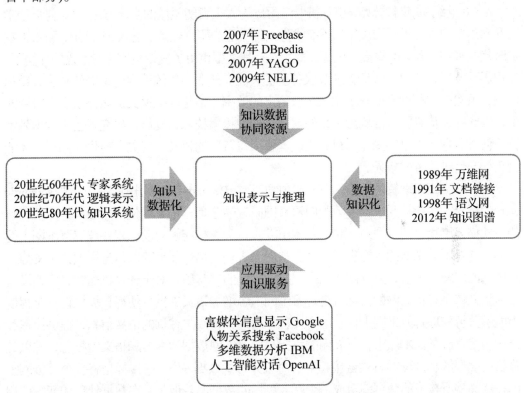

图 1.2 知识表示与推理发展历程

纵观知识表示与推理的发展历史,知识表示其实是伴随着人工智能技术的发展而发展的。在人工智能发展的初期,研究者们看重的是如何构建一个推理模型进行问题的求解，而忽视了对数据中蕴含的知识的加工和利用。1968 年，奎利恩(Quillian)在他的博士论文中最先提出了"语义网络"(semantic network)的概念，将其作为人类联想记忆的一个显式心理学模型。1977 年，图灵奖获得者费根鲍姆最早提出了"知识工程"(knowledge engineering)的概念，他认为"知识中蕴藏着力量"(in the knowledge lies the power)，通过实验和研究，费根鲍姆证明了知识是实现智能行为的主要手段，特定领域知识是大多数实际应用的关键。这对于人工智能技术以及相关研究的发展产生了巨大的影响，在"知识工程"的概念提出后，越来越多的研究者开始投入知识工程、专家系统的相关研究中。历史上，研究界提出了一系列各具特点的知识表示方法。例如，20 世纪 70 年代提出的以一阶谓词逻辑为代表的逻辑表示法(logic representation)，1975 年明斯基提出的框架表示法(frames representation)等。同时，研究者也在试图基于这些知识表示方法构建知识库，如 20 世纪 80 年代提出的以 Cyc 为典型代表的大型知识系统。尽管后续发展情况显示很多知识库项目是失败的，但是不能否认的是，知识工程已经成为人工智能的重要组成部分，也是人工智能领域中取得实际成果最丰富、影响最大的分支之一。

从 20 世纪 90 年代开始，统计机器学习成为人工智能领域的主流方法，"如何自动学习和利用知识进行推断和决策"逐渐成为人工智能的研究热点。进入 21 世纪，随着大数据时代的来临，数据的规模呈现爆炸式增长，其类型也更加复杂多变，在大数据环境下，知识表示、知识获取、知识管理及服务备受关注。然而，传统搜索引擎仍然基于关键词匹配，虽然一定程度上提升了用户获取信息的效率，但是匹配模式仍然停留在字符层匹配，因此存在信息服务准确度不足的缺点。随着搜索技术的发展，研究者逐步意识到字符层面背后存在大量的知识，只有正确理解字符背后的语义，将文字转化为知识，才能真正提升信息服务的效果。

为了解决语义理解的困难，1998 年伯纳斯-李(Berners-Lee)提出了"语义网"(semantic web)的概念，由此打开了世界范围内语义网研究的序幕。语义网使用能够被计算机理解的方式描述事物之间的联系，它的基本出发点是计算机能够自动识别并理解万维网上的内容，并对不同来源的内容进行融合，从而为人们更加快速地获取信息提供技术支撑。从概念的理解上来看，万维网上的内容只是简单的字符串，对于计算机而言，它们没有任何语义信息；语义网的目标就是对万维网内容增加语义支持，使得计算机在一定程度上能够分析和理解万维网上信息的含义，并通过分析用户查询的语义信息，提供快速和准确的信息服务。本质上，语义网的目标是以万维网数据的内容和语义为核心，并以计算机能够理解和处理的方式链接起来的海量分布式数据库[5]，其目标是将整个万维网上的在线文档所构成的数据编辑成一个巨大可用的数据库。但是它在数据处理和智能应用上仍然存在缺陷，限制了语义网在实际中大规模使用的可能性。一方面，为了使计算机能够更方便地处理万维网数据，需要对这些数据标记语义信息。但是，万维网数据量巨大，且涉及的领域范围非常广泛，这就要求标记方法必须具备很强的扩展性。因此，如何自动地给万维网上的网页内容添加合适的标签就成为研究的关键问题之一，解决这一问题涉及信息抽取、分类、关联等核心技术[6][7][8]。另一方面，要让计算机能够处理万维网上人类生成的内容，需要计算机具有推理、决策等"思考"的能力。这就需要把数据集合转变为知识系统，并赋予其描述逻辑知识的能力。目前，在这个问题上语义网还存在很多的不足，在很多应用场景下需要研究表达能力更强的知识表示形式。由于上述问题的存在，语义网刚推出的十年间并没有在实际中大规模应用，但是相关研究成果大力推动了使用本体模型和形式化手段表达数据语义，为后续的知识图谱研究热潮奠定了基础。

语义网技术真正得到发展，以维基百科为核心的协同知识资源起到了功不可没的作用(甚至可以认为是决定性作用，对应图 1.2 上半部分)。最典型的大规模通用领域知识图谱 Freebase、DBpedia 和 YAGO 都是以维基百科的信息框(information box，简称 Infobox)数据为基础构建而成的。其中，Freebase 更偏向于知识工程的技术路线，而 DBpedia、YAGO 更偏向于语义网的技术路线。另外，实际中的真实应用需求也是知识图谱发展的一个主要推动力(对应图 1.2 下半部分)。2012 年，Google 提出知识图谱这一概念后，基于知识图谱的知识表示方法开始蓬勃发展。Google 试图通过知识图谱对网页中的文本内容，特别是客观类事实性文本内容中的语义信息进行刻画，从这些非结构化的文本内容中提取出实体及其关系，将其事实性的文本内容转化为相互连接的图结构，从而让计算机真正做到理解文本内容。知识图谱是语义网真正意义上的一款重量级应用产品，极大地推动了语义网、自然语言处理、数据库等相关技术的发展，被看成下一代人工智能技术的基础平台之一，受到企业界、学术界的极大关注。

1.3 本书的内容安排

本书的内容安排如图 1.3 所示。第 2～4 章介绍几种经典的知识表示、知识图谱、知识体系构建和知识融合。经典知识表示主要介绍概念表示、产生式表示法、框架表示法、脚本表示法、状态空间表示法、语义网表示法及数值化表示。知识图谱涉及生命周期、知识图谱的中的知识表示方法、知识图谱的数值化表示等内容。第 5 章、第 6 章介绍实体相关内容，主要包括实体识别和扩展、实体消歧。第 7 章介绍实体之间关系抽取的一般方法，包括限定域关系抽取和开放域关系抽取。第 8 章介绍在实体及其关系基础上的事件抽取，包括限定域事件抽取和开放域事件抽取。第 9 章介绍知识存储和检索的一般方法。第 10～12 章对经典知识推理、确定性推理与不确定性推理、数值推理进行详细介绍。第 13 章重点介绍实际应用——知识问答与对话，对知识表示与推理在人工智能领域的应用进行分析与介绍。

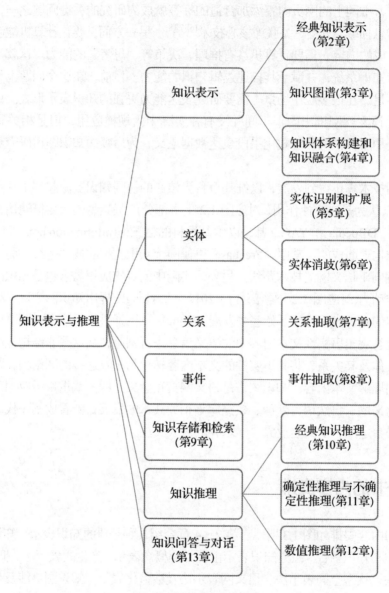

图 1.3 本书的内容安排

本章习题

1. 什么是知识表示？
2. 在计算机科学领域，对知识和结构化数据的表示和存储的典型方法是什么？

第 2 章
经典知识表示

目前人们对于知识还没有一个统一而明确的界定,知识可以被认为是人类在几千年的发展过程中对物质世界及精神世界探索结果的总和。"尊重知识"也是党的二十大精神之一。根据柏拉图的定义,知识是被验证过的、正确的,而且被人们所相信的。知识的类别很多,在 1.1 节中提到可以将知识分为两大类:陈述性知识和过程性知识。实际上,还可以从其他多个角度,如主客观性、变化性质等,对知识进行分类。

从知识的主客观性角度,可以把知识分为客观性(或事实性)知识和主观性知识。客观性知识通常是指那些确定的、不随状态的变化而变化的知识,如"郑州是河南的省会"。主观性知识是指某人或某个群体的情感信息,如"大部分人都觉得黑色手机很好看"这句话中包含了用户对于黑色手机的意见和态度,但是这一态度会随着用户及评论者想法的改变而变化。如无特殊说明,本书讨论的都是客观性即事实性知识。

从知识的变化性质角度,可以把知识分为静态知识和动态知识。静态知识指不随时间、空间的变化而变化的知识,如某人的籍贯、出生日期。动态知识指随时间、空间的变化而变化的知识,如"唐朝开国皇帝是李渊,唐朝第二位皇帝是李世民"。事件是动态知识的重要组成部分。

另外,还可以把知识分为领域知识、百科知识、场景知识、语言知识、常识知识等。领域知识通常指某个领域内特有的知识,如医学知识、管理知识等。相对而言,百科知识指那些涵盖各个行业、领域的通用知识,如地点、机构、人物等。场景知识指在某个特定场景下或者需要完成某项任务时所需要的知识,如在订酒店过程中需要提供的信息、番茄炒鸡蛋的步骤等。语言知识指那些语言层面上的知识,如 International Business Machines Corporation 的缩写是 IBM、笔记本电脑和便携式电脑具有同指关系、吃饭和用膳是同义词等。常识知识指那些公认的知识,如母鸡会下蛋、鸵鸟有两条腿等。常识知识也是人工智能领域待解决的一大难点问题,目前对于常识的边界以及如何表示等问题在研究界还存在很大的争论,对常识知识的高效存储及利用也是一个难点问题。

2.1 概念表示

知识的基本单位是概念。知识由概念组成,概念是构成人类知识

【概念表示】

世界的基本单元。人们借助概念才能正确地理解世界，与他人交流并传递信息。如果缺少对应的概念，将想法正确表达出来是非常困难甚至是不可能的。鉴于知识自身也是一个概念，因此，想要表示知识，能够准确表示概念是先决条件。

概念的精确定义就是可以给出一个命题，亦称概念的经典定义方法。在这样一种概念定义中，对象属于或不属于一个概念是一个二值问题，即一个对象要么属于这个概念，要么不属于这个概念，二者必居其一。而一个经典概念的组成包括概念名、概念的内涵表示、概念的外延表示。概念名由一个(汉语、英语、日语等各种自然语言)词语来表示，属于符号世界或认知世界。概念的内涵表示用命题来表达，反映和揭示概念的本质属性。所谓命题，就是非真即假的陈述句。概念的外延表示由概念指称的具体实例组成，是一个由满足概念的内涵表示的对象构成的经典集合。概念的外延表示外部可观可测。

例如，汉语拼音的概念名为"汉语拼音字母"，其内涵表示为如下命题，汉字注音使用的字母符号(不区分字体)；其外延表示为经典集合{A, B, C, D, E, F, G, H, I, J, K, L, M, N, O, P, Q, R, S, T, U, V, W, X, Y, Z}。又如，奇数的概念名为"奇数"，其内涵表示为如下命题，不能被2整除的自然数；其外延表示为经典集合{1, 3, 5, 7, 9, ⋯}。

2.1.1 数理逻辑

数理逻辑作为一门独立学科，内容庞杂，在此仅简要介绍其中最基本的概念——命题，更多知识请参考介绍"数理逻辑"或"离散数学"相关内容的资料。在数理逻辑中，用"0"来表示假，用"1"来表示真。命题是可判断真假的陈述句。真命题表达的判断为正确，假命题表达的判断为错误。任何命题的真值唯一。不能进一步分解为更简单命题的命题称为简单命题或原子命题；通过联结词联结简单命题而成的命题称为复合命题。在命题逻辑中，简单命题是基本单位，不能再分解。

例如，给出下列自然语言语句。
① 这句话是真话。
② 要去吃饭吗？
③ 看海去！
④ 哎呀，这个……
⑤ $x=0$。
⑥ 两个偶数之和是偶数。
⑦ 欧拉常数是有理数。
⑧ 任何人都会死，李白是人，因此，李白是会死的。
⑨ 如果气温低于0摄氏度，则我穿羽绒服。
⑩ 李白要么擅长写诗，要么擅长喝酒。
⑪ 李白既不擅长写诗，又不擅长喝酒。

①~⑤不是命题。②、③、④不是陈述句。①虽为陈述句，但无法判断真假(称为悖论)。⑤的真假依赖于 x 的取值，不能确定。

⑥~⑪都是命题。⑥和⑦是简单命题。⑥是真命题。⑦是命题，但目前不知欧拉常数是否为有理数，故无法判断其是真命题还是假命题；但可以确定欧拉常数要么是有理数(则该命题为假)，要么是无理数(则该命题为真)。判断一个语句是否为命题时，只要知道该语句可判断真假即可(即要求真值唯一)，是否知道真值对于判断是否为命题并不重要。⑧~⑪是复合命题，其真假值在此不做讨论。

在命题逻辑中，简单命题常用 p、q、r、s、t 等小写字母表示。复合命题则用简单命题和逻辑词进行符号化。常见的逻辑联结词有 5 个：否定、合取、析取、蕴含、等价。

否定联结词为一元联结词，联结一个命题，其符号为¬。设 p 为命题，复合命题"非 p"(或"p 的否定")称为 p 的否定式，记作 $\neg p$。规定 $\neg p$ 为真时，当且仅当 p 为假。在自然语言中，否定联结词一般用"非""不"等表示。但是，不是自然语言中所有的"非""不"都对应否定联结词，如"《韩非子》是战国末期韩国法家集大成者韩非的著作"，这里的"非"不是否定联结词。

合取联结词为二元联结词，联结两个命题，其符号为 ∧。设 p、q 为两个命题，复合命题"p 并且 q"(或"p 与 q")称为 p 与 q 的合取式，记作 $p \wedge q$。规定 $p \wedge q$ 为真时，当且仅当 p 与 q 同时为真。在自然语言中，合取联结词对应相当多的连词，如"既……又……""不但……而且……""虽然……但是……""一面……一面……""一边……一边……"等都表示两件事情同时成立。同时，也需要注意不是所有的"与""和"对应 ∧，如"小明与小白是好朋友"，这里的"与"不是合取联结词。

析取联结词为二元联结词，联结两个命题，其符号为 ∨。设 p、q 为两个命题，复合命题"p 或 q"称为 p 与 q 的析取式，记作 $p \vee q$。规定 $p \vee q$ 为假时，当且仅当 p 与 q 同时为假。在自然语言中，析取联结词中的"或"与 ∨ 不完全相同，自然语言中的"或"有时是排斥或，有时是相容或，而在数理逻辑中，∨ 是相容或。

蕴含联结词为二元联结词，联结两个命题，其符号为→。设 p、q 为两个命题，复合命题"如果 p 则 q"称为 p 与 q 的蕴含式，记作 $p \rightarrow q$。规定 $p \rightarrow q$ 为假时，当且仅当 p 为真且 q 为假。$p \rightarrow q$ 的逻辑关系为 q 是 p 的必要条件。使用蕴含联结符号 → 时，必须注意自然语言中存在许多看起来差别很大的表达方式，如"只要 p，就 q""因为 p，所以 q""p 仅当 q""只有 q，才 p""除非 q，才 p"等都对应命题符号化 $p \rightarrow q$。同时，必须注意当 p 为假时，无论 q 为真或为假，$p \rightarrow q$ 总为真(此时称为"善意推定")。需要指出的是，在日常生活中，$p \rightarrow q$ 中的前件 p 与后件 q 往往存在某种内在联系；而在数理逻辑中，并不要求前件 p 与后件 q 有任何联系，前件 p 与后件 q 可以完全没有内在联系。例如，给出 3 个命题：p 为小明结束了第三次世界大战；q 为小明获得诺贝尔和平奖；r 为太阳从西边升起从东边落下。根据实际情况容易得出，p、q、r 均为假命题。用自然语言表述 $p \rightarrow q$ 有：如果小明结束了第三次世界大战，则小明获得诺贝尔和平奖。用自然语言表述 $r \rightarrow q$ 有：如果太阳从西边升起从东边落下，则小明获得诺贝尔和平奖。比较上述两个命题可知，两个命题的逻辑结构完全一致。虽然命题 $p \rightarrow q$ 看似荒谬，但在命题逻辑看来，p 为假，无论 q 为真或为假，$p \rightarrow q$ 均为真，抽象为真值表示为 $0 \rightarrow 0 = 1$。故上述两个命题均为真。

等价联结词为二元联结词，联结两个命题，其符号为 ↔。设 p、q 为两个命题，复合命题"p 当且仅当 q"称为 p 与 q 的等价式，记作 $p↔q$。规定 $p↔q$ 为真时，当且仅当 p 与 q 同为真或同为假。$p↔q$ 意味着 p 与 q 互为充要条件。不难看出，$(p→q)∧(q→p)$ 与 $p↔q$ 完全等价，都表示 p 与 q 互为充要条件。

2.1.2 集合论

当需要定义或使用一个概念时，常常需要明确概念指称的对象。一个由概念指称的所有对象组成的整体称为该概念的集合，这些对象就是集合的元素或成员。该概念名为集合的名称，该集合称为对应概念的外延表示，集合中的元素为对应概念的指称对象，如一元二次方程 $x^2-4=0$ 的解组成的集合、人类性别的集合、自然数集合等。为了方便计算，集合通常用大写英文字母标记，如实数集合 **R**、整数集合 **Z**、自然数集合 **N** 等。因此，集合的名字常常有两个：一个用在自然语言里，对应该集合的概念名；一个用在数学里，用来降低书写的复杂度。在此仅简要介绍集合的基本内容，更多知识请参考介绍"集合论"或"离散数学"相关内容的资料。

集合有两种表示方法：一种是枚举表示法，一种是谓词表示法。集合的枚举表示法是列出集合中的所有元素，元素之间用逗号隔开，并把它们用花括号括起来，如 $A=\{0,1,2,3,4\}$。并不是所有的集合都可以用枚举表示法来表示，如实数集合 **R**，因为无法罗列实数的所有元素。在用枚举表示法时，集合中的元素彼此不同，不允许一个元素在集合中多次出现(互异性)；集合中的元素地位是平等的，出现的次序无关紧要，即集合中的元素无顺序，或者说两个集合如果在其对应的枚举表示法中元素完全相同而其出现顺序不同，则认为这两个集合是相同的(无序性)。集合的谓词表示法是用谓词来概括集合中元素的属性。该谓词是与集合对应的概念的内涵表示，即其命题表示的谓词符号化中的谓词。

集合存在不同的关系，也可以进行运算。如果同一层次的不同概念之间有各种关系，则对于同一层次上的两个集合，彼此之间也存在各种不同关系。

定义 2.1　如果 A、B 是两个集合，且 A 中的任意元素都是集合 B 中的元素，则称集合 A 是 B 的子集合，这时也称 A 被 B 包含，或者 B 包含 A，记作 $A⊆B$。如果 A 不被 B 包含，则记作 $A⊈B$。包含的谓词符号化为 $A⊆B⇔∀x(x∈A→x∈B)$。

定义 2.2　如果 A、B 是两个集合，且 $A⊆B$ 与 $B⊆A$ 同时成立，则称 A 与 B 相等，记作 $A=B$。如果 A 与 B 不相等，则记作 $A≠B$。相等的符号化表示为 $A=B⇔A⊆B∧B⊆A$。

定义 2.3　如果 A、B 是两个集合，且 $A⊆B$ 与 $A≠B$ 同时成立，则称 A 是 B 的真子集，记作 $A⊂B$。如果 A 不是 B 的真子集，则记作 $A⊄B$。真子集的符号化表示为 $A⊂B⇔A⊆B∧A≠B$。

定义 2.4　不含任何元素的集合称为空集，记作 $∅$。空集可以符号化表示为 $∅=\{x|x≠x\}$。

定理 2.1　空集是一切集合的子集。

定义 2.5 集合 A 的全体子集构成的集合称为集合 A 的幂集，记作 $P(A)$。不难知道，如果 A 为 n 元集，则 $P(A)$ 有 2^n 个元素。

定义 2.6 在一个具体问题中，如果涉及的集合都是某个集合的子集，则称该集合为全集，记作 E。

2.1.3 概念的现代表示

不是所有的概念都具有经典概念表示。上一节已经指出，概念的经典理论假设概念的内涵表示由一个命题表示，外延表示由一个经典集合表示，但是对于日常生活中使用的概念来说，这个要求过高，如常见的概念人、刀、叉、美、丑等就很难给出其内涵表示或外延表示。人们很难用一个命题来准确定义什么是人、刀、叉、美、丑，也很难给出一个经典集合将对应着人、刀、叉、美、丑这些概念的对象一一枚举出来。命题的真假与对象属不属于某个经典集合都是二值假设，非 0 即 1，但现实生活中的很多事情难以用这种方式计算。实际上，人们对于日常生活中的概念应用得很好，但是其相应的内涵表示不一定存在。为此，认知科学家提出了一些新概念表示理论，如原型理论、样例理论和认知理论。

1. 原型理论

原型理论认为一个概念可由一个原型来表示。一个原型既可以是一个实际的或虚拟的对象样例，也可以是一个假设性的图示性表征。通常，假设原型为概念的最理想代表。例如，"好人"这个概念很难有一个命题表示，但可以用"像雷锋一样的人，以雷锋为榜样"来表示，我们要注重榜样的力量，榜样的力量是无穷的，雷锋就是好人的原型。又如，对于"鸟"这个概念，元素一般具有卵生、有羽毛、有喙、会飞等特点，鸽子、麻雀、燕都符合这个特点，而企鹅(会游泳、不会飞)、鸵鸟(不会飞)等不太符合鸟的典型特征。显然，鸽子、麻雀、燕适合作为鸟的原型，而企鹅、鸵鸟等不太适合作为鸟的原型，虽然也属于鸟类，但不属于典型的鸟类。因此，在原型理论里，同一个概念中的对象对于概念的隶属度并不都是 1，会根据其与原型的相似程度而变化，即对象并不是完全符合概念的所有特性，如企鹅是鸟但不符合鸟会飞的特性。在概念原型理论里，一个对象归为某类而不是其他类，仅仅因为该对象更像某类的原型表示而不是其他类的原型表示。正是注意到这一现象，扎德于 1965 年提出了模糊集合的概念，其与经典集合的主要区别在于，对象属于集合的特征函数不再是非 0 即 1，而是一个不小于 0、不大于 1 的实数。据此，基于模糊集合发展出模糊逻辑，可以解决部分概念表示问题。但是，要找到概念的原型并不是简单的事情。20 世纪 70 年代，儿童发育学家通过观察发现，一个儿童只需要认识同一个概念的几个样例，就可以对这几个样例进行辨识，但其并没有形成相应概念的原型。据此，又提出了概念的样例理论。

2. 样例理论

样例理论认为概念不可能由一个对象或原型来代替，但是可以由多个已知样例来表示。例如，一两岁的婴儿可以通过接触的有限数量人的个体，正确辨识什么是人、什么不是人，就可以使用"人"这样的概念。人们认识一个概念，如认识"十"这个字，显然，只可能通过有限的这个字的样本来认识，不可能将所有"十"的样本都拿来进行学习。在样例理论中，一个样例属于某个特定概念而不是其他概念，仅仅因为该样例更像特定概念的样例表示而不是其他概念的样例表示。

3. 认知理论

更进一步，认知科学家发现在各种人类文明中都存在颜色的概念，但是具体的颜色概念各有差异，并由此推断出单一概念不可能独立于特定的文明之外而存在。由此形成了概念的认知理论。认知理论认为，概念是特定知识框架(文明)的一个组成部分。但是不管怎样，认知科学总是假设概念在人的心智中是存在的。概念在人心智中的表示称为认知表示，其属于概念的内涵表示。最后需要指出的是，已有研究发现不同的概念具有不同的内涵表示，可能是命题表示，可能是原型表示，可能是样例表示，也可能是认知表示。对于一个具体的概念，到底是哪一种表示，需要根据实际情况具体研究。

2.2 产生式表示法

【产生式表示法】

产生式表示法又称产生式规则(production rule)表示法。1943 年美国数学家波斯特首先提出"产生式"，如今被广泛应用于多个领域，成为人工智能技术应用最多的知识表示方法之一。

2.2.1 产生式

产生式通常用于表示事实、规则以及它们的不确定性度量，适合于表示事实性知识和规则性知识。

1. 确定性规则的产生式表示

确定性规则的产生式表示的基本形式是 IF P THEN Q 或者 $P \rightarrow Q$。其中，P 是产生式的前提，用于指出该产生式是否可用的条件；Q 是结论或操作，用于表示当前提 P 所指示的所有条件满足时，得出的结论或要执行的操作。整个产生式的含义是：如果前提 P 被满足，则结论 Q 成立或执行 Q 操作。例如，r7: IF 该动物是哺乳动物 AND 有蹄 THEN 该动物是有蹄类动物，就是一个产生式。其中，r7 是该产生式的编号；"该动物是哺乳动物 AND 有蹄"是前提 P；"该动物是有蹄类动物"是结论 Q。

2. 不确定性规则的产生式表示

不确定性规则的产生式表示的基本形式是 IF P THEN Q(置信度)或 $P \rightarrow Q$(置信

度)。例如，在专家系统 MYCIN 中有这样一条产生式：IF 本微生物的染色斑是革兰氏阴性 AND 本微生物的形状呈杆状 AND 病人是中间宿主 THEN 该微生物是绿脓杆菌(0.6)。它表示当前提中列出的各个条件都得到满足时，结论"该微生物是绿脓杆菌"可以相信的程度为 0.6。这里，用 0.6 表示置信度。置信度一般为 0 到 1 的数值，越接近 1 说明置信度越高。

3. 确定性事实的产生式表示

确定性事实一般用三元组表示(对象,属性,值)或者(关系,对象 1,对象 2)。例如，"小王年龄是 18 岁"表示为(Wang, Age, 18)，"小王和小赵是朋友"表示为(Friend, Wang, Zhao)。

4. 不确定性事实的产生式表示

不确定性事实一般用四元组表示(对象,属性,值,置信度)或者(关系,对象 1,对象 2,置信度)。例如，"小王年龄很可能是 18 岁"表示为(Wang, Age, 18, 0.8)，"小王和小赵不大可能是朋友"表示为(Friend, Wang, Zhao, 0.1)。这里用置信度 0.8 表示可能性较大，用置信度 0.1 表示可能性较小。

产生式的"前提"有时又称"条件""前提条件""前件""左部"等；产生式的"结论"有时又称"后件""右部"等。

2.2.2 产生式系统

把一组产生式放在一起，让它们相互配合、协同作用，一个产生式生成的结论可以供另一个产生式作为已知事实使用，以求得问题的解，这样的系统称为产生式系统。一般来说，一个产生式系统由规则库、综合数据库、推理机(控制系统)三部分组成。

规则库又称知识库，用于描述领域知识的产生式(即规则)集合。显然，规则库是产生式系统求解问题的基础。因此，需要对规则库中的知识进行合理的组织和管理，检测并排除冗余及矛盾的知识，保持知识的一致性。采用合理的结构形式，可使推理避免访问那些与求解当前问题无关的知识，从而提高求解问题的效率。

综合数据库又称动态数据库、事实库、上下文、黑板等，用于存放问题的初始状态、原始证据、推理中得到的中间结论及最终结论等信息。当规则库中某条产生式的前提可与综合数据库中的某些已知事实匹配时，该条产生式就被激活，并把它推出的结论放入综合数据库中作为后面推理的已知事实。显然，综合数据库的内容是不断变化的。

推理机由一组程序组成，除了推理算法，还控制整个产生式系统的运行，实现对问题的求解。粗略地说，推理机要做以下几项工作。①推理。按一定的策略从规则库中选择与综合数据库中的已知事实进行匹配。所谓匹配，是指把规则库内产生式的前提条件与综合数据库中的已知事实进行比较，如果两者一致且满足预先规定的条件，则称匹配成功，该条产生式被激活；否则，称为匹配不成功。②冲突消解。如果匹配成功的产生式(即规则)不止一条，称为"发生了冲突"。此时，推理机必须调用相应的解决冲突的策略进行消解,以便从匹配成功的产生式中选出一条执行。③执行。如果匹配成功的产生式的右部是一个或多个结论,则把这些结论加入综合数据库中;如果匹配成功的产生式的右部是一个或多个操作,则执行这些操作。对于不确定性知识,在执行每一条产生式时还要按一定的算法计算结论的不确定性程度。④检查推理终止条件。检查综合数据库中是否包含了最终结论,决定是否停止系统运行。

下面举一个产生式系统的简单例子——动物识别系统:识别虎、金钱豹、斑马、长颈鹿、鸵鸟、企鹅、信天翁这 7 种动物。该动物识别系统规则库如图 2.1 所示,共有 15 条产生式规则。例如,我们通过已知事实:暗斑点、长脖子、长腿、有奶、有蹄,根据规则 r2、r7、r11 可以推断出该动物为长颈鹿,如图 2.2 所示。

r1: IF 该动物有毛发 THEN 该动物是哺乳动物

r2: IF 该动物有奶 THEN 该动物是哺乳动物

r3: IF 该动物有羽毛 THEN 该动物是鸟

r4: IF 该动物会飞 AND 会下蛋 THEN 该动物是鸟

r5: IF 该动物吃肉 THEN 该动物是食肉动物

r6: IF 该动物有犬齿 AND 有爪 AND 眼盯前方
 THEN 该动物是食肉动物

r7: IF 该动物是哺乳动物 AND 有蹄
 THEN 该动物是有蹄类动物

r8: IF 该动物是哺乳动物 AND 是反刍动物
 THEN 该动物是有蹄类动物

r9: IF 该动物是哺乳动物 AND 是食肉动物 AND 是黄褐色
 AND 身上有暗斑点 THEN 该动物是金钱豹

r10: IF 该动物是哺乳动物 AND 是食肉动物 AND 是黄褐色
 AND 身上有黑色条纹 THEN 该动物是虎

r11: IF 该动物是有蹄类动物 AND 有长脖子 AND 有长腿
 AND 身上有暗斑点 THEN 该动物是长颈鹿

r12: IF 该动物是有蹄类动物 AND 身上有黑色条纹
 THEN 该动物是斑马

r13: IF 该动物是鸟 AND 有长脖子 AND 有长腿 AND 不会飞
 AND 有黑白二色 THEN 该动物是鸵鸟

r14: IF 该动物是鸟 AND 会游泳 AND 不会飞
 AND 有黑白二色 THEN 该动物是企鹅

r15: IF 该动物是鸟 AND 善飞 THEN 该动物是信天翁

图 2.1 动物识别系统规则库

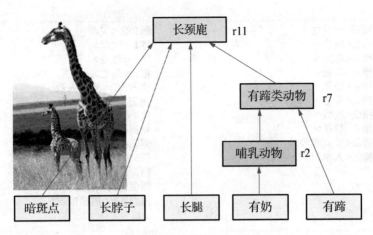

图 2.2 长颈鹿识别示例

产生式系统适合表达具有因果关系的过程性知识，是一种非结构化的知识表示方法。产生式表示法既可以表示确定性知识，又可以表示不确定性知识；既可以表示启发式知识，又可以表示过程性知识。目前，已建立成功的专家系统大部分是基于产生式系统，用产生式来表达其过程性知识。但是用产生式表示具有结构性关系的知识很困难，因为它不能把具有结构性关系的事物间的区别与联系表示出来。下面介绍的框架表示法可以解决这一问题。

2.3 框架表示法

【框架表示法】

框架表示法是 1975 年由美国著名人工智能学者明斯基首次提出的知识表示方法。从认知学角度，人类对现实各类事物都是以一种类似于框架的结构存储在记忆中，框架表示法继承了人类认识世界的方式。人类在面临一个新事物时，会从记忆中找出一个合适的框架，并根据实际情况对框架内容进行填充，填充的部分被称为槽(slot)，而框架及槽的粒度则根据人类对事物认知程度而定。因此，理论上框架表示法是对世界知识的一种结构化建模。框架将要表示的事物的各方面进行抽象，并用来表示事物的属性以及事物之间的类属关系。图 2.3 展示了两个框架示例。

在图 2.3 的示例中，"学生"和"灾难"是两个概念或类别，框架定义了这些概念的实例应该或可能具备的属性，这些属性被称为槽。例如，框架 1:<学生>包含 9 个槽，若存在一个学生的实体，就需要对学生框架中的槽或部分槽进行具体值的填充，如<学生实例>{<姓名>{李四},<年龄>{18},<学校>{桂林电子科技大学},<院系>{人工智能学院},<专业>{数据科学与大数据技术专业}}。类似地，对于一个灾难的实例，关联着一个特定时间发生在特定地点的事实，如"5·12 汶川地震"。

```
框架1:<学生>              框架2:<灾难>
槽1:<姓名>                槽1:<时间>
槽2:<年龄>                槽2:<地点>
槽3:<学校>                槽3:<伤亡>
槽4:<院系>                侧面3.1:<死亡人数>
槽5:<专业>                侧面3.2:<受伤人数>
槽6:<班级>                槽4:<损失>
槽7:<导师>                侧面4.1:<直接经济损失>
槽8:<毕业学校>            侧面4.2:<间接经济损失>
槽9:<入学时间>            槽5:<救援>
                          侧面5.1:<救援部门>
                          侧面5.2:<响应时间>
                          侧面5.3:<捐赠情况>
                          ……
```

图 2.3 框架示例

在原始的框架定义中，槽可以是任何形式的信息，包括原子值或值的集合；对于非原子的槽，还可以由多个侧面(facet)对槽的描述进行补充，如图2.3中灾难的框架，在伤亡、损失、救援的每个槽结构下都有若干具体描述槽的某些方面属性的侧面定义。这样做的目的是更立体、更准确地描述事物的属性与关系，但一些基于框架的系统，为了结构更简洁，会省略侧面的定义而直接表示为平铺式的槽结构，如 FrameNet。

人类对事物的认识存在层级的特性，如生物学家对物种建立的完善而详细的层级信息，事物的层级结构促进了人类对世界认识的持续不断地深入与发展。框架的设计也引入了层级结构，并且根据类别之间的所属而细化，框架中的属性集合存在着层级的继承性质。例如，台风在真实世界中是灾难的一种，因此灾难框架的所有槽，如时间、地点，在台风中都是存在的；而为了避免框架结构的重复定义，就引入了不同框架之间的继承关系。但台风除了灾难的公共属性，还有最大风力、降水量等特有属性，这是需要在台风框架下单独定义的。台风框架继承示例，如图2.4所示。

```
框架3<台风>:继承
<灾难>
槽1:<最大风力>
槽2:<降水量>
槽3:<中心气压>
……
```

图 2.4 台风框架继承示例

在实例化台风这种继承的框架时，除了填充台风框架本身的槽值，还要填充在灾难框架中的槽值。例如，使用台风框架表示一段对台风"杜苏芮"的报道，如图2.5所示。

第 2 章
经典知识表示

使用框架表示后的台风"杜苏芮"实例不仅包括灾难框架下的时间、地点、伤亡、损失情况,还包括台风框架下的最大风力等信息。

```
地震实例:台风"杜苏芮"
槽1:<时间>:2023年7月28日
槽2:<地点>:福建省晋江市沿海
槽3:<伤亡>
侧面3.1:<死亡人数>:2人
侧面3.2:<受伤人数>:114人
槽4:<损失>
侧面4.1:<直接经济损失>:5227万元
槽5:<最大风力>:15级
```

图 2.5　台风框架下的"杜苏芮"台风实例

框架以强大的结构式表达能力和类似人类思维过程的特性,被应用于专家系统的构建及通用知识的表达,如 FrameNet 就是基于框架表示的语义知识库。但框架表示法也有不可避免的缺陷,由于真实世界的多样性和复杂性,许多实际情况与框架原型存在较大的差异,在框架设计中难免引入错误或冲突。另外因为框架结构的复杂性,一方面不同系统之间的框架很难对齐,另一方面也给从非结构化文本中抽取信息填充框架增加难度。

FrameNet 是一个经典的基于框架表示的知识库,针对词汇级的概念进行框架的建模,它认为大部分词汇的语义能够通过语义框架的形式进行表示。例如,"烹饪"这一概念通常包括烹饪的人员(厨师)、烹饪的对象(食物)、烹饪的工具(容器)和加热的来源(加热设备)。在 FrameNet 中,上述概念通过框架进行表示,其中框架名称为"加热(apply heat)",而"厨师(cook)""食物(food)""加热设备(heating instrument)"和"容器(container)"称为框架元素(frame element, FE)。最能指示该框架发生的词称为该框架的词法单元(lexical unit, LU),如"烘焙(bake)""油炸(fry)""蒸煮(boil)"等都是上述框架的词法单元。

FrameNet 中的数据是以层级结构进行表示和存储的。图 2.6 所示为 FrameNet 语料的数据结构示意图。在图 2.6 中,每个 LU 下的 S_k 是该 LU 的标注样例,"继承"是图中两个框架的语义关系。位于最上层的节点表示框架,不同框架之间的边表示框架间的关系。框架之间有两种边,无向边和有向边,它们分别对应 FrameNet 中的无向关系和有向关系。每个框架下跟随的节点表示该框架的词法单元,它们由带词性限制的词元(lemma)组成。例如,"invade.v"是框架"Invading"的一个词法单元,它表示动词形式的"invade"。FrameNet 还为每个词法单元标注了一组样例,每个样例中详细标注了当前框架的词法单元和框架元素的信息。

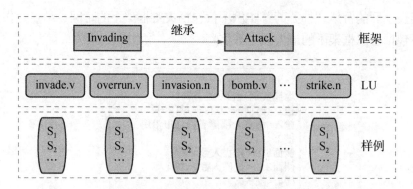

图 2.6 FrameNet 语料的数据结构示意图

FrameNet 中定义了一万多个词法单元及一千多个不同的框架，总计标注了超过 15 万个例句。另外，FrameNet 还在框架之间定义了 8 种关系，除了上文提到的继承关系 (inheritance)，还有视角关系 (perspective on)、子框架关系 (subframe)、前置关系 (precede)、使动关系 (inchoative of)、因果关系 (causative of)、使用关系 (using) 和参考关系 (see also)。FrameNet 在很多自然语言处理任务中具有明显的效果，包括信息抽取、文本蕴含、语义解析和角色标注等任务。例如，艾伦人工智能研究所将 FrameNet 应用于从教科书中抽取信息，并应用于科学问答等任务。

2.4 脚本表示法

【脚本表示法】

脚本是一种与框架类似的知识表示方法，于 20 世纪 70 年代由沙克 (Schank) 等人首次提出。脚本通过一系列的原子动作来表示事物的基本行为，按照时间顺序描述事物的发生，类似于电影、电视剧本。脚本表示的知识有确定的时间或因果顺序，必须在前一个动作完成后才会触发下一个动作的开始。与框架相比，脚本是用来描述一个动态的过程而非静态知识的表示方法，与框架有着不同的目的。表 2-1 所示的例子是使用脚本的方法描述学生去食堂就餐的过程或流程。

表 2-1 学生去食堂就餐脚本

场次	名称	过程
第一场	进入食堂	学生走进餐厅；学生排队等待
第二场	点餐	学生走进餐厅；学生排队等待；学生付钱
第三场	上菜进餐	厨师烹饪菜品；学生取走菜品；学生吃菜品

这个例子是一个通用的学生去食堂就餐的流程，它细致地刻画了一个学生在食堂就

餐经过的排队、点餐、进餐等关键步骤，但它并不能称为一个完整的脚本，根据脚本表示法的定义，一个完整的脚本应该包括表 2-2 所列的几个重要的组成部分。

表 2-2 脚本的重要组成部分

组成部分	简介
进入条件	指出脚本所描述的事件可能发生的先决条件，即事件发生的前提条件。对于学生去食堂就餐的例子来说，学生饿了，而又不能在家中就餐，就是学生去食堂就餐这一脚本的进入条件
角色	描述事件中可能出现的人物。在学生去食堂就餐的例子中，参与的人物包括学生、食堂服务员、厨师
道具	描述事件中可能出现的相关物体，主要指人物角色在完成动作时使用的工具，如学生去食堂就餐例子中的菜单、菜品等
舞台	脚本中事件发生的空间。在学生去食堂就餐的例子中，食堂就是舞台
场景	时间发生的序列，也就是学生去食堂就餐例子中的主体部分，但在该例中仅描述了学生去食堂就餐的流程，并不是所有的食堂都有排队的步骤，对于一些快餐食堂，学生点完餐付钱后服务员会马上将食物拿给学生，不需要厨师制作菜品这一步骤，而在一些场景下，学生可能会对食物或服务不满意而与食堂工作人员发生争执或冲突。因此，场景并不是单一的动作序列，而是可以存在多个可能的分支，对所有可能发生动作序列的枚举是一个庞大的工程，这也是脚本表示法的一个缺陷
结局	给出在脚本所描述的事件发生以后通常所产生的结果，对应着进入后续脚本的先决条件，学生不再饿了就是这一脚本的结局

从脚本表示法的例子和必要因素中可以看出，这种表示方法能力有限，不具备对于元素基本属性的描述能力，也难以描述多变的事件发展的可能方向。但在非常狭小的领域内，脚本表示法却可以比其他方法更细致地刻画步骤和时序关系，如作战计划、电影脚本等。因为脚本能够描述有一定时序关系的槽信息，其在人工智能及自然语言处理的一些任务中得以应用，最具代表性的就是智能对话系统，如酒店预订、机票预订等。

2.5 状态空间表示法

状态空间表示法是一种基于解答空间的问题表示和求解方法，它是以状态和操作符为基础的。状态空间可用有向图来描述，有向图的节点表示问题的状态，有向图的线表示状态之间的关系。在利用状态空间图表示时，从某个初始状态(S_0)开始，每次加一个操作符(O)，递增地建立起操作符的试验序列，直到达到目标状态(G)。初始状态对应于实际问题的已知信息，是图中的根节点。在问题的状态空间描述中，寻找从一种状态转换为另一种状态的某个操作算子序列，等价于在一个图中寻找某一条路径。图 2.7 所示为用有向图描述的状态空间示例。该图表示对初始状态 S_0，允许使用操作符 O_1、O_2、O_3，分别使 S_0 转换为 S_1、S_2、S_3。按上述过程利用操作符一步步转换下去，如 $S_{10} \in G$，则 O_2、O_5、O_9、O_{10} 就是一个解。

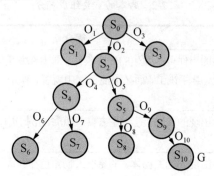

图 2.7　用有向图描述的状态空间示例

上面是较为形式化的说明，下面以八数码问题为例，介绍具体问题的状态空间的有向图描述。在八数码问题中，如果给出问题的初始状态，就可以用图来描述其状态空间。其中的线可用 4 个操作符来标注，即空格向上移(up)、向下移(down)、向左移(left)、向右移(right)。八数码问题的状态空间图部分描述如图 2.8 所示。

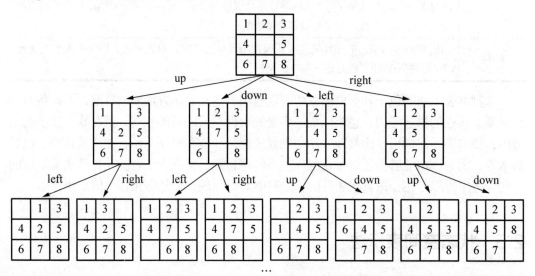

图 2.8　八数码问题的状态空间图(部分)

上面两个例子中，只绘出了问题的部分状态空间图。对于许多实际问题，要在有限的时间内绘出问题的全部状态图是不可能的。因此，要研究出能够在有限时间内搜索到较好解的搜索算法。

2.6 语义网表示法

2.6.1 语义网络

语义网络是 1968 年奎利恩受人类联想记忆启发提出的一种心理学模型。该模型认为人类的记忆是由概念间的联系实现的，主要有两点启发：①人脑记忆的一个重要特征是人脑中不同信息片段之间的高度连接；②相关度高的概念能够比相关度低的概念更快地回忆起来。随后，奎利恩又利用该模型进行知识表示。

【语义网表示法】

语义网络是一个通过语义关系连接起来的概念网络，它将知识表示为相互连接的点和边的模式，其中节点表示实体、事件、值等，边表示对象之间的语义关系。也就是说，语义网络其实是一种有向图表示的知识系统，节点代表的是概念，而边则表示这些概念之间的语义关系。语义网络中最基本的语义单元称为语义基元，可以用三元组形式表示：<节点1,关系,节点2>。例如，<E1,R,E2>，其中，E1、E2 分别表示两个节点，R 则表示 E1 和 E2 之间的某种语义联系，其对应的基本语义网络为 $E1 \xrightarrow{R} E2$。

语义网络中的关系有很多种类型，具体包括以下几种。

(1) 实例关系，体现的是"具体与抽象"的概念，含义为"是一个"，表示一个事物是另一个事物的一个实例，如"老李是一个人"。

(2) 分类关系，又称泛化关系，体现的是"子类与超类"的概念，含义为"是一种"，表示一个事物是另一个事物的一种类型，如"乒乓球是一种球"。

(3) 成员关系，体现的是"个体与集体"的关系，含义为"是一员"，表示一个事物是另一个事物的一个成员，如"老王是一名公务员"。

(4) 属性关系，指事物和其属性之间的关系。常用的属性关系有：Have，含义为"有"，表示一个节点具有另一个节点所描述的属性，如"鱼有鳃"；Can，含义为"能""会"，表示一个节点能做另一个节点的事情，如"鸟会飞"；其他属性，如人的"性别""出生日期"等。

(5) 聚合关系，又称包含关系，指具有组织或结构特征的"部分与整体"的关系，如"门窗是房子的一部分"。

(6) 时间关系，指不同事件在其发生时间方面的先后次序关系。常用的时间关系有"在前(表示一个事件在另一个事件之前发生)"和"在后(表示一个事件在另一个事件之后发生)"，如"2023 成都大运会在 2008 北京奥运会之后"。

(7) 位置关系，指不同事物的位置关系。常用的位置关系有"在(表示某一物体所在的位置)""在上(表示某一物体在另一物体之上)""在下(表示某一物体在另一物体之下)""在内(表示某一物体在另一物体之内)""在外(表示某一物体在另一物体之外)"，如"车子在房子外面"。

(8) 相近关系，指不同事物在形状、内容等方面相似或接近，如"熊和豹子在食物链上位置相近"。

可以按照论元个数把语义网络中的关系分为一元关系、二元关系和多元关系。一元关系可以用一元谓词 $P(x)$ 表示，P 可以表示实体/概念的性质、属性等，如"鱼有鳃""鸟会飞"可以分别表示为有鳃(鱼)和会飞(鸟)。二元关系可用二元谓词 $P(x,y)$ 表示。其中，x、y 为实体，P 为实体之间的关系，如"成都是四川的省会"可以表示为省会(四川,成都)。一元关系和二元关系可以方便地用语义网络进行表示，那如何表示多元关系呢？例如，"2023 年，大运会在成都举办"包含了举办地和举办时间两个二元关系。语义网络在表示多元关系时是把多元关系转化为多个二元关系的组合，然后利用合取联结词把这种多元关系表示出来。例如，对于上述的事件信息，可以设计一个"大运会举办事件"节点，表示举办地和举办时间，如图 2.9 所示。

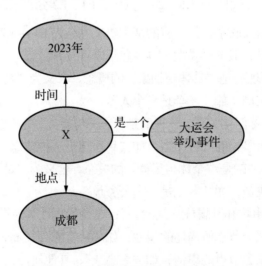

图 2.9　语义网络表示多元关系示例

语义网络与一阶谓词具有相同的表达能力，不同的是，它用最简单的一种统一形式描述所有知识，非常有利于计算机的存储和检索。但语义网络也有缺点，它仅用节点及其关系描述知识，推理过程不像谓词逻辑表示法那样明了，需要针对不同关系做不同处理，推理方法还不完善。

建立于 1988 年的知网(HowNet)是一个典型的语义网络，它是一个以汉语和英语的词语代表的概念为描述对象，以揭示概念与概念之间以及概念的属性与属性之间的关系为基本内容的语言认知知识库/常识知识库。HowNet 的建立者董振东教授认为，自然语言处理系统需要强大的知识支撑，知识是一个系统，是一个包含着各种概念与概念之间的关系、概念的属性与属性之间关系的系统。一个人比另外一个人有更多的知识说到底是他不仅掌握了更多的概念，而且掌握了更多的概念与概念之间的关系以及概念的属性与属性之间的关系。

综上所述，经典知识表示理论中的框架、脚本和语义网络都属于基于槽的表示方法，有所区别的是槽是否具有层次、时序、控制关系。其中，语义网络是最简单的一种，它的每个三元组都可以看成一个槽结构。框架系统由一组相关的框架联结而成，其中每个框架是由若干节点和关系构成的网络，因此，框架可以看成层次化的语义网络，是语义网络的一般化形式。脚本是按照一定的时间流程对事件的发展和变换控制所进行的建模，因此，可以认为是定义了时间和控制条件的槽结构，与语义网络也没有本质区别。

2.6.2 语义网知识描述体系

本节所介绍的语义网(semantic web)与上一节介绍的语义网络(semantic network)的概念有所不同。语义网的概念来源于万维网(world wide web)，语义网最初的目的是对万维网的功能进行扩展以提高其智能程度，因此人们也将语义网称为 Web 3.0。语义网最初是由万维网联盟(World Wide Web consortium，W3C)发起的，万维网的创始人伯纳斯-李希望语义网可以更加有效地组织和检索信息，从而使计算机能够利用互联网丰富的资源完成智能化应用任务。

语义网并不是在科学上有革命性的发展，而大部分是工程上的突破，其中标准化、规模化、系统开发与集成、用户交互等都是语义网技术面临的挑战。因此，语义网或 Web 3.0 是一个极具野心的宏观概念，本书主要从自然语言处理的角度介绍人们是如何利用语义网来表示知识的。

图 2.10 展示了传统万维网中的超文本标记语言(hypertext markup language，HTML)文档表示与语义网概念下的可扩展标记语言(extensible markup language，XML)文档表示的对比。可以看出，在语义网中，标签不再仅仅是网页格式的标志，而是具有自身的语义，如通过标签"外文名"，计算机就可以知道它的值表示的是人物的外文姓名这一属性。除了属性的语义表示，语义网的强大远远不止如此。再看图 2.10 中的例子，在标签"人物"下包含了多个属性值，这与框架表示法类似，可以看成人物概念应具有的属性。与框架不同的是，语义网的表示更加灵活，它不需要对具有多个侧面的属性定义另一个框架(如包含"出生地"和"出生日期"的属性"出生"就需要定义另一个框架)，而是直接定义属性和属性关系建立它们之间的联系(如定义属性"出生"和属性"出生日期"并

建立一个"部分-整体"的关系链接"出生"和"出生日期"），这在拓扑结构上可以看成一个图或网络，这也是语义网名字的由来。

图 2.10　HTML 文档表示和 XML 文档表示的对比

下面详细介绍使用语义网对知识进行表示的方法。目前，语义网知识表示体系主要包括 3 个层次，如表 2-3 所示。

表 2-3　语义网知识表示体系主要层次

层次	说明
XML	全称为可扩展标记语言(extensible markup language)，是最早的语义网表示语言，从网页标签式语言向语义表达语言的一次飞跃。XML 以文档为单位进行表示，不能显式地定义标签的语义约束，它的扩展版本 XML Schema 定义了 XML 文档的结构，指出了 XML 文档元素的描述形式
RDF	全称为资源描述框架(resource description framework)。RDF 可看作 XML 的扩展或简化。它的扩展版 RDF Schema 定义了 RDF 资源的属性、类的描述，以及类别间一般到特殊的层次结构语义
OWL	全称为网络本体语言(web ontology language)。OWL 是本体的语义表示语言，它建立在 RDF 和 RDF Schema 的基础之上。OWL 能够表达本体知识和刻画属性之间关系(例如：逆关系、函数约束、有且仅有等)。为了更好地对逻辑和推理知识进行描述，OWL 吸收了描述逻辑等逻辑语言

1. XML

XML 并不是专为语义网而设计的，20 世纪 80 年代初 XML 的最初版本是用来处理动态信息的显示问题，以及为了解决 HTML 在数据表示和描述方面混乱的问题而提出的技术标准。在网页内容传输过程中，HTML 只能利用预定义的标记集合，而 XML 作为标记语言，可以由相关人士自由决定标记集合，这样极大地提升了语言的可扩展性。1998

年，XML 有了规范版本 XML 1.0。

一个标准的 XML 文档需包含一个序言和若干具体的内容，也可以包含一个尾注。序言是对 XML 的声明以及对外部文档的引用，下面两行是 XML 声明和引用的示例。

```
<?xml version="1.0"encoding="UTF-8"?>
<!DOCTYPE html SYSTEM"url.dtd">
```

第一行定义了所使用的 XML 版本和字符编码，第二行中的<!DOCTYPE>标签则是标准通用标记语言的文档类型声明，表示引用外部文件来定义本地文档中出现的名字，url.dtd 标记了要引用文档的路径。

接下来介绍 XML 文档的内容。XML 的内容通过元素(如人物、组织、事件等)来记录，元素都带有标签。元素的标签必须是字母、下画线或冒号，标签含有的内容可以是文本、数值、时间甚至为空。元素可以有嵌套结构，嵌套的深度不受限制。下面的例子描述了人物的基本信息。

```
<人物>
    <名字>阿尔伯特·爱因斯坦</名字>
    <国籍>美国、瑞士</国籍>
    <专业>物理学家</专业>
</人物>
```

上例中，<人物>元素拥有嵌套结构，因为它包含多个元素的内容，而<名字>元素包含一个文本描述内容。

XML 具有树状结构，从根节点出发，总会找到一条路径可以到达某一元素或属性，这被称为 XML 路径语言(XML path language，XPath)，其作用是辅助 XML 解析器或者方便编程者处理。

2. RDF

上面介绍的 XML 表示方法的优势在于其灵活性。一个系统中，系统设计者完全可以灵活地设计所需要的元素和属性的标签，通过分享各个标签的含义，系统使用者也可以管理和利用这些标签系统。这一特性使得 XML 相比通用标签的 HTML 具有更强大的表达能力，但这一特性限制了它的通用性。在一些情况下，如系统的设计者离职，或者没有提供足够详细的 XML 解释文档，那么一些自定义、个性化标签的语义便难以知晓，这给系统的使用与更新都带来了一定的麻烦。在此背景下，W3C 又提出了资源描述框架(resource description framework，RDF)。RDF 假定任何复杂的语义都可以通过若干个三元组的组合来表达，并定义这种三元组的形式为"对象-属性-值"或"主语-谓词-宾语"。其中，需要公开或通用的资源，都会绑定一个可识别的通用资源表示符(universal resource identifier，URI)。以下是在 DBpedia 中使用 RDF 三元组表示的实例。

```
<http://dbpedia.org/resource/Albert Einstein><http://xmlns.com/foaf/0.1/name>"
    Albert Einstein"@en.
<http://dbpedia.org/resource/Albert Einstein><http://xmlns.com/foaf/0.1/
    surname>" Einstein"@en.
```

上面两个三元组都具有"对象-属性-值"的结构。其中，URI<http://dbpedia.org/resource/Albert Einstein>直接定位到人物对象 Albert Einstein，URI<http://xmlns.com/foaf/0.1/name>和<http://xmlns.com/foaf/0.1/surname>则是属性(姓名和姓氏)在网络中公认共享的属性描述，如上述两个三元组描述了 Albert Einstein "姓名"和"姓氏"的英文表示。

因此，可以用如下三元组表示"阿尔伯特·爱因斯坦"的基本信息。

```
<阿尔伯特·爱因斯坦,国籍,美国、瑞士>
<阿尔伯特·爱因斯坦,专业,物理学家>
<物理学家,父类,科学家>
<科学家,父类,人>
```

有时候需要表示的参数超过两个，三元组不便直接表示这种情况，这时可以通过 RDF 定义的一组二元谓词(指该谓词有两个论元)来表示。下面通过具有三个论元的谓词出生(X,Y,Z)为例来说明这种情况。出生(X,Y,Z)表示如下多元关系句子：阿尔伯特·爱因斯坦 1879 年出生于德国巴登-符腾堡州乌尔姆市。

RDF 首先引入额外资源"出生信息 135"(也可以定义为其他名称，只要遵循 URI 的唯一性原则即可)和二元谓词人物、时间、地点，再将之前的多元关系转化为如下形式。

```
<出生信息 135,人物,阿尔伯特·爱因斯坦>
<出生信息 135,时间,1879 年>
<出生信息 135,地点,德国巴登-符腾堡州乌尔姆市>
```

同样地，阿尔伯特·爱因斯坦 1921 年获得诺贝尔奖，也可以转化如下形式。

```
<获奖信息 87,人物,阿尔伯特·爱因斯坦>
<获奖信息 87,时间,1921 年>
<获奖信息 87,名称,诺贝尔奖>
```

上述表示虽然是多元关系的无损转化，但引入的中间变量"出生信息 135"(或"获奖信息 87")使得"出生"(或"获奖")的论元不能直接相连，这样增加了表示的复杂性，也加大了后续处理的难度。为此，研究者提出了一些改进方法，如将三元组扩展为内容更丰富的六元组，包含主语、谓词、宾语、时间、地点、附加信息，但是，这种方法依然难以很好地覆盖所有谓词的信息。因此，如何更好地扩展 RDF 的表达形式仍是一个问题。

上面介绍了 RDF 的知识表示方式，知识表示后，需要存取相关知识。RDF 也有自已的查询语言,研究者为 RDF 开发了一套类似于 SQL 语句中 select-from-where 的查询方式,SPARQL 是这种查询方式的一种实现,有关 SPARQL 查询的具体操作会在第 9 章中详细介绍。

与 XML 表示方式类似,标准的 RDF 同样是领域无关的。这既是 RDF 的优点,使其具有更大的自由度,但也产生了一定的局限性,使得同一领域中的不同知识内容难以交互和融合。为此,RDF Schema(RDFs)被提出用来定义领域相关的知识。不同于 RDF,RDFs 是一种用于描述 RDF 的轻量级语言,主要关注类别和属性的层次结构以及继承关系等。

例如,可以用如下描述词汇"rdfs:Class"把"人物"和"物理学家"定义为两个类。

```
<人物,rdf:type,rdfs:Class>
<物理学家,rdf:type,rdfs:Class>
```

RDFs 用词汇 rdf:Property 定义属性,即 RDF 的"边",RDF 不区分对象属性和数据属性,如下面的"国籍"和"专业"都指属性。

```
<国籍,rdf:type,rdf:Property>
<国籍,rdfs:domain,人物>
<国籍,rdfs:range,xsd:string>
<专业,rdf:type,rdf:Property>
<专业,rdfs:domain,人物>
<专业,rdfs:range,物理学家>
```

其中,物理学家是科学家的子类,可以用如下形式描述。

```
<物理学家,rdf:type,rdfs:Class>
<物理学家,rdfs:subClassOf,科学家>
```

3. OWL

上面介绍了 RDF 和 RDFs,它们也存在一些缺陷。粗略来说,RDF 局限于二元谓词,RDFs 则局限于子类和属性层次及其属性的定义域、值域。有时候,我们需要更具表达力的知识表示,对于"每个人都只有一个精确的出生日期",RDF 和 RDFs 就难以表示。为了解决 RDF 和 RDFs 语言的局限性,W3C 又提出了网络本体语言(web ontology language,OWL)作为语义网的领域本体表示工具。

OWL 在 RDF 和 RDFs 的基础上定义了自己独有的语法,主要包括头部和主体两部分。

1. 头部

OWL 描述一个本体时,会预先制定一系列的命名空间,包括 xmlns: owl、xmlns:rdf、xmlns:rdfs、xmlns:xsd 等,并使用命名空间中预定义的标签来形成本体的头部。例如,物理学家本体可用以下的头部开始其表示。

```
<owl:Ontology rdf:about="">
<rdfs:comment>一个本体的例子</rdfs:comment>
<rdfs:label>物理学家本体</rdfs:label>
</owl:Ontology>
```

其中，`<owl:Ontology rdf:about="">`表示本模块描述当前本体；`<rdfs:comment>`为注释，一般是长的文本，可以与一个资源关联；`<rdfs:label>`是标签(名字)与一个资源相关联。

2. 主体

OWL 的主体是用来描述本体的类别、实例、属性之间相互关联的部分，它是 OWL 的核心。例如，上例中物理学家本体的主体部分可以包含且不限于包含以下组分。

```
<owl:Class rdf:ID="物理学家">
<rdfs:subClassOf rdf:resource="科学家"/>
<rdfs:label xml:lang="en">physicist</rdfs:label>
<rdfs:label xml:lang="zh">物理学家</rdfs:label>
       …
</owl:Class>
<owl:ObjectProperty rdf:ID="国籍">
<rdfs:domain rdf:resource="人物"/>
<rdfs:range rdf:resource="xsd:string"/>
       …
</owl:ObjectProperty>
```

在以上示例中，OWL 的主体部分包括了类别关系和属性关系，类别关系描述了本体的类别所属，为了记录方便，OWL 只需记录直接父类(如 rdfs: subClassOf 表示"物理学家"类别是"科学家"类别的一个子类)，通过后续的查找或推理可以追溯到根类别。owl:ObjectProperty 表示对象类型属性，rdfs:domain 和 rdfs:range 分别表示该属性的定义域和值域。此外，类似于 sub-Class 标签，OWL 的 subProperty 可用来记录属性间的从属关系。

除了以上基本标签，OWL 还有功能性的标签。第一类是 OWL 定义的性质标签，如传递性(owl:TransitiveProperty)、对称性(owl:SymmetricProperty)、函数性(owl:FunctionalProperty)、可逆性(owl:inverseOf)、约束性(owl:Restriction)。其中，属性约束的标签 owl:Restriction 用来对一些类别进行约束。例如，"只有获得过诺贝尔奖的物理学家才被称为诺贝尔物理学家"可以表示为以下形式。

```
<owl:Class rdf:about="诺贝尔物理学家">
<rdfs:subClassOf rdf:resource="物理学家"/>
<owl:Restriction>
<owl:onProperty rdf:resource="获奖名称"/>
```

```
<owl:allValuesFrom rdf:resource="诺贝尔奖"/>
</owl:Restriction>
</owl:Class>
```

另外，owl:equivalentClass 和 owl:equivalentProperty 等标签可用来表示本体之间的映射关系。

综上所述，虽然只是一字之差，但是语义网与第 2.6.1 节介绍的语义网络有较大的区别。在语义网络中，对节点和边的描述没有标准，用户按照需要自行定义，这样导致两个问题：一个是不同用户定义方式不同，不便于知识的分享；另一个是无法区分知识描述和知识实例。语义网基于 W3C 制定的标准，利用统一的形式对知识进行描述和关联，这种表示方法更便于知识的共享和利用。语义网通过语义具化，让每个概念(实体、类别、关系、事件等)都有一个唯一的标识符，这种唯一性使得知识共享在更大领域或更大范围成为可能。

2.7 数值化表示

2.7.1 符号的数值化表示

知识表示的一大重要目标就是进行语义计算。例如，从句子中识别出短语"桂林电子科技大学"并判断它是一个机构名、识别和预测"桂林"和"广西"之间的关系等任务都涉及语义计算。很多知识表示方法(如逻辑表示法、框架表示法、脚本表示法、语义网络、语义网等)用符号显式表示概念及其关系，概念的种类和关系的类型都是人们总结的结果，其中难免存在遗漏的情况。例如，Freebase 中对人物没有定义"朋友""爷爷"等关系，DBpedia 中对人物没有定义"性别"属性。因此，在语义计算过程中，仅仅依赖这类显式表示的知识，难以获取更全面的知识特征。

目前，大多数语义计算任务都采用基于数值计算的统计机器学习方法，而作为知识载体的数据表示是机器学习中的基础工作，数据表示的好坏直接影响整个机器学习系统的性能。因此，研究者投入了大量精力去研究如何针对具体任务，设计一种合适的数据表示方法，以提升机器学习系统的性能，这一环节也被称为特征工程。特征工程在传统机器学习算法中占有不可替代的地位，但是由于需要大量人力和专业知识，也成为了机器学习系统性能提升的瓶颈。为了让机器学习算法的扩展性更强，需要减少对特征工程的依赖。从人工智能的角度看，算法直接从原始的感知数据中自动分辨出有效的信息，是走向智能的重要一步。

用特征、逻辑、框架等符号表示的知识便于人们理解，可解释性也更好，但是，大部分语义计算任务都是目标导向的。例如，判断短语"桂林电子科技大学"是不是一个机构名,对于这类任务我们不需要知道计算的过程,只需要计算的结果。2006 年,辛顿(Hinton)提出的深度学习,不仅可以避免人工特征的局限性,还能够从大规模无标注的数据中自动挖掘规律,得到有用的信息。近年来,以深度学习为代表的数值计算方法越来越受到人们的欢迎,其在语音处理、图像处理领域的多个任务上的效果显著优于传统方法,使得这类方法目前在语义计算中占据统治地位。

2.7.2 文本的数值化表示

本书关注的知识表示以文本处理和自然语言处理为核心,在自然语言处理领域,深度学习技术并没有产生类似语音处理和图像处理领域那样的突破。其中一个主要的原因是,在语音处理和图像处理领域,最基本的数据是信号数据,我们可以通过一些距离度量,判断信号是否相似。而文本是符号数据,两个词只要字面不同,就难以刻画它们之间的联系,即使是"麦克风"和"话筒"这样的同义词,从字面上也难以看出这两者意思相同(语义鸿沟现象)。正因为这样,在判断两幅图片是否相似时,只需通过观察图片本身就能给出回答;而判断两个词是否相似时,还需要更多的背景知识才能做出回答。我们希望计算机可以从大规模无标注的文本数据中自动学习得到文本表示,这种表示需要包含对应语言单元(词或文档)的语义信息,同时可以直接通过这种表示度量语言单元之间的语义相似度。

词是知识表示的最基本的单元,而传统用于表示各个词的不同符号不包含任何语义信息。如何将语义融入词表示中,1954 年 Harris 提出了分布假说(distributional hypothesis)为这一设想提供了理论基础:上下文相似的词,其语义也相似。1957 年 Firth 对分布假说进行了进一步阐述和明确:词的语义由其上下文决定。20 世纪 90 年代初,统计方法在自然语言处理中逐渐成为主流,分布假说也再次被人关注。Dagan 和 Schütze 等人总结完善了利用上下文分布表示词义的方法,并将这种表示用于词义消歧等任务,这类方法被称为词空间模型(word space model)。在此后的发展中,这类方法逐渐演化成为基于矩阵的分布表示方法,用这类方法得到的词表示被称为分布表示。1992 年,Brown 等人同样基于分布假说,构造了一个上下文聚类模型,开创了基于聚类的分布表示方法。2006 年之后,随着硬件性能的提升以及优化算法的突破,人工神经网络模型逐渐在各个领域中发挥优势,使用人工神经网络构造词表示的方法可以更灵活地对上下文进行建模,这类方法开始逐渐成为词分布表示的主流方法。

本章小结

本章主要介绍了知识的经典表示方法。首先介绍了知识的基本单元概念的表示方法,包括数理逻辑、集合论和概念的现代表示。然后介绍了人工智能领域从认知角度提出的不同知识表示方法，主要包括产生式表示法、框架表示法、脚本表示法、状态空间表示法和语义网络等。接着介绍了在互联网时代从数据出发提出的语义网以及语义网的背景和知识描述体系。随着深度学习的发展，数值化表示技术在各领域、各任务中发挥着越来越重要的作用，因此，最后介绍了数值化表示，并对数值化表示的主要方法和当前发展进行了介绍。

本章习题

1. 什么是产生式表示法？请举例说明。
2. 用脚本表示去食堂吃饭。
3. 什么是语义网？

第3章 知识图谱

3.1 知识图谱的概念

2012年，Google 正式提出知识图谱这一概念，Google 试图通过知识图谱对网页中的文本内容，特别是客观类事实性文本内容中的语义信息进行刻画，从这些非结构化的文本内容中提取出实体及实体关系，将其事实性的文本内容转化为相互连接的图谱结构，从而让计算机真正做到内容理解。紧随 Google 的步伐，国内的搜索引擎公司也纷纷构建了自己的知识图谱。百度知心通过对搜索结果的筛选，将相近的信息组织在一起，以知识图谱的形式呈现出来，提高了搜索的准确性。搜狗知立方也是通过图谱形式更好地支撑语义搜索、智能问答等服务。

目前知识图谱在学术界及产业界都备受关注，主要是由于它具有以下几个特点。

(1) 知识图谱是人工智能应用不可或缺的基础资源。知识图谱在语义搜索、个性化推荐、问答对话系统、智能客服等互联网应用中占有重要地位，在智慧城市、智慧医疗、智慧金融、智慧司法等领域具有广阔的应用前景。

(2) 语义表达能力丰富，能够支持很多知识服务应用任务。知识图谱源于语义网络，是一阶谓词逻辑的简化形式，并在实际应用中通过定义大量的概念和关系类型丰富了语义网络的内涵。一方面，它能够描述概念、事实、规则等各个层次的认知知识；另一方面，它也能够有效组织和描述人类在日常生活和工作中形成的海量数据，从而为各类人工智能应用系统奠定知识表示基础。

(3) 描述形式统一，便于不同类型知识的集成与融合。分类系统(taxonomy)和本体(ontology)是典型的知识体系载体，数据库是典型的实例数据载体，它们的描述形式各有不同。知识图谱以语义网的 RDF 规范形式对知识体系和实例数据进行统一表示，并可以通过对齐、匹配等操作对异构知识进行集成和融合，从而支撑更丰富、灵活的知识服务。

(4) 表示方法对人类友好，为各种编辑和构建知识方式(如众包方式等)提供了便利。传统知识表示方法和描述语言需要知识工程师具备一定的专业知识和技能，普通人难以操作。知识图谱以实体和实体关系为基础的简洁表示形式，无论是专家、工程师还是普通民众都容易接受,这为编辑和构建知识提供了便利,为大众参与大规模知识构建提供了低认知成本的保证。

(5) 以二元关系为基础的描述形式,便于知识的自动获取。知识图谱对各种类型的知识采用统一的二元关系进行定义和描述,为自然语言处理和机器学习等进行知识的自动获取提供便利,从而为大规模、跨领域、高覆盖的知识采集及分析提供技术保障。

(6) 表示方法对计算机友好,支持高效推理。推理是知识表示的重要目标,传统方法在进行知识推理时复杂度很高,难以快速有效地处理。知识图谱的表示形式以图结构为基础,结合图论相关算法的前沿技术,利用对节点和边的遍历搜索,可以有效提高推理效率,极大降低计算机处理成本。

(7) 基于图结构的数据格式,便于计算机系统的存储与检索。知识图谱以三元组为基础,使得在数据的标准化方面更容易推广,存储与检索工具更便于统一。结合图数据库技术,以及语义网描述体系、标准和工具,为计算机系统对大规模知识系统的存储与检索提供技术保障。

具体地,知识图谱以结构化三元组的形式存储现实世界中的实体以及实体之间的关系,表示为 $G=(E,R,S)$,其中 $E=\{e_1,e_2,\cdots,e_n\}$,表示实体集合,$R=\{r_1,r_2,\cdots,r_n\}$ 表示关系集合,S 表示知识图谱中三元组的集合。三元组通常描述了一个特定领域中的事实,由头实体、尾实体和描述两个实体之间的关系组成。例如,被 Google 收购的知识图谱系统的三元组 "/people/person/nationality(Max Planck, Germany)",它表示 "Max Planck" 的国籍是 "Germany",其中 "Max Planck" 是头实体,"Germany" 是尾实体,"/people/person/nationality" 是关系名称。有些 "关系" 也称为 "属性",相应地,尾实体被称为属性值(属性值可以是实体对象,也可以是数字、日期、字符串等文字型对象,甚至可以是音频、视频等对象)。从图结构的角度来看,实体是知识图谱中的节点,关系是连接两个节点的有向边。目前,公开的大规模知识图谱主要包括 Freebase[15]、DBpedia[9]、YAGO[10]、NELL[11]和 Knowledge Vault[12]等。尽管目前大部分知识图谱都以三元组的形式表示各种类型的知识,但是实际上知识图谱的知识表示绝不仅仅体现在以二元关系为基础的三元组上,还体现在实体、类别、属性、关系等多粒度、多层次语义单元的关联之中,它以一种统一的方式体现知识定义和知识实例两个层次共同构成的知识系统。

尽管上述对知识图谱的描述被大众所接受,但是,知识图谱应该包含哪些知识目前还没有统一定论。从知识工程的角度,知识框架一般包含 3 个层次的知识,见表 3-1。

表 3-1 知识框架的 3 个层次

层次	说明
概念知识	给出了知识的最基本内容
事实知识	建立了概念之间的联系
规则知识	建立了事实间的联系

对于知识图谱应不应该包含推理规则型的知识,不同领域的人有着完全不同的意见。有部分研究者认为,知识图谱仅仅是人工智能任务的重要基础平台,不应该包含推理等知识图谱的应用部分。他们认为,推理不是知识利用的必要条件。例如,需要判断"A 的国籍是哪",我们可以利用规则"如果 X 的出生地是 Y,则 Y 所属的国家就是 X 的国籍"和事实"A 的出生地是桂林,桂林所属的国家是中国"推理出事实"A 的国籍是中国",实际上也可以通过在知识图谱中分别存储"A 的出生地是桂林""桂林所属的国家是中国"和"A 的国籍是中国"这 3 个具体事实完成。这部分研究者认为,目前众多流行的知识图谱都在去规则化(W3C 的 OWL 标准没能取得大规模推广和应用的原因之一就是引入了描述逻辑),仅保留对知识数据的基本描述,因为推理规则确定性更弱,更难以管理。当然,也有部分研究者认为,在人类文明发展过程中,有意无意间总结和传承了很多规则,这些抽象的知识给人类带来了很大的便利,不仅可以节省知识存储和搜索空间,也让人类能够发展出推理和决策等更高层的认知能力。因此,在模拟高层认知能力的人工智能系统中应该建模这类知识,而知识图谱作为知识表示的基石,应该涵盖推理规则。

3.2 知识图谱类型

【通用知识图谱】

根据第 2 章知识的类型,我们可以对当前已有知识图谱的类型进行划分。很多知识图谱包含多种类型的知识,很难明确地划分到某一类中,本书的划分只是一个粗略划分。例如,WordNet 不仅存储了语言知识,还描述了很多概念的上下位关系。本书将已有的知识图谱根据领域和用途大致分为语言知识图谱、常识知识图谱、语言认知知识图谱、领域知识图谱及百科知识图谱等几个类别。

① 语言知识图谱主要存储人类语言方面的知识,其中比较典型的是英文词汇知识图谱 WordNet,它由同义词集和描述同义词集之间的关系构成。

② 常识知识图谱主要有 Cyc 和 ConceptNet 等。其中,Cyc 由大量实体和关系以及支持推理的常识规则构成;ConceptNet 由大量概念以及描述它们之间关系的常识构成。

③ 语言认知知识图谱与常识知识图谱区别不大,因为语言是人类表达和交换信息的主要载体。典型的语言认知知识图谱是中文知识词库 HowNet,它致力于描述认知世界中人们对词语概念的理解,基于词语义原,揭示词语的更小语义单元的含义。

④ 领域知识图谱是针对特定领域构建的知识图谱,专门为特定的领域服务。例如,音乐知识图谱(如 MusicBrainz)、电影知识图谱(如 IMDB)、医学知识图谱(如 SIDER)等,这些领域的知识图谱在特定领域都有着广泛的应用。

⑤ 百科知识图谱主要以 LOD(linked open data,链接开放数据)项目支持的开放知识图谱为核心,代表性的有 Wikidata、DBpedia、YAGO 和 Freebase 等,它们在信息检索、

问答系统等任务中有着重要应用。W3C 于 2007 年发起了 LOD 项目,目的是将由互链文档组成的网络扩展成为由互链数据组成的全球数据及知识共享平台。LOD 为实现网络环境下的知识发布、链接、共享和服务提供了创新技术,为智能搜索、知识问答、智能对话和语义集成提供了创新动力。LOD 项目的目标是:以 RDF 语义形式在万维网上发布各种开放数据集,并在不同来源的数据项之间建立语义链接,从而增强万维网上的数据共享,最终实现语义网知识资源的开放共享。目前,LOD 项目发布了 570 余个数据集,包含上千亿个 RDF 三元组,并且随着链接数据的推广和 LOD 项目的发展,将有越来越多的数据以链接数据的形式发布在万维网上。

传统构建知识图谱的方法主要基于人工构建的专家知识,如 WordNet、HowNet、Cyc 等。这类知识图谱无论是覆盖领域还是知识规模都难以达到实用的程度。随着网络上大量高质量用户生成内容,如 Wikipedia 在线百科全书等,基于这些众包数据,研究者们构建了 DBpedia、YAGO 和 Freebase 等知识图谱。同时,随着机器学习技术的发展,许多自动构建知识图谱的技术也发展起来,极大地提升了知识图谱的规模并拓宽了覆盖的知识领域,代表性的知识图谱有 NELL[11]、WOE[13]、ReVerb[14]和 Knowledge Vault[12]等。整个知识图谱的构建经历了由人工和群体智慧构建到利用机器学习和信息抽取技术自动获取的过程。目前,这些知识图谱的覆盖范围还在不断扩大,其包含的知识规模也在不断增长,其中大部分数据都是公开的、可免费获取的。这些知识图谱是支撑自然语言理解和人工智能的重要基础资源,下面对几个有代表性的知识图谱进行简要介绍。

1. WordNet

WordNet 是 1985 年由普林斯顿大学公布的一个高质量英文电子词典和语言本体,采用人工标注的方法,将英文单词按照单词的语义组成一个大型概念网络。WordNet 的核心是同义词集(synset),又称词义簇。词语被聚类成同义词集,每个同义词集表示一个基本的词汇语义

【WordNet】

概念,词集之间的语义关系包括同义和反义关系、上下位关系、整体和部分关系、蕴含关系、因果关系、近似关系等。1991 年,WordNet 1.0 版本正式公布,目前 WordNet 包含 155287 个单词,117659 个同义词集。图 3.1 给出了 WordNet 中同义词集的组织结构示例,从这个示例中,我们可以看到概念间的关系以及每个概念所对应的单词,包括同义词和概念的解释。

2. HowNet

HowNet 是由董振东教授主持开发的一个语言认知知识库/常识知识库,以概念为中心,基于义原描述了概念与概念之间以及概念所具有的属性与属性之间的关系,每一个概念可以由多种语言的词汇进行描述(主要是中文和英文)。HowNet 是一个知识系统,经过多年发展,目前 HowNet 共包含了 800 多个义原,11000 个词语。

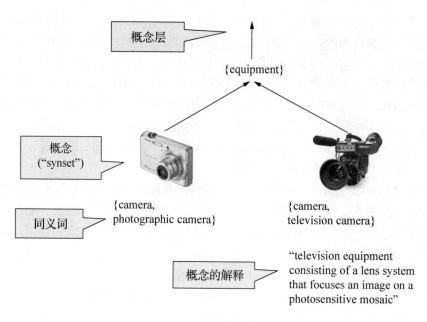

图 3.1　WordNet 中同义词集的组织结构示例

3. Cyc

【Cyc】

Cyc 是一个主要由人工构建的通用常识知识库，构建于 1984 年，其目的是将上百万条知识编码为机器可处理的形式，并在此基础上实现知识推理等智能信息处理任务。目前 Cyc 包含 50 万个实体，接近 3 万个关系及 500 万个事实。Cyc 项目试图用表达能力受限的一阶谓词对自然语言表达的知识进行描述，由于自然语言本身的复杂性和歧义性，难以完整地对自然语言中蕴含的包括隐含关系在内的各种复杂知识进行表示。OpenCyc 是 Cyc 项目开放出来免费供大众使用的一个子集，目前 OpenCyc 包含 24 万个实体，200 万个事实。Cyc 中不仅包含了大量实体及其关系，还包含用于推理的常识规则，并提供多种推理引擎，支持演绎推理和归纳推理，同时也提供扩展推理机制的模块。Cyc 早期基本上通过人工构建，近年随着机器学习技术的发展，Cyc 也开始使用一些自动构建的方法从非结构化文本中自动抽取知识。从 2008 年开始，Cyc 开始将其资源与 Wikipedia、DBpedia 等资源进行关联，建立它们之间的链接。

【Wikipedia】

Cyc 拥有自己设计的知识表示语言 CycL，主要基于一阶谓词逻辑，采用类似于 LISP 语言的语法，主要由以下几部分构成。

(1) 常量(constants)，用来表示特定的个体和集合，CycL 常量都以 "#$" 为前缀。CycL 用常量来表示个体、集合、关系和属性值。

(2) 公式(formulas)，用来描述参数间的关系，由圆括弧包围。例如，(#$isa #$Li Bai #$Person)、(#$likesAsFriend #$Li Bai #$Wang Lun)，这

两个实例称为 CycL 的句子。

(3) 句子(sentence)，用来形成断言(assertions，告诉 Cyc 某些事实)和查询(Query，问 Cyc 某些事)。每个句子都由真值函数开头(在参数 0 的位置)，每个句子都返回一个真假值(true 或 false)。真值函数总由小写字母开头，真值函数的类型包括谓词、逻辑连接词和量词。谓词型句子总是由一个谓词开头，并将谓词应用于其后的参数，如(#$isa #$Li Bai #$Person)。

(4) 非原子项(non-atomic terms)，总是由函数标识开头。函数获得其参数并得到一个新值。

(5) 复杂公式(complex formulas)，是由逻辑连接词、量词和变量构成的公式。CycL 中的变量以"?"开头，变量名是唯一的。没有被量词修饰的变量称为自由变量。图 3.2 所示是复杂公式的示例。

```
(#$thereExists ?PLANET
(#$and
(#$isa ?PLANET #$Planet)
(#$orbits ?PLANET #$Sun)))
```

```
(#$forAll #$PERSON1
(#$implies
(#$isa ?PERSON1 #$Person)
(#$thereExist ?PERSON2
(#$and
(#$is ?PERSON2 #$Person)
(#$isFriend ?PERSON1 ?PERSON2)))))
```

(a)至少存在一颗行星围绕太阳转　　　(b)每个人总会有至少一个朋友

图 3.2　复杂公式示例

4. ConceptNet

ConceptNet 是一个开放的、多语言的知识图谱[16]，起源于麻省理工学院媒体实验室的一个众包项目 Open Mind Common Sense，致力于帮助计算机理解人们日常使用的单词的含义。ConceptNet 主要是由大量概念以及描述它们之间关系的常识构成，可以用于自然语言处理等多种人工智能应用。

5. DBpedia

DBpedia 从 Wikipedia 中的结构化数据(Infobox)中抽取知识，人工构建分类系统(taxonomy)。DBpedia 支持 127 种语言，总共描述了 1731 万个实体，英文版的 DBpedia 描述了 600 万个实体，其中 460 万个实体包含摘要信息，153 万个实体包含地理位置信息，160 万个实体包含描述信息。另外，520 万个实体可以链接到本体(ontology)上，包括 150 万个人物(person)、81 万个地点(place)、27.5 万个机构(organization)、30.1 万个物种(species)、49 万个作品(work)和 5000 种疾病(disease)等。

【DBpedia】

6. YAGO

【YAGO】

YAGO[17]是由德国马克斯·普朗克研究院主持研究的大型语义知识库，拥有 100 万个实体以及超过 500 万条关系事实数据。YAGO 主要基于 WordNet 的知识体系，将 Wikipedia 中的类别与 WordNet 中的同义词集进行关联，同时将 Wikipedia 中的条目挂载到 WordNet 的体系下，其优势在于既自动扩充了知识库，又对海量的知识进行了组织和整理。YAGO 的实体关系数据都依赖人工严格定义的规则从 Wikipedia 中自动抽取产生，包括实体之间的上下位关系和实体与属性关系等。目前在 YAGO 中，关系实例数据的准确率超过 95%。整个知识库使用 RDFs 语言与 OWL 语言描述，构成一个具有清晰完整逻辑定义的知识系统。

7. BabelNet

BabelNet[18]是一个多语言词汇级的语义网络和本体，由罗马大学计算机科学系计算语言学实验室所创建。BabelNet 的主要特点是将 Wikipedia 链接到 WordNet 上，这一点类似于前面介绍的 YAGO，但是 BabelNet 加入了多语言支持。BabelNet 提供了多种语言的概念和命名实体，以及它们之间丰富的语义关系。BabelNet 已经升级到 4.0 版本，覆盖了 284 种语言，包括全部的欧洲语言、大多数亚洲语言等。BabelNet 中语义关系的来源主要有两个：① WordNet 中定义的语义关系，如上下位关系、部分和整体关系、反义和同义关系等，总共大约 36.4 万条关系；② Wikipedia 中非特定的相关关系，如国籍、首都等，总共大约 3.8 亿条关系。

8. Freebase

【Freebase】

Freebase 也是基于 Wikipedia，使用群体智能方法建立的结构化知识资源，包含 5813 万个实体、32 亿个实体关系三元组，是公开可获取的大规模知识图谱之一。Freebase 是第一个尝试利用协同智慧构建完全结构化知识图谱的系统，它于 2010 年 7 月 16 日被 Google 收购并被纳入 Google 知识图谱中。2015 年，Google 关闭了 Freebase，并把数据全部迁移到 Wikidata。

9. KnowItAll

自动从网络数据中抽取信息进而构建知识库，是实现语义搜索的重要支撑技术。最具代表性的是华盛顿大学图灵中心的 KnowItAll[19]项目，其目标是让机器自动阅读互联网上的文本内容，从大量非结构化的文本中抽取结构化的实体关系三元组信息。区别于传统的文本信息抽取系统，这里要抽取的关系不再是预定义的，也就是说，知识抽取的范围是开放域文本。TextRunner[20]和 Reverb[14]是 KnowItAll 项目中的两个代表系统，

TextRunner 的升级版本是 Reverb。TextRunner 和 Reverb 都致力于从文本中通过识别句子的谓词抽取所有的二元关系。这两个系统都利用了网络数据的冗余信息，对初步认定可信的信息进行评估。

10. NELL

NELL 是卡内基梅隆大学基于 Read the Web 项目开发的一套永不停歇(24 小时×7 天)的语言学习系统[11]。NELL 每天不间断地执行两项任务：阅读和学习。阅读任务是从 Web 文本中获取知识，并添加到内部知识库；学习任务是使用机器学习算法获取新知识，巩固和扩展对知识的理解。如图 3.3 所示，NELL 可以抽取大量的事实(实体关系三元组)，并标注所抽取的迭代轮数、时间及系统置信度，供人工进行校验。

【NELL】

NELL 从 2010 年开始学习，经过半年的学习和抽取，总共得到将近 35 万个实体关系三元组，经过少量人工标注和校正，在抽取更多事实的前提下，知识抽取的准确率可以达到 87%。NELL 目前还需要进一步完善学习算法来消除错误信息，使其能够更加有效地完成对知识的学习、总结和归纳。

图 3.3 NELL 抽取结果示例

NELL 抽取技术的主要步骤为：①把名词短语划分到给定类别；②分类名词短语之间的语义关系；③名词短语被映射到概念，动词短语被映射到关系；④识别新的推理规则，用于发现新的关系实例。

综上所述，NELL 是一个基于文本信息抽取技术持续不断更新的知识库。

11. Knowledge Vault

Knowledge Vault[12]是 Google 于 2014 年创建的一个大规模知识图谱。相较于 Google 之前基于 Freebase 的知识图谱版本，Knowledge Vault 不再采用众包的方式进行图谱构建，而是试图通过机器学习算法自动搜集网上信息，对已有的结构化数据(如网页中的表格数据等)进行集成和融合，将其变成可用知识。目前，Knowledge Vault 已经收集了 16 亿个事实，其中 2.71 亿个事实具有高置信度(准确率在 90%左右)。

3.3 知识图谱生命周期

在知识图谱的构建和应用中有几个重要环节：知识体系构建、知识获取、知识融合、知识存储、知识推理和知识应用等，下面对它们进行简要介绍。

3.3.1 知识体系构建

知识图谱的知识体系构建，也称知识建模，是指采用什么样的方式表达知识，其核心是构建一个本体对目标知识进行描述。在这个本体中需要定义出知识的类别体系、每个类别下所属的概念和实体、概念之间的关系、实体之间的关系、概念和实体所具有的属性，同时也包括定义在这个本体上的一些推理规则。例如，Freebase 定义了 2000 多个概念类型和近 40000 个属性。Freebase 对每个类型定义了若干关系，并制定关系的值域约束其取值。知识图谱是随着语义网的发展而出现的概念。在语义网出现之前，万维网上的文档通过超链接进行关联，浏览器通过 HTML 语法显示文档的内容，但是这些内容并不能告诉计算机文档中的数据分别表示什么含义。语义网是 1998 年由"万维网之父"伯纳斯-李提出的，它使用资源描述框架和本体语言的形式化模型将万维网上文档的内容表达为计算机能够理解的语义。语义网的核心是让计算机能够理解文档中的数据，以及数据和数据之间的语义关联关系，从而使得计算机可以更加自动化、智能化地处理这些信息。本节主要介绍与知识图谱数据建模紧密相关的核心概念——资源描述框架(RDF)。RDF 的基本数据模型包括了三个对象类型：资源(resource)、谓词(predicate)及陈述(statements)，见表 3-2。

表 3-2　RDF 的基本数据模型

对象类型	说明
资源	能够使用 RDF 表示的对象称为资源，包括互联网上的实体、事件和概念等
谓词	谓词主要描述资源本身的特征和资源之间的关系。当与一个资源相联系时，刻画了资源本身的性质；当与两个或多个资源相联系时，刻画了资源之间的关系。例如，谓词的头尾部数据值的类型、谓词与其他谓词的关系(如逆关系)
陈述	一条陈述包含 3 个部分，通常称为 RDF 三元组<主体,谓词,宾语>。其中主体是被描述的资源，谓词可以表示主体的属性，也可以表示主体和宾语之间的关系。当谓词表示属性时，宾语就是属性值；当谓词表示关系时，宾语是一个资源

目前，知识图谱中的数据一般采用 RDF 数据模型进行表示。在知识图谱中，上述的"资源"称为实体或实体的属性值，"谓词"称为关系或属性，"陈述"是指 RDF 三元组，一个三元组描述的是两个实体之间的关系或者一个实体的属性。例如，在三元组"省会(四

川,成都)"中,"四川"是头实体,"成都"是尾实体,"省会"是关系;而在三元组"性别(屠呦呦,女)"中,"性别"是属性,"屠呦呦"是头实体,"女"是属性值。

3.3.2 知识获取

知识获取的目标是从海量的数据中通过信息抽取的方式获取知识,其方法根据所处理数据源的不同而不同。知识图谱中数据源可分为结构化数据、半结构化数据和非结构化文本数据(纯文本)。从结构化和半结构化的数据源中抽取知识是业界常用的技术手段,这类数据源的信息抽取方法相对简单,而且数据噪声小,经过人工过滤后能够得到高质量的结构化三元组。学术界的研究主要集中在非结构化文本数据中实体的识别和实体之间关系的抽取,它主要涉及自然语言处理等技术,难度较大。因为互联网上存在大量非结构化文本数据,而非结构化文本数据的信息抽取能够为知识图谱提供大量较高质量的事实三元组,因此它是构建知识图谱的核心技术。下面根据数据源类型分别具体介绍知识获取的不同方法。

1. 结构化数据

结构化数据主要来自企业内部数据库中的私有数据,或网页中的表格数据。这类数据普遍质量较高,且长期存在,一般不易随时间的变化而改变。结构化数据的优点是置信度高,数据质量可靠;缺点是数据规模小且不容易获得。网络百科(如百度百科)中的信息框是典型的结构化数据,其数据结构化程度高,网站的信息框结构样式统一,可以直接采用模板的方式提取与实体相关的属性和属性值。图 3.4 所示是关于实体屠呦呦的属性信息框,其中的结构化数据可以直接提取。除了网络百科的结构化数据,还存在一些网络结构化数据,如 LOD 项目。LOD 不仅包含了大量高质量的通用语义数据集,如 DBpedia 和 YAGO 等,还包含了如 MusicBrainz 等特定领域的知识图谱。除此之外,还存在一些高质量的垂直领域站点,如点评网站(如大众点评网)和电商网站(如京东)等,它们的数据中也保存了大量领域相关结构化数据并以 HTML 表格的形式呈现给用户,对这些数据的充分利用也可以进一步扩充特定领域知识图谱的知识覆盖率。

中文名	屠呦呦	主要成就	创制抗疟药——青蒿素和双氢青蒿素
外文名	Tu Youyou		诺贝尔生理学或医学奖 (2015年10月)
国　籍	中国		共和国勋章 (2019年9月) [7]
民　族	汉族		联合国教科文组织国际生命科学研究奖 (2019年) [14]
出生地	浙江省宁波市		
出生日期	1930年12月30日		葛兰素史克中国研发中心"生命科学杰出成就奖" (2011年) [8]
毕业院校	北京大学医学部 [3]		展开 ∨
职　业	药学家	传 记	《屠呦呦传》[12]
代表作品	发现青蒿素	性　别	女

图 3.4　结构化数据示例

2. 半结构化数据

半结构化数据是指那些不能通过固定的模板直接获得的数据。它并不符合以数据表等形式关联起来的数据模型结构，数据的结构和内容混在一起，没有明显的区分，因此，它也被称为自描述的结构。半结构化数据相对于结构化数据较为松散，具有结构多变、模式不统一的特点。相关的知识隐藏在一些隐式的列表或表格中。图 3.5 所示是在百度百科上检索“藿香正气水”的结果，是一个半结构化数据的例子，这里面具有一定的层次和模式，但是其结构化的程度低于结构化数据。半结构化数据的优点是置信度高，规模比较大，个性化信息丰富而且形式多样；缺点是样式多变且含有噪声，很难通过人工编写模板的方式进行抽取。

用药提醒 播报 编辑

含有乙醇辅料的藿香正气水，应避免服用头孢类药物，以免发生双硫仑样反应。倘若不慎发生双硫仑样反应，轻则可自行消退，无需特殊处理；重则出现严重中毒反应时，应立即就医治疗。[1]

药品类型 播报 编辑

非处方药

组成 播报 编辑

苍术，陈皮，厚朴(姜制)，白芷，茯苓，大腹皮，生半夏，甘草浸膏，广藿香油，紫苏叶油

性状 播报 编辑

本品为深棕色的澄清液体（贮存略有沉淀）；味辛、苦。

主要功效 播报 编辑

解表化湿，理气和中。

适用病症 播报 编辑

外感风寒、内伤湿滞或夏伤暑湿所致的感冒，症见头痛昏重、胸膈痞闷、脘腹胀痛、呕吐泄泻，肠胃型感冒见上述症候者。

用法用量 播报 编辑

口服。一次半支(5毫升)~1支(10毫升)，一日2次，用时摇匀。

药性分析 播报 编辑

方中以藿香芳香化湿，理气和中，兼表解是主药。以紫苏叶、白芷发汗解表，并增强藿香理气散寒之力为辅药。佐苍术、厚朴、大腹皮燥湿除满；陈皮，生半夏行气降逆，和胃止呕；配桔梗开胸膈；用茯苓、甘草健脾利湿，加强运化功能。各药配合，使风寒得解，湿滞得消，气机通畅，胃肠调和。共奏解表化湿，理气和中之效。

图 3.5　半结构化数据示例

3. 非结构化文本数据

非结构化文本数据指的就是纯文本，即自然语言文本数据。例如，"屠呦呦1930年12月30日出生于浙江宁波"这句话中就隐含着两条结构化知识，即(屠呦呦,出生地,浙江宁波)、(屠呦呦,出生日期,1930年12月30日)。当前互联网上大多数的信息都以非结构化文本的形式存储，相比结构化和半结构化数据，非结构化文本数据要更丰富。因此，如何从纯文本数据中进行知识抽取受到研究者的广泛关注。这一任务被称为文本信息抽取。

由于目前的知识表示大多以实体关系三元组(参见第2章)为主，因此，信息抽取包括如下基本任务：实体识别、实体消歧、关系抽取及事件抽取等，具体内容将在第5~8章详细介绍。这一过程需要自然语言处理技术的支撑，由于自然语言表达方式变化多样，给信息抽取带来巨大挑战。目前主流的方法是基于统计机器学习的方法，下面对于所涉及的各个任务进行简单的介绍。

(1) 实体识别。目标是从非结构化文本数据中识别实体信息。例如，对于"屠呦呦1930年12月30日出生于浙江宁波"，我们需要从中识别出"屠呦呦""1930年12月30日""浙江宁波"三个实体。在这一过程中，不仅需要确定实体的前后边界，还需要确定实体的类别，如实体"屠呦呦"是一个人名、"1930年12月30日"是一个时间词、"浙江宁波"是一个地名。早期有关实体识别的研究主要是针对命名实体的识别。命名实体(named entity)是指文本中具有特定意义的实体，一般包含三大类(实体类、时间类和数字类)、七小类(人名、地名、机构名、时间、日期、货币和百分比)。但是，在知识图谱领域，从文本中识别实体不局限于命名实体，还包括其他类别的实体，特别是领域实体，如细菌名、服装品牌、酒店名等。与实体识别相关的任务是实体抽取，其区别在于实体抽取的目标是在给定语料的情况下，构建一个实体列表，并不需要在每个句子中确定实体的边界，如构建一个电影名列表。

(2) 实体消歧。目标是消除指定实体的歧义。例如，对于"乔丹1988年荣获NBA年度最佳防守球员"中的"乔丹"，系统需要自动判别出这个实体指称项(entity mention)，"乔丹"指的是打篮球的"乔丹"，而不是其他的"乔丹"(叫"乔丹"的人很多，有教授"乔丹"、足球运动员"乔丹"等)。实体消歧对于知识图谱构建和应用有着重要的作用，也是建立语言表达和知识图谱联系的关键环节。从技术路线上划分，实体消歧任务可以分为实体链接和实体聚类两种类型。实体链接是将给定文本中的某一个实体指称项链接到已有知识图谱中的某一个实体上，因为在知识图谱中，每个实体具有唯一的编号，链接的结果就是消除了文本指称项的歧义。实体聚类的假设是已有知识图谱中并没有已经确定的实体，在给定一个语料库的前提下，通过聚类的方法消除语料中所有同一实体指称项的歧义，具有相同所指的实体指称项应该被聚为同一类别。

(3) 关系抽取。目标是获取两个实体之间的语义关系。语义关系可以是一元关系(如实体的类型)，也可以是二元关系(如实体的属性)，以及更高阶的关系。现有知识图谱处理的语义关系通常是指一元关系和二元关系。根据抽取目标的不同，已有关系抽取任务可以分为属性抽取、关系分类、关系实例抽取等。属性抽取的任务是在给定一个实体及一个预定义关系的条件下，抽取另外一个实体。例如，"屠呦呦 1930 年 12 月 30 日出生于浙江宁波"，假设我们已经识别出实体"屠呦呦"，给定"出生地"这个关系，属性抽取的目标是从这句话中把表达屠呦呦出生地的属性值抽取出来，即"浙江宁波"。关系分类任务是判别给定的一句话中两个指定实体之间的语义关系。例如，"屠呦呦 1930 年 12 月 30 日出生于浙江宁波"，假设我们已经识别出"屠呦呦"和"1930 年 12 月 30 日"两个实体，则关系分类的目标是判别出它们之间具有"出生日期"的关系。关系实例抽取任务包括判断实体间关系和抽取满足该关系的知识实例数据。例如，给定"屠呦呦"和"1930 年 12 月 30 日"，基于现有知识图谱和文本数据，抽取和判断它们之间的关系。知识图谱包含多种类型的语义关系，如上下位关系、部分和整体关系、实体和属性关系等。关系抽取对于构建知识图谱非常重要，是图谱中确定两个节点之间边上语义信息的关键环节。然而关系抽取也十分困难，因为对于同一语义关系的自然语言表达多种多样、十分丰富。

(4) 事件抽取。目标是从描述事件信息的文本中抽取出用户感兴趣的事件信息并以结构化的形式呈现出来。事件抽取是在实体抽取及关系抽取基础上抽取更详细的事件信息。事件是发生在某个特定的时间点或时间段、某个特定的地域范围内，由一个或多个角色参与的，一个或多个动作组成的事情或状态的改变。例如，在句子"1928 年 3 月，梁思成和林徽因在加拿大渥太华举行了婚礼，两人选择了欧洲进行蜜月旅行。"中，事件抽取的目标是识别出这个句子描述了一个"结婚"事件，"结婚的双方"是"梁思成和林徽因"，"结婚时间"是"1928 年 3 月"，"结婚地点"是"加拿大渥太华"。现有知识图谱大多以实体和实体之间的关系为核心，缺乏事件知识。然而，很多认知科学家认为人们是以事件为单位来认识世界的，事件符合人们的正常认知规律。例如，对于一个影迷来说，他可能最关心的是他所喜欢的电影明星及其参演的电影相关的事件；对于一个桥梁建筑师来说，他可能最关心的是与桥梁相关的事件；当发生自然灾害如地震时，人们最想快速知道的是地震发生的时间、地点、震级、救援信息、伤亡情况等信息。因此，事件抽取能弥补现有以实体和关系为核心的知识图谱知识表达能力不足的问题，是构建知识图谱不可或缺的技术。事件本身的复杂性，自然语言表达的歧义性和灵活性，以及对实体、关系抽取的依赖性，对事件抽取提出了很大的挑战。根据抽取方法的不同，现有的事件抽取可分为基于模式匹配和基于机器学习的事件抽取方法。

3.3.3 知识融合

知识融合是对不同来源、不同语言或不同结构的知识进行融合，从而对已有的知识图谱进行补充、更新和去重。例如，YAGO 是由网民协同构建的大规模实体知识图谱 Wikipedia 和专家构建的高质量语言知识图谱 WordNet 融合而成的知识图谱，从而实现质量和数量的互补；BabelNet 是融合了不同语言的知识图谱，实现跨语言的知识关联和共享。

从融合的对象看，知识融合包括实例的融合和知识体系的融合。实例的融合是对两个不同知识图谱中的实例(如实体实例、关系实例)进行融合，包括不同知识体系下的实例、不同语言的实例。而知识体系的融合是对两个或多个异构知识体系进行融合，对相同的类别、属性、关系进行映射。知识融合的核心是计算两个知识图谱中两个节点或两条边之间的语义映射关系。从融合的知识图谱类型看，知识融合可以分为水平方向的融合和竖直方向的融合。水平方向的融合是指融合同层次的不同知识图谱，实现实例数据的互补，如融合 Freebase 和 DBpedia。竖直方向的融合是指融合(较)高层通用本体与(较)低层领域本体或实例数据，如融合 WordNet 和 Wikipedia。

3.3.4 知识存储

知识存储就是研究利用何种方式将已有的知识图谱进行存储。因为目前的知识图谱大多是基于图的数据结构，它的存储方式主要有两种：RDF 格式存储和图数据库(graph database)存储。RDF 格式存储是以三元组的形式存储数据，如 Google 开放的 Freebase 知识图谱，就是以三元组 SPO(subject, predicate, object)的形式逐行存储，但是这种存储方式使得搜索效率低下。为了提升三元组的搜索效率，通常采用六重索引的方法。图数据库存储比 RDF 格式存储更加通用，目前典型的开源图数据库是 Neo4j，这种图数据库的优点是具有完善的图查询语言，支持大多数的图挖掘算法，缺点是数据更新慢，大节点的处理开销大。为了解决上述问题，子图同构判定及子图筛选等技术是目前图数据库的研究热点[21]。

3.3.5 知识推理

通过知识建模、知识获取和知识融合，我们基本可以构建一个可用的知识图谱。但是由于处理数据的不完备性，所构建的知识图谱中肯定存在知识缺失现象(包括实体缺失、关系缺失)。由于数据的稀疏性，我们也很难利用抽取或融合的方法对缺失的知识进行补齐。因此，需要采用推理的手段发现已有知识中隐含的知识。目前知识推理研究的主要内容集中在知识图谱中缺失关系补足，即挖掘两个实体之间隐含的语义关系。所采用的方法主要有两种：①基于传统逻辑规则的方法进行推理，其研究热点在于如何自动学习推理规则，以及如何解决推理过程中的规则冲突问题；②基于表示学习的推理，即采用学习的方式，将传统推理过程转化为基于分布式表示的语义向量相似度计算任务，这种方法的优点是容错率高、可学习，但缺点也很明显，即不可解释，缺乏语义约束。

当然，知识推理不仅能够应用于已有知识图谱的补全，也可以直接应用于相关下游应用任务，如自动问答系统中往往也需要知识推理。关键问题在于如何将问题映射到知识图谱所支撑的结构表示中，在此基础上才能利用知识图谱中的上下文语义约束以及已有的推理规则，并结合常识等相关知识，得到正确的答案。

3.3.6 知识应用

党的二十大报告指出"坚持机械化信息化智能化融合发展"。伴随着人工智能热潮，知识图谱已经在推荐、决策支持、智能搜索、自动问答等相关任务上得到了广泛应用。

1. 推荐

在推荐方面，可以利用知识图谱中实体(商品)的关系(类别)向用户推荐相关的产品。例如，当用户在百度搜索引擎中搜索"流浪地球"时，在搜索结果的右侧可以看到同类型影视作品的推荐，如图 3.6 所示。这是根据这些电影在知识图谱中的类型标签进行推荐的。

图 3.6　百度推荐示例

2. 决策支持

知识图谱能够把领域内复杂的知识通过信息抽取、数据挖掘、语义匹配、语义计算、知识推理等过程精确地描述出来，并且可以描述知识的演化过程和发展规律，从而为研究和决策提供准确、可追踪、可解释、可推理的知识数据。例如，通过对数据的一致性检验，识别银行交易中的违法行为。除上述列举的典型决策应用之外，在垂直领域中，如医疗、电商、金融、教育和法律等行业，各自领域的知识图谱也都有重要应用。例如，"企查查"可以从网络中挖掘企业和企业家之间的关系。

3. 智能搜索

在智能搜索方面，基于知识图谱的搜索引擎内部存储了大量的实体以及实体之间的关系，可以根据用户查询准确地返回答案。例如，在百度搜索引擎中输入查询关键词"爱因斯坦"，搜索引擎不仅返回最相关的网页，还会显示更加丰富和具体的信息，如出生时间、出生地、毕业学校和人物关系等，甚至包括一些相关的科学家，如伽利略·伽利雷和玛丽·居里等，如图 3.7 所示。这些信息的提供大大缩小了用户查找信息的范围，使其能够快速获取信息。用户意图理解是智能搜索的核心步骤，它也广泛使用知识图谱。例如，当用户输入查询关键词"乔丹 NBA 队员"，如果搜索引擎只使用关键词匹配的方法，则根本不知道用户到底希望找到哪个"乔丹"，会返回所有包含"乔丹"的网页，但是知识图谱可以识别查询关键词中的实体和属性，可以将"乔丹"和"NBA"进行关联，得出用户想要查询的是篮球运动员乔丹。

图 3.7　百度智能搜索示例

4. 自动问答

在自动问答方面，可以利用知识图谱中的实体以及实体之间的关系进行推理得到答案。例如，在必应搜索引擎中输入"郭靖的妻子的女儿"，其中一个返回结果是"郭芙"，如图 3.8 所示。其过程是首先找到实体"郭靖"，然后在连接该实体的所有关系中匹配"妻子-黄蓉"及"女儿"的语义，最后确定答案。在未来的研究中，知识图谱作为一种知识管理和应用的新思路，它的应用将不局限于推荐、决策支持、智能搜索等方面，在各种智能系统中它都将有更加广泛的应用。

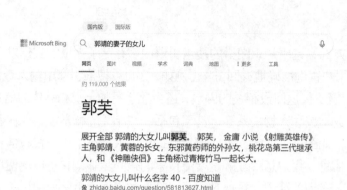

图 3.8 必应自动问答示例

3.4 知识图谱中的知识表示方法

3.4.1 表示框架

通常一个知识本体主要涵盖以下几个方面的内容：①事物，指客观世界中的实体或对象，如"李德毅""北京大学""杜苏芮台风"；②概念，指具有相似本体特征的一类事物，也称类型，如"教师""学校""台风"；③属性，指事物或概念具有的特征和特性等，如"性别""所属""风力"；④关系，指概念与实体之间的关联方式，如"类-实例""类-子类"关系；⑤函数，指事物或概念之间进行转化的形式表达，如性别(爱因斯坦)="男"中的"性别(X)"则为函数；⑥约束，指某项断言成立的限制条件的形式化描述，如属性"性别"的值必为"男"或"女"其中之一；⑦规则，是依据某项断言得到逻辑推论的因果关系知识的形式化描述，通常具有"如果……则……"(IF…THEN…)的形式；⑧公理，指永远为真的断言。实际上，目前大部分知识图谱主要是对前四部分内容(事物、概念、属性和关系)进行建模，只有少数知识图谱建模了简单的规则结构，这也反映了不同层次知识在表示上的复杂程度是不同的。

知识图谱的概念最先出现于 Google 公司的知识图谱项目，体现在使用搜索引擎时，会出现搜索结果右侧的相关知识展示。但 Google 知识图谱本身并不局限于这些知识。知识图谱中的事物及概念用节点表示，它们之间的关系则用边表示。并且，知识图谱用统一的形式对知识定义和具体实例数据进行描述，具体实例数据需要满足系统约定的"框架"约束。知识图谱中的知识定义和实例数据及其相关的配套标准、技术、应用系统构成了广义的知识图谱。

本节主要介绍狭义知识图谱，可以看作知识库的图结构表示。除了 Google 知识图谱，YAGO、Freebase 等具有图结构的三元组知识库也是一种狭义的知识图谱。在第 2

章提到的知识用统一的三元组形式表示，不论是对人类操作的便捷性还是对计算机计算的高效性，都有非常大的优势。本章描述的知识图谱主要是建立在具有图结构的三元组知识库上，泛指三元组知识组成的有向图结构。更具体地说，知识库中的实体可以作为知识图谱中的节点，而知识库中的事实可以作为知识图谱中的边(包含边两端的节点)，边的方向是由头实体指向尾实体的，而两实体间的关系类型就作为边的类型。例如，图 3.9 中描述了一个知识图谱的局部，其中描述了实体"Mike"，其朋友"Liz""Shawn"，出生地"San Francisco"等实体之间的关系，且关系的类型也标注在图中。但是，知识图谱的知识表示绝不仅仅体现在以 RDF 为基础框架的三元组之上，还体现在实体、类别、属性、关系等多颗粒度、多层次语义单元的关联之中，它是一个知识系统，用统一的方式表示知识定义和实例数据两个层次的知识。

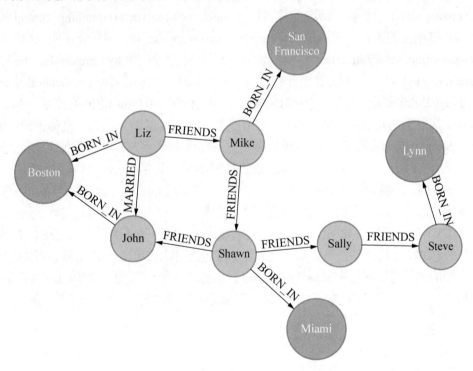

图 3.9　知识图谱结构示例

知识图谱也可作为语义网的工程实现，知识图谱不太专注于对知识框架的定义，如 Freebase 等并没有对类别和属性关系进行额外的描述和定义。知识图谱专注于如何以工程的方式从文本中自动抽取，或者依靠众包的方式获取并组建广泛的具有平铺结构的实例数据，并要求使用它的方式具有容错、模糊匹配等机制。这种对格式及内容的宽泛定义，可以看作狭义的知识图谱与语义网的主要区别。另一方面，知识图谱放宽了对三元组中元素值的要求，并不局限于实体，也可以是文字、数字、百分比等其他类型的数据。

除此之外，语义网与知识图谱之间并没有明显的区别。现有的网络知识图谱，大多数也使用 RDF 等语义网的表示方式来对知识进行表示，具体内容详见第 2 章语义网部分。

3.4.2 Freebase

本节将以一个典型知识图谱——Freebase 为例介绍知识图谱中的一些表达的特性。整个 Freebase 数据库是一张大图，用 type/object 定义节点，用 type/link 定义边。条目称为 Topic，一个 Topic 往往有多个属性。例如，对于某个人，一般有姓名、出生日期、职业等属性。在 Freebase 中，每个实体都有一个编号，称为 MID。例如，对于实体，唐朝开国皇帝李渊(/m/01abcd)、苹果公司(/m/0k8cd)、巴黎圣母院(/m/01_5g)等；有相应的属性，李渊的出生日期(/people/person/date_of_birth)、苹果公司的创始人(/business/company/founders)、巴黎圣母院的建成时间(/architecture/structure/building_commission_date)等；有相应的关系，李渊的妻子(/people/person/spouse_s)、苹果公司的总部所在地(/business/company/headquarters)、巴黎圣母院的建筑风格(/architecture/building/architectural_style)等。一般用三元组表示一个知识，如(/m/01lsmm,/location/country/capital,/m/02hrh0)表示一个国家(/m/01lsmm)和它的首都(/m/02hrh0)之间的关系。Freebase 中也并不局限于三元组原子知识表示，它创造了一个虚拟的节点结构，被称为组合值类型(compound value type，CVT)，可以对多元关系进行表示，CVT 对于更准确地表达知识是必需的。例如，一个城市的人口是随着时间不断变化的，这就意味着当用户使用 Freebase 查询一个城市的人口时，至少需要输入一个确定的日期。因此对于人口的查询，时间和地点两个值是必需的，它们共同与人口数量组成一个不可分割的整体。这个例子体现了 CVT 的必要性，如果没有它，就会需要大量的特殊关系类型，如"在 2023 年的人口""在 2022 年的人口"等。除此之外，CVT 也是事件知识表示的基础，事件的角色和事件间的关系可以通过定义属性和关系进行描述。例如，"中国"的属性"人口信息"的值应该定义为一个 CVT 类型对象，这个对象需要记录"人口""登记年份"等属性值，这些信息可以用下述三元组集合描述。

```
<中国,人口信息,e1>.
 <e1,人口数量,1443497378@int>.
 <e1,时间,"2020年"@Date>.
 <e1,名称,"第七次全国人口普查">
<中国,人口信息,e2>.
 <e2,人口数量,1339724852@int>.
 <e2,时间,"2010年"@Date>.
 <e2,名称,"第六次全国人口普查">
```

以上以 Freebase 为例介绍了典型知识图谱的特性。知识图谱的真正魅力在于它的图结构，可以在知识图谱上实现搜索、随机游走、网络流等大规模图算法，进而使知识图谱与图论、概率图等碰撞出火花。例如，基于大规模链接图谱的标签传播，可以对知识图谱中的实体按照普通角度分类，并有目的地发现关键实体；基于大规模知识图谱的逻辑规则挖掘，得益于知识图谱中频繁子图的挖掘，促进了逻辑规则的自动生成和评价。

3.4.3 知识图谱的数值化表示

数值化表示学习也是知识图谱研究的热点任务之一，它把知识图谱中的离散符号(实体、关系、属性、值等)用连续型数值进行表示，示例如图 3.10 所示。这种数值化表示能够体现实体和关系的语义信息，可以高效地计算实体、关系及其之间的复杂语义关联。知识图谱的数值化表示学习方法主要有基于张量分解的表示学习方法和基于能量函数的表示学习方法。

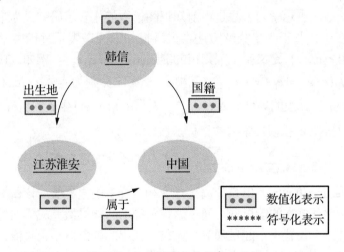

图 3.10 知识图谱数值化表示示例

1. 基于张量分解的表示学习方法

基于张量分解的表示学习方法以 Nickel 等提出的 RESCAL 系统为代表。图 3.11 所示为 RESCAL 系统的原理图。它的核心思想是将整个知识图谱编码为一个三维张量 X，如果三元组 $r(e_1,e_2)$ 存在于知识图谱中，则对应张量中的值 X 为 1，否则为 0。将张量 X 分解为核心张量 R 和因子矩阵 A 的乘积形式 $X \approx A^T RA$，其中核心张量 R 中每个二维矩阵切片代表一种关系的语义，因子矩阵 A 中的每一列代表一个实体的向量。模型重构的结果 $A^T RA$ 中的每一个元素被看作对应三元组存在知识图谱中的概率，如果概率大于某个阈值，则对应三元组正确，否则不正确。这里重构的过程即是推理的过程，对于原张量 X 中值为 0 的位置所对应的三元组，当重构后它的值大于概率阈值时，该三元组即为推断出的正确三元组。张量分解在编码实体和关系的过程中综合了整个知识图谱的信息，它的主要缺点是需要优化张量中所有位置的值，包括 0 在内。因此，当关系数目较多时，张量的维度很高，分解过程的计算复杂度很高，表示过程中的学习效率低。

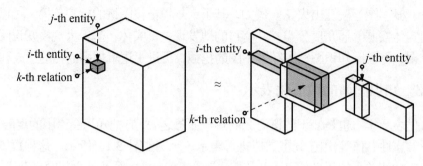

图 3.11 RESCAL 系统的原理图

2. 基于能量函数的表示学习方法

基于能量函数的表示学习方法是当前知识图谱数值化表示研究最为丰富的方法，该类方法可以克服上述基于张量分解方法在大规模知识图谱表示过程中学习效率低的问题。对于三元组 $r(e_1,e_2)$，定义基于三元组的能量函数 $f_r(e_1,e_2)$。例如，TransE 模型中能量函数定义为 $f_r(e_1,e_2)=\|e_1+r-e_2\|_{L_{1/2}}$，其中 e_1、e_2 和 r 分别为实体 e_1、e_2 和关系 r 的向量表示。知识图谱中三元组的集合为 Δ，$\Delta'_{r(e_1,e_2)}$ 表示由 $r(e_1,e_2)$ 生成的负样本 $r(e'_1,e'_2)$ 的集合(例如，随机把 e_1、e_2 替换)，学习的目标函数定义为

$$L = \sum_{r(e_1,e_2)\in\Delta} \sum_{r(e'_1,e'_2)\in\Delta_{r(e_1,e_2)}} \left[\gamma + f_r(e_1,e_2) - f_r(e'_1,e'_2)\right]_+$$

其中，$[x]_+ \triangleq \max(0,x)$，$\gamma>0$ 是分离正样本和负样本的边界值。该目标函数的原理是使正样本的能量比负样本的能量低，通过惩罚负样本的能量值完成学习过程。在测试的过程中，每种关系都设置一个能量阈值，如果三元组的能量值小于阈值，则是正确的，否则不正确。因此，推理过程即是计算三元组能量的过程，当三元组的能量值小于阈值时，该三元组为推断出的新三元组。不同能量模型的区别在于能量函数 $f_r(e_1,e_2)$ 构造的不同。

知识图谱的数值化表示学习是一个前沿学术热点，近年来不断有新的理论和方法提出。并且，表示学习和知识推理是两个相互关联的任务，这方面的更多内容将在第 10 章详细介绍。

3.5 知识图谱与深度学习

知识图谱中很多任务都需要对文本和符号进行表示和处理，在此基础上进行语义理解、知识推理，进而支撑知识问答、智能对话等上层人工智能应用。例如，通过信息抽取技术从文本数据中抽取实体、关系、事件等信息进而构建知识图谱，通过语义匹配技术匹配自然语言问句和知识图谱中的实体、关系、子图，进而进行知识问答等。对于知识图谱相关任务的研究，早期方法对需要处理的对象(如词、句子、篇章，以及实体、属

性、关系、规则等语义单元)进行符号化表示,并使用数理演算(如谓词逻辑)及符号匹配(如索引和检索)完成各种语义计算任务,如图 3.12(a)所示。

近年来,在知识图谱构建和应用的各个环节中,越来越多的任务采用人工神经网络建模,并取得了一定的效果。深度学习的本质是通过多层人工神经网络,自动学习处理对象的抽象表示,以便在具体任务中有更好的性能。而基于神经元的深度学习方法把处理对象表示为数值(标量/向量/矩阵),并通过数值计算(如乘、开方、非线性激活函数等)完成各种语义计算任务,如图 3.12(b)所示。

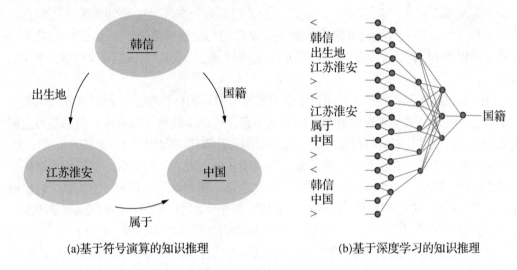

(a)基于符号演算的知识推理　　　　(b)基于深度学习的知识推理

图 3.12　基于符号演算与基于深度学习的语义计算对比示例

虽然深度学习在特定任务上效果显著,但它也存在一些局限性,并且很多是根本性的问题。首先,当前的深度学习需要依赖大量的数据用于训练;其次,这种纯粹的数据驱动学习方式一般结果不可解释且学习过程也不可调控;最后,端到端的学习过程很难加入先验知识,而大量知识表示与推理应用任务中人类的先验知识非常重要。为了模拟人类的认知过程,进行更好的知识抽象和推理,人们定义了符号逻辑对知识进行表示和推理,其中知识图谱是典型代表之一。但是符号逻辑难以从历史数据中习得,目前大多还是采用人工编撰和校验的方式获得符号逻辑推理规则;而且尽管可以利用概率图模型等方法学习有限的知识推理规则,但是受限于模型复杂度还是难以扩展到大规模数据上。

为了利用有限标注数据进行有效的预测,应融合可学习的表示学习模型和可表达、可解释的符号逻辑方法。利用表示学习模型从历史数据中学习知识,结合使用符号逻辑表示的领域专家知识,不仅能有效提升预测性能,还能得到可解释的预测结果。因此,人们逐渐形成共识:基于数值计算的深度学习方法与基于符号表示和匹配的方法需要融合。只有这样才能解决人工智能,特别是自然语言理解的深层次问题,才能把现有浅层语义分析方法提升至能解决更深层、更高级人类认知任务的深层语义分析方法。近年来,不少研究者在该领域进行了先期探索，如词表示学习、知识图谱表示学习、神经符号机等。

(1) 词表示学习是基于深度学习的自然语言处理方法的基础步骤，其主要目标是把每个词表示为分布向量的形式。句子、段落、篇章等更大语言单元就可以通过词向量的语义组合模型(如循环神经网络等深度学习模型)得到，进而进行文本分类、机器翻译、智能问答等任务。尽管词表示学习在自然语言处理领域发挥着重要作用，但是这种完全数据驱动的方法存在一些明显的问题。例如，根据词的分布表示，不能区分两个词之间是"近义词"还是"反义词"的关系。为了让词的分布表示能蕴含更多语义信息，特别是与人类认知一致的语义知识，有不少研究把句法分析结果[22]、语言知识图谱[23]及常识知识图谱[24]融入到词的表示学习过程中，以此提升词表示在深层语义理解任务中的效果[25]。

(2) 知识图谱表示学习是将知识图谱中用符号表示的实体和关系投影到低维向量空间中，这种表示能够体现实体和关系的语义信息，可以高效地计算实体、关系及其之间的复杂语义关联[26]。知识图谱表示学习在知识图谱的构建、推理和应用中具有重要作用。学习到的实体和关系向量表示反映了知识图谱中各个元素之间的关联，能够用于推断知识图谱中缺失的关系，补全知识图谱[27]。除此之外，随着深度学习方法的发展，它也很容易应用到智能问答[28][29][30]等任务中。知识图谱表示学习在学习实体和关系的向量时，会考虑到整个知识图谱的信息，因此，当用其推断知识图谱中缺失的关系时，可以用到更加全面的信息，从而提升预测性能，并且这种方法计算效率高，能够满足当前大规模知识图谱的需求。但是，它也有一定的局限性，相对于逻辑规则推理的方法，它的推理过程使用数值计算的方式表达，是一种隐含的表达方式，不易理解，人工也难以干预推理过程和增加先验知识。

(3) 神经符号机是一种将符号推理与人工神经网络相结合的技术，近年来开始被用于自然语言处理领域。神经符号机利用人工神经网络对函数演算和图灵机等传统计算模型进行建模。根据抽象层次的不同，可以将其分为两类。一类是每个推理步骤都从设计好的操作集合里选择，再选择合适的操作数，通过依次执行多个操作，得到针对用户问题的最终答案。操作集合往往根据不同任务来设计，少则三四个，多则数十个。这类做法的抽象层次较高，在针对表格的问答[31][32]、基于知识库的问答[33]等任务上都有应用。另一类是从模拟计算机底层操作方式的角度抽象模型，设计出内存、中央处理器等结构，并借鉴传统计算机操作系统的思路，从随机访存、空闲内存分配、访存时序等不同侧面进行建模，完善模型的性能。这类做法的抽象层次较低，代表成果有神经图灵机、可微分神经计算机等。神经符号机已经广泛应用于基础图论算法、问答系统等任务[34][35]。

本章小结

本章首先讨论了知识图谱的定义,对知识图谱的发展脉络进行了梳理,知识图谱的发展经历了从人工标注到群体智能,再到基于统计机器学习的自动构建的过程,也体现了从单一语言、单一领域到多语言、多领域的发展趋势。然后对知识图谱的类型进行了讨论,并对若干具有代表性的知识图谱进行了简要介绍。接着对知识图谱的生命周期,也就是知识图谱在构建和应用中的几个重要环节进行了介绍。之后介绍了知识图谱的知识表示方法及前沿任务知识图谱的数值化表示,并以 Freebase 为例详细讨论了典型表示框架。知识图谱本身是一种语义网络,但是相较传统的知识表示,现有的知识图谱以三元组为统一表示形式,不仅形式更加开放,更容易被人们接受,其存储、搜索和推理也更加高效。最后分析了知识图谱与深度学习之间的关系,从中可以看出,以符号表示为基础的知识图谱和以数值计算为基础的深度学习在不同应用中各有优势,目前的趋势包括在深度学习方法中融合知识图谱和在知识图谱中应用深度学习方法。

本章习题

1. 什么是知识图谱?
2. 知识图谱有哪些类型?
3. 简述 Freebase 的特性。

第 4 章
知识体系构建和知识融合

实体、属性、关系等结构化数据组成了整个知识体系。例如,通过查询知识图谱可以知道爱因斯坦是一位科学家,他出生于德国,此外还可以获得他的性别、国籍、成就等信息。实际上,知识图谱不仅包括具体的实例知识数据,还包括对知识数据的描述和定义,这部分对数据进行描述和定义的"元"数据被称为知识体系或本体。不同组织按照自身需要构建相应的知识体系,但不同的知识体系关注领域和侧面不同,如何对它们进行综合利用是一个重要问题。知识融合通过框架匹配和实例对齐,把分散的知识资源联合起来,可以极大地增加知识体系的覆盖领域和共享程度,因此,知识融合是知识体系构建的重要组成部分。本章首先介绍知识体系的构建方法和技术,然后介绍不同层次的知识融合方法。

4.1 知识体系构建

【知识体系构建】

知识体系主要包括三个方面的核心内容:概念分类、概念属性描述、关系定义。知识体系的基本形态包括词汇(terms)、概念(concepts)、分类关系(taxonomic relations)、非分类关系(non-taxonomic relations)和公理(axioms)这五个不同层次[36]。虽然最终目标是实现完全自动构建知识体系,但目前还难以达到,特别是最后两个层次(非分类关系和公理)的知识体系[3]。

图 4.1 是一个以实体为中心的知识体系示例,图中每一行的开头是实体的类型,其后方括号内定义了实体的属性,缩进表示实体类型的上下位层次关系。本节介绍构建知识体系的方法,包括人工构建方法及自动构建方法,最后介绍若干典型知识体系。

```
-roof
    +组织[外文名,所在地,中文名,地址,别名,创建时间]
    +地点[外文名,所在地,面积,中文名,别名,位置]
    -人物[出生地,外文名,毕业院校,政治面貌,职业,籍贯,去世日期,别名,信仰,国籍,
        中文名,体重,血型,星座,出生日期,性别,身高,相关事件,民族]
        +网络人物[代表作品,艺名,获得荣誉,主要成就]
        +文化人物[代表作品,笔名,获得荣誉,主要成就]
        +娱乐人物[艺名,获得荣誉,主要成就,经纪公司]
        +政治人物[获得荣誉,主要成就]
        +虚拟人物[]
        +体育人物[运动项目,获得荣誉,主要成就]
        +经济人物[获得荣誉,主要成就]
        +社会科学人物[获得荣誉,主要成就]
        +自然科学人物[获得荣誉,主要成就]
```

图 4.1　知识体系示例

4.1.1　人工构建方法

首先介绍一下人工构建知识体系的一般方法。由于知识体系具有很高的抽象性及概括性,目前大部分高质量的知识体系只能通过人工构建。早期,人们通过直接构建概念(类型)、概念属性和概念之间的关系建立知识体系[11][37]。但是,随着不同领域及行业对知识需求的增长。例如,需要建模事实成立的空间、时间信息,逐步构建出能够描述时空的知识框架;需要建模复杂的且有关联的多事实组合信息等,逐步构建出能够描述事件等信息的知识框架。例如,YAGO2 通过把 YAGO 中的事实三元组表示为五元组形式来记录事实成立的起止时间和空间信息,Freebase 通过定义组合数据类型描述时空、事件信息。

人工构建知识体系的过程可以分为六个主要阶段:确定领域及任务、体系复用、罗列要素、确定分类体系、定义属性及关系、定义约束。以上六个阶段在实践中并非严格的先后顺序关系,有时需要回退到更早的阶段。各步骤及其详细做法如下。

1. 确定领域及任务

知识表示作为人工智能的基础设施,其构建过程不能不了解具体的应用任务,也不能抛开领域建立一个高大全的、无法被广泛使用的产品。例如,Cyc 最初的目标是要建立人类最大的常识知识库[38],但其过于形式化也导致知识库的扩展性和应用的灵活性不够。实际上,知识体系与具体的领域密切相关,如法律领域和医学领域涉及的概念完全

不同。因此在创建知识体系之前，首先应该确定知识图谱面向的领域。确定领域也只是限定了知识体系应该包含的知识范围，在同一领域内还可以构建出各种各样的知识体系。想要构建更为适合的体系，还需要回答如下问题：为什么(why)我们要使用这个知识体系？哪些类型(which)的问题是这种知识体系能够帮助回答的？谁(who)会使用并维护这个知识体系？这些问题(3W)应该贯穿于知识体系构建的每个阶段，并且随着体系构建的推进，我们可能会对上述问题有更加深入的认知，进而否定原来的答案，此时需要重新思考这些问题，并根据新的想法修正已经构建的知识体系。

2. 体系复用

从零开始构建知识体系不仅成本高昂，而且质量难以保证。我们可以先构建一个轻量级的知识体系，然后尽可能基于这个知识体系进行扩展[39]。因此，真正进行构建之前，应该广泛调研现有的知识体系(如 Schema.org)或与之相关的资源，尽可能多地参考前人的已有成果。现有知识体系资源见表 4-1。

表 4-1　现有知识体系资源

资源	说明
领域词典	一般领域都存在专家编撰的领域内词典，这些词典在构建限定领域的知识体系时具有重要的参考价值。例如，地理学领域的地理名称词典 TGN、医学领域的 CancerOntology 等
语言学资源	在自然语言处理领域，有很多语言学资源可以用于帮助知识体系的构建。例如，WordNet 包含了 11 万个概念的定义，并定义了概念之间的上下位关系；FrameNet 则定义了 1000 多个框架、10000 多个词法单元，并定义了框架之间的关系
开源知识图谱	这些知识体系都是由专家人工制定的，质量较高，并且涵盖的领域非常广泛，对于制定新的知识体系具有很高的参考价值。现有的大规模开源知识图谱主要有 OpenCyc、DBpedia、YAGO、Freebase 等。表 4-2 展示了常用开源知识图谱的数据规模
网络百科	网络百科是由网络用户共同编辑得到的，其包含的知识范围非常广泛。由于网络百科知识是开放编辑的，知识的更新和新知识的添加都比较及时。因此，网络百科也是很好的体系复用参考资源，典型的有百度百科、搜狗百科、Wikipedia 等。图 4.2 展示了搜狗百科对"地球"的分类情况

表 4-2　常用开源知识图谱的数据规模

名称	创建时间	数据来源	数据规模(实体/概念/关系)
OpenCyc	1984 年	专家知识	239261/116822/18014
DBpedia	2007 年	Wikipedia +专家知识	17315785/754/2843

续表

名称	创建时间	数据来源	数据规模(实体/概念/关系)
YAGO	2007 年	WordNet+Wikipedia	4595906/488469/77
Freebase	2008 年	Wikipedia +领域知识+集体智慧	58726427/2209/39151

图 4.2 搜狗百科对"地球"的分类情况

3. 罗列要素

根据确定的领域，罗列出现的要素列表，主要包括概念、属性及关系。要素列表不需要对上述概念进行清晰的分类，只需要尽可能多地罗列出期望的元素即可。例如，如果期望构建一个动物知识图谱，那么这一步可以罗列出哺乳动物、鸟类、两栖动物、爬行动物、鱼类、昆虫、软体动物、节肢动物、鳞翅目、灵长类等。

4. 确定分类体系

确定了要素列表之后，需要将其中表示概念的要素组织成层级结构的分类体系。构建过程中一般使用两种方法：自顶向下的方法和自底向上的方法。前者是从抽象概念到具体概念；后者则是从具体概念到抽象概念。在构建的分类体系中，必须保证上层类别所表示的概念完全包含下层类别所表示的概念，也就是说，所有下层类别的实例也必须是上层类别的实例。例如，"哺乳动物"是"动物"的下层类别，即所有哺乳动物都是动物。

5. 定义属性及关系

上一步确定了分类体系，接下来需要为其中的每个类别定义属性及关系。属性用于描述概念的内在特征,如人的姓名、性别、籍贯等;关系则用于刻画不同概念之间的关系,如配偶关系、同事关系等。属性的定义需要受分类体系的约束,下层类别必须继承所有上层类别的属性,如所有"哺乳动物"都应该具有"动物"所具有的所有属性。这一步经常和上一步交叉进行,因为在定义属性及关系的过程中可能会发现原有分类体系的不足,需要进一步修正分类体系。

6. 定义约束

不同的属性和关系具有不同的定义域和值域。例如,"性别"的值域只能取"男"或"女","年龄"的值域应该是 1~150(假设人的寿命上限是 150 岁)。这些约束可以保证数据的一致性,避免异常值的出现。

4.1.2 自动构建方法

上一节介绍的人工构建知识体系的方法是一个耗时、昂贵、高度技巧化的方法,并且构建的过程烦琐而枯燥,易出错。因此自动地从数据中学习知识体系具有重要的意义。根据数据源结构化程度的不同,知识体系的学习可以分为三大类:基于非结构化数据的知识体系学习、基于结构化数据的知识体系学习和基于半结构化数据的知识体系学习。其中,后两类研究工作较少,它们大部分采用与人工构建结合的方式工作。

1. 基于非结构化数据的知识体系学习

非结构化数据通常指文本数据,如新闻、电子书、邮件等。基于文本数据构建知识体系也称为基于文本的本体学习(ontology learning from text)。其基本思想是:首先利用自然语言处理工具对文本进行分词、句法分析、命名实体识别等预处理操作,然后利用模板匹配、统计学习等手段从文本中抽取重要信息,主要包括领域概念、实例,以及概念之间的关系。2012 年 Wilson Wong 等人[3]对该任务进行了较详细的介绍。概括来说,基于非结构化文本的知识体系学习方法主要包括以下三个主要步骤:领域概念抽取、分类体系构建、概念属性及关系抽取。

(1) 领域概念抽取。

目标是从文本数据中抽取出构建知识体系所需的关键元素,包括实体类型名、属性名、关系名等,这些关键元素称为该领域的术语。术语的抽取主要分为如下三步。

① 抽取候选术语。利用自然语言处理工具对文本进行词法、句法分析,然后利用语言学规则或者模板在文本中抽取特定的字符串,并将这些字符串作为领域术语的候选。该步骤的目的是尽可能多地包括真正的术语,因此对候选术语的质量没有严格的要求,但要尽量保证抽取术语的高覆盖度。

② 术语过滤。通过上一步获得的候选术语噪声较大,准确率不高,因此需要进一步过滤掉其中低质量的术语[40]。领域术语与普通词汇一般在语料中具有不同的统计特征。

例如，普通词汇在领域内外一般具有相似的分布，而领域术语在领域内外的分布会有显著的区别(领域术语在领域内出现的频率会比领域外出现的频率高很多)。在实际操作中，可以利用互信息、术语相关频率、词频逆文档频率等方法来定量表示候选术语的统计特性，并基于这些值过滤掉低质量的候选术语。

③ 术语合并。术语与概念并不等同，概念是认知层面的处理单位，而术语是语言层面的处理单位[41]。例如，上一步可能从文本中抽取出了"水银"和"汞"这两个术语，但是它表示的是同一个概念，语言学上称为同义词。知识体系是对概念及其关系的描述，因此需要将上一步获得的术语转换为概念。具体做法是将候选术语中表达相同概念的术语聚合到一起，转换的过程就是识别同义词的过程。同义词的识别是自然语言处理领域中一个传统的研究任务，现在有很多成熟的解决方法。其中最具代表性的方法有基于词典的方法和基于统计的方法。基于词典的方法利用现有的词典资源获取词汇的同义情况，典型的资源有同义词词林、WordNet、HowNet 等。基于统计的方法则假设相同词义的词汇具有相似的上下文，基于该假设在大规模语料上进行词汇表示学习，并基于词汇的表示对词汇进行聚类，得到聚类结果即同义词识别的结果。

(2) 分类体系构建。

构建分类体系实际上是要获取不同概念之间的继承关系，语言学上称为上下位关系[42][43][44]。下位词是上位词概念的具体化，如"鱼类"是"动物"的下位词。和同义词识别任务类似，上下位关系识别的主要方法是基于词典的方法和基于统计的方法。基于词典的方法通过查询现有的词典资源获取不同词汇的上下位关系，典型的资源有 WordNet 等。基于统计的方法通过词的上下文对当前词进行表示，并基于该表示对得到的领域术语进行层次聚类。聚类结果中，不同层次类别内的术语构成了上下位关系。

(3) 概念属性及关系抽取。

通过以上步骤获得了知识体系涉及的概念及概念间的分类关系，进一步还需要为概念定义属性及关系[45][46]。在实践中，关系也往往视作概念的属性，采用统一过程对它们进行抽取。属性或关系也可以看作一种概念，因此属性及关系的抽取过程和概念的抽取过程类似。首先利用词法、句法分析等工具对文本进行预处理，并通过规则或模板的方法为给定的概念获取候选的属性集合。然后利用统计方法定量地评估每个候选属性的置信度，过滤掉低质量的属性。和概念抽取的任务类似，这一步获得的属性集合中同样存在同义词的情况，如"出生年月"和"出生时间"表达了相同的含义，因此需要在候选属性集中进行同义词识别(识别方法和概念抽取中介绍的方法相同)。

2. 基于结构化数据的知识体系学习

结构化数据是指具有严格定义模式的数据，主要是指存储于关系数据库中的数据。关系数据库采用关系模型对现实世界中的信息进行建模，关系模型具有两个明显的优点：①结构简单，便于理解，所有的对象在关系数据库中都通过二维表格进行表示及存储；

②具有很强的理论基础，关系代数强有力地支持了关系模型，使得关系数据库能够得到广泛的应用。

基于结构化数据的知识体系学习的主要任务是分析关系模型中蕴含的语义信息，并将其映射到知识体系的相应部分[47]。在关系数据库中，实体及其关系都以二维表的形式进行表示及存储。因此无论是概念抽取还是关系抽取，首先需要识别出数据库中哪些项描述实体，哪些项描述实体间关系。可以通过分析数据表的字段内容、主键、外键等信息实现实体及其关系抽取。在进行关键信息抽取时，可以从实体列表中抽取出实体的概念(即本体类型)及实体的属性，从描述关系的表中抽取出概念间的关系。基于以上信息能够构建一个初步的知识体系，然后需要进一步对该知识体系进行评估和修正，生成最终的知识体系。

3. 基于半结构化数据的知识体系学习

半结构化数据和非结构化数据相比具有一定的模式，但这种模式并不严格，典型的半结构化数据有 XML 格式的网页数据、HTML 格式的网页数据，以及它们遵循的文档类型定义(document type definition，DTD)等。由于这类数据是介于结构化数据和非结构化数据之间的一类数据，因此上述两类方法也能够应用于该类数据。

例如，对于 XML、HTML 等半结构化网页中的文本，可以采用面向非结构化数据的知识体系学习方法。另外，机器可读的知识词典也是一种特殊的半结构化数据。由于词典是一种专家通过人工方式构建并组织起来的领域知识资源，是一种高质量的知识体系学习资源。基于模板的方法是一种从词典中获取知识体系的有效方法。这种方法首先需要根据词典的特点设计一组词典语法模板，然后利用模板从词典中获取所需信息，如词与词的上下位关系信息[48]。

4.1.3 典型知识体系

下面介绍几种典型的知识体系(本体)。

1. SUMO

SUMO(suggested upper merged ontology，建议上层共享知识本体)及其包含的各领域本体是当今存在的最大的公共本体，它们被用于搜索、知识推理、语言学等研究与应用中。SUMO 由 IEEE 拥有，但是可以免费下载和使用。高层的知识本体定义了概念，它们可以在各个领域进行共享，因此，SUMO 可以作为其他知识体系的基础本体。SUMO 的目标是通过提供最高层次的知识本体，鼓励其他特定领域构建出以它们为基础的衍生知识本体，为更多领域应用提供可复用和可共享的术语平台。

SUMO 由 SUO-KIF 语言编写，目前包括约 25000 个项(term)和 80000 个原语(axiom)。例如，通过定义规则原语辅助概念的描述，SUMO 为人类这个概念定义了 6 个原语。例如，下述原语描述了"如 X 的某个属性是一个社会角色的实例，那么 X 就是一个人的实例"("If attribute is an attribute of person and attribute is an instance of social role, then person is an instance of human."):

```
(=>(and
    (attribute ? PERSON ? ATTRIBUTE)
    (instance ? ATTRIBUTE SocialRole))
    (instance ? PERSON Human))
```

2. Schema.org

SUMO 主要应用于学术领域，与之不同的是，Schema.org 是一个完全由企业推动的共享本体项目。2011 年 6 月，为了支持对网页创建通用结构化数据标签集，Google、Bing 和 Yahoo 三大搜索引擎公司联合发起了 Schema.org 项目；同年 11 月，俄罗斯搜索巨头 Yandex 也加入了该项目。他们提议使用 Schema.org 的词汇表和一些方便人们编辑的微格式(如 Microdata、RDFa、JSON-LD 等)来标记网页内容的元数据。这些标记可以让搜索引擎更方便地对这些网站进行爬取和分析，从而获得网站更丰富的语义。Schema.org 的知识体系就是具有层次结构的类别系统，每个类型有若干属性。Schema.org 的核心词汇表包括 597 个类型(开放集合)、867 个属性和 114 个枚举类型(封闭集合)。

3. Freebase

Freebase 是 Google 知识图谱的重要组成部分，也是一种大众编辑的协同知识图谱。Freebase 用领域(domain)组织概念。例如，人物和职业都是属于人这个领域下面的概念，因此它们的符号表示分别为/people/person 和/people/profession。每个概念有其特有的一些属性，如人物有出生地、年龄、配偶、国籍等属性。Freebase 对每个概念定义了若干关系，并制定关系的值域(range)约束其取值。Freebase 的一大特色就是使用组合数据类型的方式表示事件等 N-Triple(多个三元组)事实。例如，一个人可能有多段婚姻，每段婚姻的对象、起止时间、结婚地点都不一样，如果简单地都使用二元关系表示，则不能区分哪一段起止时间的婚姻对应哪个结婚对象。为此，Freebase 定义了协调类型/people/marriage，该类型包含结婚对象(/people/marriage/spouse)、婚姻开始时间(/people/marriage/from)、婚姻结束时间(/people/marriage/to)、婚姻类型(/people/marriage/type of union)、结婚地点(/people/marriage/location of ceremony)等属性，而人物与组合数据类型通过一个二元关系(/people/person/spouses)联系。通过这种方式可以统一而方便地表示复杂事实。

最后介绍一个目前使用最广泛的跨平台开源本体编辑器——Protege，它常被用于构建、编辑和管理知识框架。Protege 发布于 1999 年，早期只是应用于生物信息领域，目前已经被成功应用于 Palantir 等众多大数据分析与管理企业。Protege 主要采用基于框架的知识表示模型，一般是先定义类，再定义类中的属性，最后定义类和属性的约束。此外，Protege 也可以对知识框架提供可视化展示。

4.2 知识融合

【知识融合】

随着互联网上知识数量的不断增长，多个垂直领域都形成了专业的领域知识库，如音乐领域知识库 MusicBrainz、电影领域知识库 IMDB。在这些知识库中，包含很多通用知识库没有的领域知识。例如，某电影在 Wikipedia 中只有主演信息，而在电影领域知识库 IMDB 中，还有饰演角色等信息。只有将这些知识库联合起来应用，才能满足用户跨领域的信息需求。

从融合的知识体系类型看，知识融合包括竖直方向的融合和水平方向的融合。竖直方向的融合是指融合高层通用本体与底层领域本体或实例数据。水平方向的融合是指融合相同层次的知识体系，实现实例数据的互补。

不同机构、不同个人都可以自由地构建所需知识体系，关注领域不尽相同、数据来源非常广泛、质量也参差不齐。因此，导致知识体系之间存在多样性、异构性。知识融合通过对多个相关知识体系的对齐、关联和合并，使其成为一个有机整体，是一种提供更全面知识共享的重要方法[49][50]。按照融合元素的对象不同，可以将知识融合分为框架匹配和实体对齐。框架匹配指对概念、属性、关系等知识描述体系进行匹配和融合。实体对齐指通过对齐合并相同的实体，完成知识融合。通过框架匹配和实体对齐可以把不同知识体系关联在一起，但是不同知识体系中的实体知识常常有冲突，因此，如何检测不同知识体系之间的冲突并进行消解也是知识融合的重要步骤。下面分别介绍框架匹配、实体对齐和冲突检测与消解。

4.2.1 框架匹配

框架匹配又称本体对齐。知识体系能够在认知和语义层次上对领域知识进行建模和表达，确定领域内共同认可的词汇，通过概念之间的关系来描述概念的语义，提供对领域知识的共同理解[51][52]。由于知识体系自身的分散特性，不同的用户可以构造不同的知识体系，因此导致了在同一个或重叠的领域产生许多不同的知识体系。知识体系的不同导致不同的知识图谱难以联合使用。框架匹配可以解决知识体系之间的异构性，是知识融合的重要组成部分[12]。

知识框架主要包括概念、属性、关系及约束。由于异构性，同样的知识在不同的知识图谱中的描述可能差异很大。例如，对应"男护士和护士"的描述，可以通过定义概念"男护士"完成，也可以通过定义概念"护士"并约束其性别为"男"完成。这类框架级的对齐极具挑战，因为其匹配空间会随概念、属性、关系和约束的增长成指数增长。目前常用的框架匹配方法还停留在匹配不同知识库中的元素，如概念"计算机"是否匹配概念"电脑"，属性"出生年月"是否匹配属性"出生日期"，关系"丈夫"是否匹配关系"配偶"。

按照使用技术的不同，框架匹配可以分为元素级匹配和结构级匹配。元素级匹配独立判断两个知识体系中的元素是否应该匹配，不考虑其他元素的匹配情况。结构级匹配不把各个元素作为孤立的资源，而利用知识体系的结构，在元素匹配过程中考虑其他相关元素匹配情况的影响。

1. 元素级匹配

知识体系的框架元素由符号表示，一般来讲，符号是对元素的描述，有非常强的语义指示作用。所以，最基本的方法是基于字符串匹配的技术实现本体元素的匹配[53]。例如，可以将字符串看作字母集合、单词集合等，字符串越相似，它们越有可能表示相同的概念。在实际匹配系统中，广泛采用的匹配方法有前缀距离、后缀距离、编辑距离和 n 元语法距离等。基于字符串匹配的技术忽略了语言符号的多义性，如一词多义或一义多词。基于语言学的技术将本体元素看作自然语言中的词汇，可以更好地计算元素之间的关联性。元素相似度的判断可以充分利用元素描述文字之间的语言关系，如同义词、反义词、形态变体、语法变体、同一词根上词汇形式和功能的变化、语法结构的变化等[54]。为了计算框架元素的匹配程度还可以利用元素的约束信息，如属性的值域、关系的对称性等，这类元素匹配方法称为基于约束的匹配技术。例如，当两个类的属性集相似时，那么这两个类也很可能相似。这种技术通常与其他元素级技术同时使用，目的是减少候选映射对的数量，同时也可以作为其他方法的预处理步骤，以消除冲突的属性。

WordNet 是元素级匹配经常使用的语言学资源，为了突破 WordNet 的覆盖度限制，获取更有实用性的语义相似度，还可以引入词的表示学习技术，获得词向量。词向量的优点是，它可以将词表示为低维语义向量空间中的点，进而两个词之间的语义相似度就可以用对应两点之间的距离来衡量。由于获取词向量的语料来源广泛，且可自主选取，因此其覆盖度比 WordNet 要大得多。和简单的字符串相似度相比，词向量有更强的捕获词背后的真正语义的能力。另外对比 WordNet，通过训练产生的词向量的覆盖度要大得多。因此，可以把词向量相似度和基于实体间编辑距离相似度结合在一起，用以对齐异构知识库。在公开的知识库对齐数据集(ontology alignment evaluation initiative, OAEI 2013[55]基准数据集和会议数据集)上，通过比较编辑距离相似度、WordNet 相似度、隐式语义分析[16]相似度，以及所提出的词向量相似度和混合方法的性能，发现混合方法取得了最好的效果。

2. 结构级匹配

上述方法在匹配不同框架的元素时仅使用了直接元素信息，实际上，不同元素的匹配之间会相互影响。例如，如果属性的定义域和值域(属性"出生年月"和"出生日期"的定义域和值域分别为"人"和"时间")匹配程度高，那么属性的匹配程度也高。因此，可以利用概念元素之间的关系进行匹配[56]，这类方法的基本思想是：相似的概念具有相似的概念结构。基于结构的匹配技术主要有三种：基于图的技术、基于分类体系的技术、基于统计分析的技术。

基于图的技术是把需要匹配的本体看作一个已经标记的图结构[57]。其基本思想是：对于两个本体中的节点，如果它们的邻居节点是相似的，那么它们也是相似的，反之亦然。基于图的技术是把本体看成多元关系图，其中，图中的节点是实体、边是关系。图中相似元素的发现与解决图的同态问题是类似的，这样就把框架匹配(本体对齐)问题转化为发现最大公共子图的问题。完整的图匹配是一个复杂度很高的问题，计算量很大，在实践中，一般会用 EM 算法、Label Propagation 等迭代算法近似求解。

基于分类体系的技术是基于图的技术的一种扩展，一般只关注匹配一些特殊关系。其主要思想是：如果两个术语连接的是"实例-类型"(is-a)或"子类-父类"(SubClassOf)关系，那么它们是相似的，其邻居节点也在一定程度上相似。本体的结构信息在框架匹配中非常重要，它描述了元素的整体信息。类别体系(或称概念体系)在描述本体时至关重要，框架匹配应用最普遍的领域就是对不同知识图谱的分类体系进行对齐和匹配。

基于统计分析的技术是基于已有部分样本挖掘其中蕴含的规律，并根据这些规律对概念、属性、实例、关系等对象进行分组，进而计算它们之间的距离。典型的方法有形式概念分析、基于距离的分类、相关性分析及频度分布[58]。

4.2.2 实体对齐

实体对齐也称实体匹配，是判断相同或不同知识体系中的两个实体是否表示同一物理世界的对象这一过程。例如，通过判断百度百科中的实体"刘洋(中国英雄航天员)"和搜狗百科中的实体"刘洋(中国首位女航天员)"是否描述的是同一个对象，对齐这两个实体。实体对齐在数据库、自然语言处理和语义互联网领域都有对应的任务，它们在数据集成和知识融合中发挥着重要作用。

实体对齐可分为成对实体对齐和协同实体对齐两类不同的算法。成对实体对齐表示独立地判断两个实体是否对应同一物理世界的对象，通过匹配实体属性等特征判断它们的对齐程度[59][60]。协同实体对齐认为不同实体间的对齐是相互影响的，通过协调不同对象间的匹配情况得以达到一个全局最优的对齐结果[61][30]。

最近，基于表示学习的方法被广泛用于知识对齐[62]，通过知识库联合表示学习，将多个知识库表示在同一个语义向量空间中，把知识库实体对齐的过程转化为不同知识库中实体相似度的计算问题。借鉴知识库向量化的思想，通过基于知识资源的语义向量间的数值运算，获取两个知识库中资源的对应关系。但是，知识库向量化的模型通常都是针对单一知识库的，如果简单地把这种方法用在两个不同的知识库上，这两个知识库的资源就会被表示在两个独立的向量空间上,无法直接进行计算。为了将这两个知识库表示在同一个向量空间中,需要利用种子对齐,训练时在目标函数中加入约束,让这些种子对齐中的资源尽可能有相同的向量表示。因此,这些种子对齐就成为了连接两个知识库的桥梁,对于这些种子实体来说,两个知识库的结构信息都能对其表示产生影响,并且和这些种子实体有关的知识库资源的表示也会受到影响。所以,利用这种方式学习得到的知识库向量就不再是独立的两个空间上的表示,而是在一个向量空间中的统一表示。

知识库向量化之后,将两个知识库中在同一向量空间中相近的实体视为相同实体,实现对齐,这种对齐方法被称为基于知识库向量联合学习的对齐方法。这种方法不需要依赖任何人工设定的规则和特征,也不需要了解知识库的命名习惯,因此适应性更强,可以容易地迁移到不同语言、不同领域的知识库对齐任务中。

给定两个知识库,分别用 KB_1 和 KB_2 表示。知识库中的事实以三元组的形式表示。(h,r,t) 就是一个三元组,其中 $h \in E$ 是头实体(E 是实体集合),$t \in E$ 是尾实体,$r \in R$ 是关系(R 是关系集合)。和以前的知识库向量化方法不同,这里提出的模型是联合学习两个知识库的向量表示。具体是先利用简单对齐方法,如字符串匹配,来产生初始的种子对齐,这些种子对齐要求准确率非常高。如图 4.3 所示,相同颜色的节点表示种子对齐。然后,采用 TransE 的方式学习两个知识库的对齐。该模型的核心是,种子对齐中的两个实体的向量要在训练过程中尽可能相似。

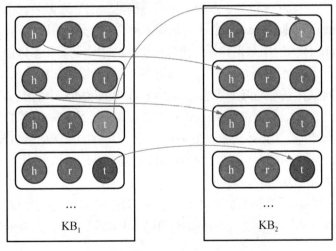

图 4.3 两个知识库的初始对齐

【图 4.3 彩图】

4.2.3 冲突检测与消解

在框架匹配和实体对齐的基础上,知识融合还需要解决不同实例之间的冲突。例如,不同知识库对实体"成龙"的属性"身高"描述不同,对于这种冲突的检测和消解是知识融合的重要步骤,是多个知识体系形成一个一致结果的最后步骤[63]。

如何检测冲突并进行消解是知识融合任务的主要研究问题。最简单的冲突识别方法是发现同样的属性和关系对应不同的实例，但是，对于某些属性，这种策略不一定有效。例如，不同知识图谱存储了某人改变国籍前后的不同国籍，其实这两部分信息都是正确的，不存在冲突，对于这种情况需要针对性地设计不同的检测策略。

对于冲突的处理，目前常见的策略分为以下三类：冲突忽略、冲突避免和冲突消解。冲突忽略是不进行处理，而是把检测出来的冲突交给用户解决，舍弃某些实例或是进行修改。冲突避免是不直接解决冲突，而是使用规则或约束对数据来源进行过滤，如约束人的年龄范围，设计不同知识来源的可信优先级。冲突消解关注如何利用知识图谱本身(框架和实例)的特征来消解冲突，这是目前的主要研究方向。

冲突消解按照使用技术可以分为两类：基于投票的方法和基于质量估计的方法。基于投票的方法比较直接，如根据不同事实出现的频率进行多数投票。基于质量估计的方法考虑不同知识来源的可信度，最终选择较高质量的结果，如根据 HITS 或 PangRank 算法计算不同数据来源的可信度。

4.2.4 典型知识融合系统

本节将介绍几个典型的知识融合系统。在这些系统中，综合利用了 4.2.3 节介绍的技术，并且取得了丰硕的成果。

知识图谱之间一般包含竖直方向和水平方向的融合。虽然大部分知识融合系统关注后一种类型，如融合 Wikidata 和 Freebase 两个通用知识图谱[64]，但是，前者也同样重要。例如，SUMO 和 Schema.org 作为通用知识体系，包含可交换的术语词汇和本体描述，各领域知识图谱可以通过与通用知识体系挂载和融合，构建语义更丰富的知识体系。YAGO 和 BabelNet 就是竖直方向融合系统的典型代表。YAGO 将 Wikipedia 中的类别标签与 WordNet 中的同义词集进行关联，同时将 Wikipedia 中的条目挂载到 WordNet 的体系框架下，WordNet 提供了较高层的框架描述，而 Wikipedia 提供了具体的实例信息。BabelNet 是一个多语言词汇级的语义网络和本体，它将 Wikipedia 链接到最常用的英语计算词典 WordNet。与 YAGO 不同的是，BabelNet 加入了多语言支持。

PROMPT[65]是一个较早的关于本体合并和本体对齐的方法和工具。它结合人工和机器对齐两种方式，通过有效利用知识体系的结构信息和人类的辅助工作，完成框架合并和对齐工作。

AgreementMaker[66]包括了很多自动对齐方法，是一个可扩展的对齐系统。该系统能够处理大规模的多领域知识库，如医药、地理领域的知识库。该系统也能够处理各种表示格式的知识库，如 XML[67]、RDFs、OWL[68]和 N3，并且可以生成一对一、多对一、一对多和多对多的对齐。总体来说，AgreementMaker 对齐系统可以分为两个模块，即相似度计算模块和对齐选择模块。AgreementMaker 对齐系统结合了三个层面的对齐方法：①第一层比较概念特征，如标签、评论和实例等被表示为 TF-IDF 向量，用余弦相似度

第 4 章
知识体系构建和知识融合

来度量相似度，同时也利用了其他的相似度度量标准，如编辑距离、最长公共字符串等；②第二层利用知识库结构特征，包括两个方面，分别是兄弟节点相似度的贡献和子孙节点相似度的继承；③第三层是对前两层结果的线性加权求和，而且结果根据需求被进一步剪枝。

Falcon[69]是一个采用分治法设计的对齐系统，它可以处理用 RDFs 和 OWL 表示的大规模知识库。该系统主要有三个对齐步骤：①分割知识库，首先利用基于结构的分割方法将每个知识库中的资源分成数个小集合，基于资源之间的相似度进行分割；②块匹配，根据这些小集合构建块，不同的块是根据预先对齐的资源(使用字符串匹配技术获得)来进行对齐的，资源对齐越多，两个块就越相似，然后根据块相似度阈值来选择对齐的块；③挖掘对齐，利用 V-Doc[70]和 GMO[69]匹配器，对匹配的块中的资源做进一步的精细对齐，最后根据贪婪算法获得最终的对齐结果。

RiMOM[56]是一个动态多策略的对齐系统。该系统首先通过最小化风险贝叶斯决策进行对齐，一般使用两种基本相似度度量：①语言学相似度，如标签之间的编辑距离、向量距离等；②结构相似度，采用三种相似度传播策略，即概念到概念、关系到关系、概念到关系。然后，策略选择模块使用知识库预处理得到的标签和结构相似度因子来决定偏重哪种相似度来进行对齐。具体地，策略选择模块动态地调节以下几个因素：语言学匹配的具体特征、各个相似度的组合权重和具体的相似度传播策略。在相似度传播之后，该系统会进行对齐精细调整来获取最终的对齐结果。

ASMOV[71]是面向生物信息学知识库的自动对齐系统。该系统的输入是两个用 OWL 表示的知识库和可选的系统已有对齐，最终返回多对多的资源对齐结果。总的来说，该系统主要有两个对齐步骤：①相似度计算，使用词汇和结构信息迭代地计算两个知识库的相似度,然后将这两种相似度做加权求和,这一步也使用了诸如 WordNet[72]和 UMLS[73]等外部知识资源；②语义验证，这一步是检验语义一致性的过程，一致性检查采用基于模板的方法，系统并不做整体检查，而是去识别那些可以导致不一致的对齐集合。

Anchor-Flood[74]能够高效率地解决大规模知识库的对齐问题。该系统的输入是用 RDFs 和 OWL 表示的知识库，输出为一对一的对齐。首先，将两个知识库中一对相似的概念作为一个锚(anchor)。例如，所有能够精确匹配的标准概念都被视为锚。然后，分析锚的周边资源，如上下层概念及兄弟节点，这样就可以构建一些动态变化的知识库片段进行对齐。由于该系统是针对片段和片段的比较，因此没有对整个知识库进行考虑。最后，系统在连接的片段中输出对齐的资源，在这一步中，系统利用了术语和结构相似度度量，进一步将二者融合。已经对齐的资源被当作新的锚，继续新一轮发现对齐的过程。这种锚的机制不断重复，直到没有新的对齐产生。

PARIS[75]是一种新型的基于概率的全局知识库对齐算法。该算法的优点是不需要任何参数调节，可以高效地进行知识库之间资源的对齐。PARIS 是第一个基于全局概率的大规模对齐算法，可以在没有先验知识和参数调节的情况下完成整个对齐过程。

SiGMa[76]是一种大规模知识库实体对齐算法。该算法的设计初衷是对齐两个大规模的知识库：YAGO 和电影领域的 IMDB。SiGMa 不仅能够充分利用组合结构信息，而且使用了简单的实现方法解决了大规模对齐问题。该算法主要有两个步骤：①获取高质量的初始对齐；②使用结构信息和实体的属性信息来定义打分函数，实现对齐。SiGMa 算法可以视为对一个全局目标函数的贪婪优化。目标函数考虑了两方面的信息：基于属性定义的两个实体间的相似度和实体的周围节点信息。该算法有三个主要特点：①使用已有的对齐来获取结构信息，因此可以高效合理地利用已有的信息；②利用知识库的结构信息来产生新的候选对齐；③使用简单的贪婪算法，适用于大规模知识库对齐。

本章小结

本章主要介绍了知识体系构建和知识融合。首先介绍了两种构建知识体系的方法：人工构建方法和自动构建方法。高质量的类别体系需要通过人工进行构建，构建的过程主要包括六个阶段：确定领域及任务、体系复用、罗列要素、确定分类体系、定义属性及关系、定义约束。知识体系也可以通过自动学习获得，根据学习的数据源不同，知识体系的学习可以分为如下三类：基于非结构化数据的知识体系学习、基于结构化数据的知识体系学习和基于半结构化数据的知识体系学习。其中基于非结构化数据的知识体系学习是自动学习知识体系的主要内容。然后详细分析了不同的知识融合方法。知识表示的异构性导致不同的知识体系难以被联合使用，因此融合不同知识体系成为解决知识集成和共享的核心问题。根据融合元素的对象不同，可以将知识融合分为框架匹配和实体对齐。

本章习题

简述知识体系的构建过程。

第 5 章
实体识别和扩展

实体(entity)是知识表示的基本单元,也是文本中承载信息的重要语言单位。实体识别和扩展是知识表示和推理及其应用的重要技术。文本中的实体指称项(Entity Mention)(即对实体的引用)可以有三种形式:命名性指称项、名词性指称项和代词性指称项。例如,在句子"[成都大运会组委会主席][怀进鹏]致辞,[他]代表成都大运会组委会,向来自世界各个国家和地区的运动员、教练员、技术官员、来宾表示热烈的欢迎。"中,实体"怀进鹏"的指称项有三个,其中"成都大运会组委会主席"是名词性指称项,"怀进鹏"是命名性指称项,"他"是代词性指称项。本章主要讨论与命名性指称(命名实体)相关的研究。从狭义上讲,命名实体指现实世界中具体或抽象的实体,如人(如怀进鹏)、机构(如中国计算机学会、华为技术有限公司)、地点(如桂林)等,通常用唯一的标识符(专有名称)表示,如人名、机构名、地名等。从广义上讲,命名实体还可以包含时间(如 08:00)、日期(如 2020 年 1 月 15 日)、数量表达式(如 100)、金钱(如一亿元)等。命名实体的确切含义只能根据具体应用来确定。例如,在具体应用中,可能需要把产品名称、电子信箱地址、电话号码、地点、机构名称等作为命名实体。有关命名实体的研究任务主要包括实体识别、实体扩展、实体消歧、属性抽取、关系抽取等。本章重点介绍实体识别和实体扩展的任务及研究现状,实体消歧和关系抽取等任务将在后续章节介绍。

5.1 实体识别

5.1.1 任务概述

【实体识别概述】

实体识别任务是识别出文本中实体的命名性指称项,并标明其类别(如人名、地名、机构名等)。一般来说,实体识别就是识别出待处理文本中的三大类(实体类、时间类和数字类)或七小类(人名、地名、机构名、时间、日期、货币和百分比)命名实体。不同任务对实体类别粒度的需求不同。例如,在有些任务中只要识别出一个实体是人,有些任务则需要识别出一个实体是医生、护士、学生还是老师。相对于传统的三大类或七小类的实体识别,细粒度实体识别的难点主要是类别多、类别具有多层次结构、标注成本高,所以也有很多工作研究细粒度实体识别[77]-[80]。本章首先介绍传统的七小类实体识别的方法,然后介绍细粒度实体识别的方法,最后介绍实体扩展的任务及典型方法。

1. 实体识别的难点

在七小类实体中,时间、日期、货币和百分比的构成有比较明显的规律,识别起来相对容易,但人名、地名和机构名的用字灵活,识别难度很大,本节中的实体识别通常是指对人名、地名和机构名的识别。实体识别的过程通常包括两部分:实体边界识别和实体类别(人名、地名、机构名)确定。实体识别的主要难点如下。

(1) 命名实体形式多变。命名实体,尤其是中文命名实体的内部结构很复杂。

人名:中文人名一般包含姓氏(由一到两个字组成)和名(由若干个字组成)两部分,其中姓氏的用字有限制,而名的用字很灵活。人名的表示形式多样,可以使用名来指代一个人,可以使用字、号等其他称呼,也可以使用姓加上前缀或后缀以及职务名来指代一个人。例如,"李白、太白、青莲居士、谪仙人"都表示同一个人,"李杜"中的"李"则是"李白"的简称。

地名:地名一般由若干个字组成,通常包括作为后缀的关键字如"省""市"等,也可用一些简称来指称。例如,"河南、河南省、豫"均是指同一个地方,"西安、西安市、长安"也是指同一个地方。

机构名:机构名可以包含命名性成分、修饰性成分、表示地名的成分及关键词成分等。例如,机构名"河南信息产业投资有限公司"中,"河南"是表示地名的成分,"信息产业"是命名性成分,"投资"是修饰性成分,"有限公司"是关键词成分。机构名内部还可以嵌套子机构名。例如,机构名"桂林电子科技大学附属中学"中嵌套了另一个机构名"桂林电子科技大学"。机构名也可用简称形式。例如,"北大""桂电"等。

(2) 命名实体的语言环境复杂。命名实体常出现在各种语言环境中,同样的汉字序列在不同语境下,可能具有不同的实体类型,或者在某些条件下是实体,在另外的条件下就不是实体。举例如下。

人名:"建国"在某些条件下是人名,在某些条件下就是一个事件。

地名:"湖北"在某些条件下是一个省名,在某些条件下是泛指。

机构名:"智能中心"在某些条件下是机构名,在某些条件下只是一个短语。

英文命名实体具有比较明显的形式标志(实体中每个词的第一个字母要大写),所以实体边界识别相对容易,重点是确定实体类别。和英文相比,中文命名实体识别任务要复杂得多,主要表现如下。

① 中文文本没有类似英文文本中如空格之类的显式标示词边界的标识符,分词和命名实体识别会互相影响。

② 英文命名实体往往是首字母大写，如"Ren Zhengfei is the founder of HUAWEI"，而中文命名实体没有这样的标示，如"华为的创始人是任正非"。

2. 相关评测

20世纪80年代末开始，随着消息理解会议(message understanding conference，MUC)的召开，信息抽取发展成为自然语言处理领域一个重要分支。MUC是关于真实新闻文本理解的系列会议，在信息提取技术的评测方面起着重要作用。MUC-6和MUC-7设立的命名实体识别专项评测大大推动了英文命名实体识别技术的发展。此外，MUC-6和MUC-7还设立了多语言实体识别评测任务(multilingual entity task，MET)，对汉语、日语等多种语言的命名实体识别任务进行评测[81]。

自动内容抽取(automatic content extraction，ACE)评测会议是美国国家标准技术研究所于2000年12月发起的信息抽取会议，旨在推动自动内容抽取技术的研究，以支持对三种不同来源(普通文本、自动语音识别的文本、光学字符识别的文本)的语言文本的自动处理，主要任务是自动抽取新闻文本中出现的实体、关系和事件等内容。ACE评测会议中的实体识别与追踪(entity detection and tracking，EDT)任务就是针对命名实体识别的评测。不同于通常意义下的命名实体，ACE评测会议中的实体类别更多，识别难度更大。2009年ACE评测会议结束，由美国国家标准技术研究所组织的文本分析会议中的知识库生成子任务(text analysis conference knowledge base population，TAC-KBP)继续推动信息抽取的发展。它的主要目标是发展和评价知识库构建系统，这些系统可以从零开始建立知识库或是填充已有的知识库。TAC-KBP中设有关于实体识别和链接的专项任务，提供了大规模的测试集和测试平台，数据源来自新闻和网络数据。

为了推进中文命名实体识别技术的发展，国际计算机语言学会中文信息处理特别兴趣组(special interest group for chinese language processing of the association for computational linguistics，SigHAN)从2003年开始举办第一届国际中文分词评测会议BAKEOFF，2006年和2008年举行的BAKEOFF设立了命名实体识别专项评测[82]。截至2017年SigHAN已经成功举办了9届。

除此之外，国内有代表性的评测会议还有863计划中文信息处理与智能人机交互技术评测会议。2003年，中文信息处理与智能人机接口技术评测设立了中文命名实体识别评测子任务，主要任务是识别人名、地名、机构名和其他专名。2004年，命名实体识别任务作为一个独立的评测项目，识别内容有所扩大，在实体类型上包括了人名、地名、机构名、时间表达式和数值表达式，在语言方面，除了简体的识别还增加了繁体的识别。

另外，机器学习自然语言研讨会(conference on computational natural language learning，CoNLL)等国际会议也设有信息抽取相关的评测任务，这些评测对命名实体识别技术的发展起到了推动作用。

5.1.2 基于规则的实体识别方法

【基于规则的实体识别方法】

有关实体识别已有大量研究，主要有两大类方法。第一类是基于规则的方法，第二类是基于机器学习的方法，也可以将两种方法结合起来使用。一般基于规则的方法准确率比较高，接近人类的思考方式，表示直观，而且便于推理。但是这种方法成本昂贵，规则的制定依赖语言学家和领域专家，很难移植到新领域。相比之下，基于机器学习的方法更加健壮和灵活，而且比较客观，不需要太多的人工干预和领域知识，但是一般需要人工标注数据，并且数据稀疏问题比较严重。另外，有的机器学习方法搜索空间比较大，会导致巨大的空间开销，进而影响效率。本小节主要介绍基于规则的方法，下面两小节将介绍基于机器学习的方法。

在实体识别研究的早期阶段，基于规则的方法占主导地位[83][84][85]。在基于规则的实体识别方法中，规则一般由语言学家或领域专家制定。相较于英文，中文命名实体识别难度更大，因为英文命名实体有一定的规律，如一般是以大写字母开头，单词间有空格等，因此英文命名实体识别更容易。对于基于规则的方法，首先可以制定一些简单的基本规则，然后在各种语料库中，通过对基于规则方法的实验结果进行错误分析，不断改进规则，直到识别出更多更准的命名实体。在大规模标注语料库缺少的情况下，基于规则的方法通常能够取得较好的效果。参加 MUC-6 命名实体评测的系统几乎都是基于规则的系统，如 NetOwl[86]系统、Proteus[87]等。

在基于规则的方法中，最具代表性的方法是基于词典的方法。基于词典的方法采用字符串完全或部分匹配的方式，从文本中找到与词典中最相似的单词或短语进行实体识别。其主要优势是规则简单。比较经典的方法有基于最短路径的方法、基于正向或逆向最大匹配的方法。但是这类方法的性能往往受词典规模和质量的影响。然而，命名实体是一个动态变化的集合，新的实体不断涌现，再加上实体命名的不规则性，导致实体名称纷繁多样，难以构建出一个完备的词典。

针对词典中不存在的命名实体，需要通过其他规则进行识别。下面列举几种简单的中文命名实体构成规则。

(1) 中文人名的识别规则示例：<姓氏><名字>，如诸葛亮。

(2) 中文组织名的识别规则示例：{[人名][组织名][地名][核心名]}<指示词>，如中国计算机学会。

(3) 中文地名的识别规则示例：<名字部分><指示词>，如河南省。

上面的示例规则描述了命名实体内部的结构和规律，还可以从整个句子的角度设计规则，举例如下。

(1) <人名>加入了<组织名>，如张三加入了中国计算机学会。

(2) <人名>捐献了<多少>钱，如李四捐献了五百万元。

(3) <组织名>的总部位于<地名>，如京东的总部位于北京。

基于规则的实体识别方法在特定领域的小规模语料上测试效果较好、速度快。但是，人为编写规则建立在语言专家对大量语言现象进行深入分析的基础上，对语言知识要求较高，需要大量的人力和物力。另外，可能出现不同的规则之间存在冲突的现象。在使用规则进行识别的过程中，当激活的规则不止一个时，解决办法之一是对这些规则按优先级进行排序，但排序过程会耗费大量的人力和物力，而且排序规则不具有普适性。除此之外，基于规则的方法语言受限，在某一种语言上编写的规则很难移植到其他语言上，通用性不强。

5.1.3 基于机器学习的实体识别——基于特征的方法

基于机器学习的方法是利用预先标注好的语料训练模型，使模型学习到某个字或词作为命名实体组成部分的概率，进而计算一个候选字段作为命名实体的概率。若大于某一阈值，则识别为命名实体。基于机器学习的方法比基于规则的方法鲁棒性更好，而且模型的构建代

【基于机器学习的实体识别】

价较小。基于机器学习的方法一般又分为基于特征的方法和基于神经网络的方法。基于特征的方法主要是利用传统的机器学习模型结合人工设计的大量特征进行实体识别，而基于神经网络的方法是利用各种结构的神经网络自动捕获特征，进而完成实体识别。本小节主要介绍基于特征的方法，下一小节介绍基于神经网络的方法。

目前，已经有多种机器学习模型被用于命名实体识别，包括语言模型[88][89]、隐马尔可夫模型[90][91]、最大熵模型[92][93]、错误驱动的学习方法[94]、决策树方法[95]等。命名实体的内部构成和外部语言环境具有一定的特征。例如，人名姓氏用字相对集中；地名前面通常有"在""去"等词，并以"市""县""区""街"等词结尾；机构名通常以"大学""公司"等词结尾。实际上，基于特征的方法中，无论何种模型，都在试图充分发现和利用实体所在的上下文特征和实体的内部特征，包括词形、词性和角色级特征等。一般而言，主要有以下基本步骤。

(1) 特征选取。与一般的机器学习任务一样，在命名实体识别中，特征的选取有着重要的作用。例如，在英文命名实体识别中，比较重要的特征有词性、大小写、词缀信息等。

(2) 模型学习。在这个步骤中，模型的选择非常重要，不同的机器学习模型有着不同的优缺点，要根据具体的任务和需求选择适合的模型。机器学习中的大部分模型都可以应用于命名实体识别任务中。例如，支持向量机模型、最大熵模型、隐马尔可夫模型及条件随机场模型等。除此之外，还可将多种机器学习模型联合使用进行命名实体识别。

(3) 样本预测。这个步骤主要是利用上一步训练好的模型，对输入样本进行标注预测，得到与输入序列相对应的标注序列。

(4) 后处理。将上面的标注结果进行后处理(如合并标签)，得到最终的命名实体识别结果。

基于特征的方法对语言的依赖性小，可移植性好。在现有基于特征的方法中，应用最广泛的方法是基于字标注的模型，该类模型将命名实体识别看作一个序列标注的任务。最具代表性的方法是基于条件随机场的模型。下面详细介绍基于条件随机场的命名实体识别。

条件随机场(conditional random field, CRF)是一种有效的计算联合概率分布的概率图模型。从本质上说 CRF 模型可以评估给定输入序列后所得到标注序列的条件概率。它在序列标注任务中通常具有良好的表现。在自然语言处理领域，很多问题或任务都可以归结为序列标注问题，如分词、词性标注、命名实体识别等。首先将系统每个输入的观测值(中文文本以字为基本单元)可能对应的标注标签集合定义为 F=B,I,O。B(begin)表示一个命名实体的开始位置，I(internal)表示一个命名实体的中间部分，O(other)表示句子中的非命名实体部分。如果识别的命名实体类别是人名(PER)、地名(LOC)或机构名(ORG)，还会加上相应的标签。

例如，输入的观测序列是 x={姚,明,效,力,于,休,斯,顿,火,箭,队}，那么我们期望识别出的理想标注序列是 y={B-PER,I-PER,O,O,O,B-LOC,I-LOC,I-LOC,B-ORG,I-ORG,I-ORG}。

条件随机场也被称为马尔可夫随机场，定义如下：假设有无向图 $G(V,E)$，其中 V 是图上的顶点，E 是图上的边；X 是输入观察序列，Y 是输出标记序列，Y 上的每个元素对应图中的一个节点，则条件随机场满足如下公式。

$$P(Y_v| X,Y_w,w \neq v) = P(Y_v| X,Y_w,w \sim v) \tag{5.1}$$

式中，$w \sim v$ 表示两个顶点之间有直接连接的边，在命名实体识别任务中一般可以看作线性的 CRF，因为输入和输出都是线性的。

CRF 模型的数学表示如下。

在条件随机场的输出序列上，线性链结构的条件随机场服从一阶的马尔可夫独立性假设。这时给定的待标注序列 X，标注序列 Y 的分布满足如下公式。

$$P(Y| X,\lambda,\mu) \propto \exp\left(\sum_{i=1}^{n}\sum_{j}\lambda_j t_j(y_{i-1},y_i,x,i) + \sum_{i=1}^{n}\sum_{k}\mu_k s_k(y_i,x,i)\right) \tag{5.2}$$

式中，$t_j(y_{i-1},y_i,x,i)$ 和 $s_k(y_i,x,i)$ 都表示特征函数。$t_j(y_{i-1},y_i,x,i)$ 表示观察序列的标记序列位置 $i-1$ 和 i 之间的转移特征函数，λ_j 为这个转移特征函数的权重，$s_k(y_i,x,i)$ 为 i 位置的状态特征函数，μ_k 为这个状态特征函数的权重。

如上所述，为训练 CRF 模型，首先需要定义特征函数集。特征函数的定义在模型训练中十分重要，特征函数的质量直接影响后续模型训练的质量。特征函数在 CRF 模型中分为状态特征函数和转移特征函数，这两类函数都是二值函数，函数值取 0 或 1。对于特征函数的定义，我们可以考虑上下文词汇和词性特征。例如，"岳飞是南宋时期抗金名将"，"南""宋""期"都是"时"这个字的上下文词汇信息，它们的词性也是"时"这个字的词性特征。如果训练规模比较大，那么只使用上下文特征便可以获得比较好的效果。

模型参数估计：在 CRF 模型的训练过程中，当定义好特征函数集后就需要估计模型的参数，即根据训练集数据估计每个特征函数的权重。这里可以采用经典的模型参数估计方法，如极大似然估计(maximum likelihood estimate，MLE)。

命名实体标注：当训练好 CRF 模型后，就可以对测试集中的文本进行命名实体的识别。训练好的 CRF 模型是一个庞大的篱笆网络，网络中的每一个节点是每个预测值的不同取值。通过寻找网络中具有最大概率的路径来确定输出的命名实体标记。可以采用遍历的方法比较每一条可能的路径来寻找具有最大概率的路径，但是这样的方法非常复杂，耗时长，效率低。为此，维特比(Viterbi)博士于 1967 年提出了著名的维特比算法，它是一种特殊的但应用极为广泛的动态规划算法。

下面用一个例子详细介绍利用条件随机场进行实体识别的一般方法。

输入观测为 $X=(X_1, X_2, X_3)$，输出标记为 $Y=(Y_1, Y_2, Y_3)$，Y_1, Y_2, Y_3 取值为 $\{1,2\}$。

假设特征和对应权值，只注明特征取值为 1，特征取值为 0 省略。

$$t_1 = t_1(y_{i-1}=1, y_i=2, x, i), \quad i=2,3, \quad \lambda_1 = 1$$

$$t_1(y_{i-1}, y_i, x, i) = \begin{cases} 1, & y_{i-1}=1, y_i=2, x, i(i=2,3) \\ 0, & \text{其他} \end{cases}$$

$t_2 = t_2(y_1=1, y_2=1, x, 2), \quad \lambda_2 = 0.6$	$s_1 = s_1(y_1=1, x, 1),$	$\mu_1 = 1$
$t_3 = t_3(y_2=2, y_3=1, x, 3), \quad \lambda_3 = 1$	$s_2 = s_2(y_i=2, x, i), \quad i=1,2$	$\mu_2 = 0.5$
$t_4 = t_4(y_1=2, y_2=1, x, 2), \quad \lambda_4 = 1$	$s_3 = s_3(y_i=1, x, i), \quad i=2,3$	$\mu_3 = 0.8$
$t_5 = t_5(y_2=2, y_3=2, x, 3), \quad \lambda_5 = 0.2$	$s_4 = s_4(y_3=2, x, 3),$	$\mu_4 = 0.5$

利用条件随机场的式(5.2)可以计算出标记序列的非规范条件概率，求解过程如下。

根据如下求解公式

$$P(y|x) = \frac{1}{Z(x)} \exp\left(\sum_{ik} \lambda_k t_k(y_{i-1}, y_i, x, i) + \sum_{il} \mu_l s_l(y_i, x, i)\right)$$

代入求得

$$P(y|x) \propto \exp\left[\sum_{k=1}^{5} \lambda_k \sum_{i=1}^{3} t_k(y_{i-1}, y_i, x, i) + \sum_{l=1}^{4} \mu_l \sum_{i=1}^{3} s_l(y_i, x, i)\right] =$$

$$\exp(\cdots) = \exp(1 + 0.2 + \cdots) = \exp(3.2)$$

$$P(y_1=1, y_2=2, y_3=2 | x) \propto \exp(3.2)$$

在参数化形式表示中，同一个特征在各个位置都有定义，可以对同一个特征在各个位置求和，将局部特征函数转化为一个全局特征函数，这样就可以将条件随机场写成权值向量和特征向量的内积形式，即条件随机场的简化形式。首先将转移特征和状态特征及其权值用统一的符号表示。设有 K_1 个转移特征，K_2 个状态特征，$K=K_1+K_2$。

$$f_k(y_{i-1},y_i,x,i) = \begin{cases} t_k(y_{i-1},y_i,x,i), & k=1,2,\cdots,K_1 \\ s_l(y_i,x,i), & k=K_1+1, \quad l=1,2,\cdots,K_2 \end{cases}$$

然后，对转移特征与状态特征在各个位置 i 求和，记为

$$f_k(y,x) = \sum_{i=1}^n f_k(y_{i-1},y_i,x,i), \quad k=1,2,\cdots,K$$

用 w_k 表示特征 $f_k(x,y)$ 的权值，即

$$w_k = \begin{cases} \lambda_k, & k=1,2,\cdots,K_1 \\ \mu_l, & k=K_1+l, \quad l=1,2,\cdots,K_2 \end{cases}$$

于是，条件随机场的简化形式可以表示为

$$P(y|x) = \frac{1}{Z(x)} \exp \sum_{k=1}^K w_k f_k(y,x)$$

$$Z(x) = \sum_y \exp \sum_{k=1}^K w_k f_k(y,x)$$

为了进一步计算方便，条件随机场还可以表示为矩阵形式。

$$M_i(x) = [M_i(y_{i-1},y_i|x)]$$

$$M_i(y_{i-1},y_i|x) = \exp(W_i(y_{i-1},y_i|x))$$

$$W_i(y_{i-1},y_i|x) = \sum_{k=1}^K w_k f_k(y_{i-1},y_i,x,i)$$

首先引入特殊的起点和终点状态标记 Y_0=start，Y_{n+1}=stop，这时 $P_w(y|x)$ 可以通过矩阵形式表示。需要对观察序列 x 的每一个位置 $i=1,2,\cdots,n+1$，定义一个 m 阶矩阵（m 是标记 Y_i 取值的个数）。

直观上，M_i 表示从位置 i-1 到位置 i 时，状态从 y_{i-1} 转移到 y_i 的概率，该概率由一组（K）转移特征、状态特征和对应的权重决定。定义为矩阵形式之后，条件概率 $P_w(y|x)$ 为

$$P_w(y|x) = \frac{1}{Z_w(x)} \prod_{i=1}^{n+1} M_i(y_{i-1},y_i|x)$$

$Z_w(x)$ 为规范化因子，是 $n+1$ 个矩阵的乘积的(start, stop)元素，具体为

$$Z_w(x) = (M_1(x)M_2(x)\cdots M_{n+1}(x))_{\text{start,stop}}$$

下面用一个例子详细介绍条件随机场矩阵形式的求解过程。

给定一个如图 5.1 所示的线性链条件随机场，观测序列 x，状态序列 y，$i=1,2,3$，$n=3$，标记 $y_i \in \{1,2\}$，假设 y_0=start=1，y_4=stop=1，各个位置的随机矩阵 $M_1(x),M_2(x),M_3(x),M_4(x)$ 分别为

$$M_1(x) = \begin{bmatrix} a_{01} & a_{02} \\ 0 & 0 \end{bmatrix} \quad M_2(x) = \begin{bmatrix} b_{11} & b_{12} \\ b_{21} & b_{22} \end{bmatrix} \quad M_3(x) = \begin{bmatrix} c_{11} & c_{12} \\ c_{21} & c_{22} \end{bmatrix} \quad M_4(x) = \begin{bmatrix} 1 & 0 \\ 1 & 0 \end{bmatrix}$$

第 5 章
实体识别和扩展

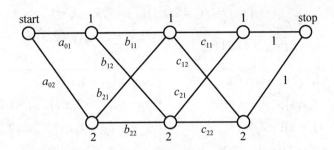

图 5.1 线性链条件随机场

试求状态序列 y 以 start 为起点 stop 为终点所有路径的非规范概率及规范化因子。

首先计算图 5.1 中从 start 到 stop 对应于 $y=(1,1,1)$, $y=(1,1,2)$, $y=(1,2,1)$, $y=(1,2,2)$, $y=(2,1,1)$, $y=(2,1,2)$, $y=(2,2,1)$, $y=(2,2,2)$ 各路径的非规范化概率分别为

$$a_{01}b_{11}c_{11} \quad a_{01}b_{11}c_{12} \quad a_{01}b_{12}c_{21} \quad a_{01}b_{12}c_{22}$$
$$a_{02}b_{21}c_{11} \quad a_{02}b_{21}c_{12} \quad a_{02}b_{22}c_{21} \quad a_{02}b_{22}c_{22}$$

通过计算矩阵乘积 $M_1(x)M_2(x)M_3(x)M_4(x)$ 可知，其第一行第一列的元素恰好等于从 start 到 stop 的所有路径的非规范化概率之和。

$$a_{01}b_{11}c_{11} + a_{02}b_{21}c_{11} + a_{01}b_{12}c_{21} + a_{02}b_{22}c_{22} + a_{01}b_{11}c_{12} + a_{02}b_{21}c_{12} + a_{01}b_{12}c_{22} + a_{02}b_{22}c_{21}$$

训练好条件随机场模型后，一般采用维特比算法进行命名实体的识别。维特比算法的具体步骤如下。

初始化：首先求出位置 1 的各个标记 $j=1,2,\cdots,m$ 的非规范化概率为

$$\delta_i(j) = w \cdot F_i(y_0=\text{start}, y_1=j, x), \, j=1,2,\cdots,m$$

递归计算：

$$\delta_i(l) = \max_{1 \leqslant j \leqslant m} \{\delta_{i-1}(j) + w \cdot F_i(y_{i-1}=j, y_i=l, x)\}, l=1,2,\cdots,m$$

$$\Psi_i(l) = \arg\max_{1 \leqslant j \leqslant m} \left\{\sum_{i-1}(j) + w \cdot F_i(y_{i-1}=j, y_i=l, x)\right\}, l=1,2,\cdots,m$$

终止：直到 $i=n$ 时终止，这时求得非规范化概率的最大值为

$$\max_y (w \cdot F(y,x)) = \max_{1 \leqslant j \leqslant m} \delta_n(j)$$

$$y_n^* = \arg\max_{1 \leqslant j \leqslant m} \delta_n(j)$$

回溯路径：

$$y_i^* = \Psi_{i+1}(y_{i+1}^*), \quad i=n-1, n-2, \cdots, 1$$
$$y^* = (y_1^*, y_2^*, \cdots, y_n^*)^\text{T}$$

下面举例介绍维特比算法的具体求解过程。

输入观测为 $X=(X_1,X_2,X_3)$，输出标记为 $Y=(Y_1,Y_2,Y_3)$，Y_1,Y_2,Y_3 取值为 $\{1,2\}$。假设特征和对应权值，只注明特征取值为 1，特征取值为 0 省略。

$$t_1 = t_1(y_{i-1}=1, y_i=2, x, i), \quad i=2,3, \quad \lambda_1 = 1$$

$$t_1(y_{i-1}, y_i, x, i) = \begin{cases} 1, & y_{i-1}=1, y_i=2, x, i(i=2,3) \\ 0, & \text{其他} \end{cases}$$

$t_2 = t_2(y_1=1, y_2=1, x, 2),$	$\lambda_2 = 0.6$	$s_1 = s_1(y_1=1, x, 1),$		$\mu_1 = 1$
$t_3 = t_3(y_2=2, y_3=1, x, 3),$	$\lambda_3 = 1$	$s_2 = s_2(y_i=2, x, i),$	$i=1,2$	$\mu_2 = 0.5$
$t_4 = t_4(y_1=2, y_2=1, x, 2),$	$\lambda_4 = 1$	$s_3 = s_3(y_i=1, x, i),$	$i=2,3$	$\mu_3 = 0.8$
$t_5 = t_5(y_2=2, y_3=2, x, 3),$	$\lambda_5 = 0.2$	$s_4 = s_4(y_3=2, x, 3),$		$\mu_4 = 0.5$

对给定的观测序列 x,求对应的最优输出序列 y^*。

利用维特比算法求最优路径问题。

$$\max \sum_{i=1}^{3}(w \cdot F_i(y_{i-1}, y_i, x))$$

初始化,当 $i=1$ 时

$$\delta_1(j) = w \cdot F_1(y_0 = \text{start}, y_1 = j, x), \quad j=1,2$$

$$\delta_1(1) = \mu_1 s_1 = 1$$

$$\delta_1(2) = \mu_2 s_2 = 0.5$$

递归计算,当 $i=2$ 时

$$\delta_2(l) = \max\{\delta_1(j) + w \cdot F_2(j, l, x)\}$$

$$\delta_2(1) = \max\{\delta_1(1) + \lambda_2 t_2 + \mu_3 s_3, \delta_1(2) + \lambda_4 t_4 + \mu_3 s_3\}$$

$$= \max\{1 + 0.6 + 0.8, 0.5 + 1 + 0.8\} = 2.4$$

$$\psi_2(1) = 1$$

$$\delta_2(2) = \max\{\delta_1(1) + \lambda_1 t_1 + \mu_2 s_2, \delta_1(2) + \mu_2 s_2\}$$

$$= \max\{1 + 1 + 0.5, 0.5 + 0.5\} = 2.5$$

$$\psi_2(2) = 1$$

当 $i=3$ 时

$$\delta_3(l) = \max\{\delta_2(j) + w \cdot F_3(j, l, x)\}$$

$$\delta_3(1) = \max\{\delta_2(1) + \mu_3 s_3, \delta_2(2) + \lambda_3 t_3 + \mu_3 s_3\}$$

$$= \max\{2.4 + 0.8, 2.5 + 1 + 0.8\} = 4.3$$

$$\psi_3(1) = 2$$

$$\delta_3(2) = \max\{\delta_2(1) + \lambda_1 t_1 + \mu_4 s_4, \delta_2(2) + \lambda_5 t_5 + \mu_4 s_4\}$$

$$= \max\{2.4 + 1 + 0.5, 2.5 + 0.2 + 0.5\} = 3.9$$

$$\psi_3(2) = 1$$

终止

$$\max_y (w \cdot F(x, y)) = \max \delta_3(l) = \delta_3(1) = 4.3$$

$$y_3^* = \arg\max_l \delta_3(l) = 1$$

返回

$$y_2^* = \psi_3(y_3^*) = \psi_3(1) = 2$$
$$y_1^* = \psi_2(y_2^*) = \psi_2(2) = 1$$

最优标记序列为

$$y^* = (y_1^*, y_2^*, y_3^*) = (1, 2, 1)$$

本小节主要介绍了利用条件随机场模型进行实体识别的方法。首先简要介绍了条件随机场模型，然后介绍了特征函数，以及模型的训练过程和训练后的基于维特比算法标注命名实体的过程。

5.1.4 基于机器学习的实体识别——基于神经网络的方法

传统的基于特征的实体识别方法虽然性能较高，但是这类方法依赖人工设计的特征和自然语言处理工具(如词性标注工具)等。因此，基于特征的实体识别方法容易受到现有自然语言处理工具的性能影响，而且扩展性较差。近年来，随着深度学习的发展，很多研究者都提出利用神经网络自动地从文本中捕获有效特征，进而完成实体识别。基于神经网络的实体识别方法主要包括以下几个步骤：①特征表示，主要是设计和搭建神经网络模型，然后将文字符号特征表示为分布式特征信息；②模型训练，利用标注数据，更新网络参数，训练网络模型；③模型分类，利用训练的模型对新样本进行分类，进而完成实体识别。下面以 Lample 等人在 2016 年提出的神经网络模型[长短期记忆网络(long short-term memory，LSTM)和条件随机场(conditional random field，CRF)相结合的模型，简称 LSTM+CRF 模型]为例进行介绍。

1. 特征表示

在 LSTM+CRF 模型中，主要利用双向的 LSTM 对文本中的字和词进行特征表示。LSTM 是循环神经网络(recurrent neural network，RNN)的变种，旨在解决传统的 RNN 模型在训练过程中遇到的梯度爆炸或梯度消失问题。

利用一个正向的 LSTM 可以将输入序列 $(x_1, x_2, \cdots, x_t, \cdots, x_n)$ 表示为 $(h_1, h_2, \cdots, h_t, \cdots, h_n)$，但是 h_t 只能表示 x_t 左边的所有信息，无法表示右边的信息，因此需要再利用一个逆向的 LSTM 去建模 x_t 右边的信息，逆向的 LSTM 可以将输入序列 $(x_1, x_2, \cdots, x_t, \cdots, x_n)$ 表示为 $(h'_1, h'_2, \cdots, h'_t, \cdots, h'_n)$。最终，采用 h_t 和 h'_t 的拼接 h_t，作为 x_t 最终的表示。

2. 模型训练

经过上述的特征表示，一般可以直接利用双向 LSTM 编码后的拼接向量作为特征表示 h_t 进行 Softmax 分类，进而得到每个字的标签，但是这种方法忽略了标签之间的关系。例如，O 后面不能直接赋予标签 I，一般 O 后面赋予标签 B 等。因此，可以将每个字的

表示获得的 K 维向量(K 为标签的数量)进行拼接得到输入 P, P 是一个 $n \times k$ 矩阵, 统一作为特征输入到 CRF 模型中。每个句子的得分可以如下建模。

$$s(X, y) = \sum_{i=0}^{n} A_{y_i, y_{i+1}} + \sum_{i=1}^{n} P_{i, y_i} \tag{5.3}$$

式中, A 是一个转移矩阵。例如, $A_{y_i, y_{i+1}}$ 代表了上一个标注序列 y_i 标签转移到下一个 y_{i+1} 标签的概率。模型训练时, 根据上述每个句子的得分定义目标函数, 然后利用随机梯度下降等优化方法更新模型参数, 进而迭代训练整个网络的参数。在训练的过程中为了防止过拟合的情况, 可以使用 Adadelta 等算法。

3. 模型分类

模型分类阶段是利用训练好的神经网络模型, 对文本进行分类。首先利用双向 LSTM 对输入文本进行特征表示, 然后将其输入到 CRF 模型中, 对句子中的每个词进行分类, 整体打分(分类标签为实体类型和 BIO 三种标签的组合), 最终输出分类结果, 完成实体识别。

由于基于神经网络的实体识别方法不需要人工设计复杂的特征, 而且具有性能和普适性上的优势, 因此这类方法目前占据了主导地位, 相关的内容由于篇幅限制, 不在此详细叙述。

5.2 细粒度实体识别

5.2.1 任务概述

前面已经介绍了传统的三大类或七小类命名实体识别的方法。但是传统的三大类或七小类命名实体识别远远不能满足应用需求。在知识表示和推理以及很多自然语言处理任务中, 细粒度的实体类别包含了更多的知识, 有助于提高各种应用任务的性能。例如, 产品名(如 Thinkpad X1)、会议名(如中国模式识别与计算机视觉大会)、疾病名(如脑卒中)、赛事名(如 2023 成都大运会)等在商务、新闻、医疗和体育领域的各种应用任务中非常重要。因此, 一些工作在传统的大类别(三大类或七小类)命名实体之外, 研究更加细粒度的实体类别。例如, 人可以细分为艺人、运动员、教师、工程师等, 机构可以细分为大学、公司、事业单位等。

1. 典型的细粒度实体类别

一些典型的细粒度实体类别体系如下: 在 ACE 评测会议上, 实体分为 7 个大类(人名、地名、机构名、武器、交通工具、行政区、设备设施)和 45 个小类; Ndaeau 提出了一个有 100 个类的实体分类体系; Lee 等人构建了一个约 150 个小类的实体类别体系;

Ling 和 Weld 则提出了一个具有 112 个类的细粒度实体类别体系；Sekine 和 Nobata 构建了 4 个级别共计 200 个小类的实体类别体系；Yosef 构建了一个具有 5 个大类、505 个小类的实体类别体系；NELL 中有几百个人工预先定义好的实体类别；Freebase 中的实体类别达到上千种，而且是动态增加的。

2. 细粒度实体类别的特点

相较于传统的实体类别，细粒度实体类别主要有以下两个特点。

(1) 类别更多。相较于传统的三大类或七小类，细粒度实体类别更多，如可能的类别包括会议、赛事、动植物、医药品、疾病和菜品等。而且随着时间的推移和社会的发展，会出现一些新的类别。

(2) 类别具有层次结构。例如，传统的机构名可以细分为公司、医院、学校等，而学校又可以进一步划分为大学、高中、初中、小学等。这些类别之间具有层次结构。

3. 细粒度实体识别的难点

相较于传统的实体识别，细粒度实体识别具有以下难点。

(1) 类别的制定复杂。传统的实体识别类别比较少，细粒度实体识别的第一个难点就是类别的制定，如何能构建一个覆盖类别多而且具有层次结构的类别体系是类别制定时应当考虑的首要问题。

(2) 语料标注困难。传统的实体识别大多数是基于有监督学习的方法，有监督学习需要大量高质量的人工标注语料，然而随着实体类别的增多，标注语料的难度和成本成指数级增长。

(3) 实体识别方法应用挑战。相较于传统实体识别，细粒度实体识别中，更多的类别对实体识别方法也带来了极大的挑战。除此之外，因为标注语料很难获得，所以如何在无标注语料或标注语料较少的情况下完成细粒度实体识别也是一个严峻的挑战。

对于语料的标注，主要有两种方法：一种是人工标注，这种方法标注质量高，但是成本也高；另一种比较便捷的方法是利用回标法的自动标注，这种方法标注速度快，可以自动获得标注数据，但是标注的数据中会有噪声。下面将详细介绍细粒度实体类别制定的方法和细粒度实体识别的方法。

5.2.2 细粒度实体类别的制定

目前对于细粒度实体类别的制定，最直接的办法是人工制定，还可以利用人工构建的词典知识资源作为类别的来源。例如，现有的具有实体类别分类的知识资源有 WordNet、Freebase 等。

Suchanek 等人结合了 Wikipedia 和 WordNet 两个资源，制定了 YAGO 的实体类别体系。他们将 Wikipedia 的实体词条标签映射到 WordNet 中，从而过滤掉 Wikipedia 中分类不恰当的标签，进而得到实体的完整类别。他们提出的方法准确率很高，达到 95%以上。Toral 等人提出了类似的方法，通过计算文本相似度将 Wikipedia 的类别映射到 WordNet 中，并且在映射过程中处理了多义词的消歧问题。Ling 等人将 Freebase 中的类别进行过滤和合并，最终构建了一个包含 112 个类别的实体类别体系。

5.2.3 细粒度实体识别方法

由人工制定了实体类别并标注语料后，前面章节介绍的实体识别方法都可以直接应用于细粒度实体识别。在没有语料标注的情况下，可以利用聚类的方法自动获得实体的集合，但是由于无语料标注，无法自动获得实体的具体类别标签；当提供了相应类别的实体的种子时，可以采用 5.3 节介绍的实体扩展方法获得对应类别的更多实体；当采用回标法获得语料时，可以直接应用前面章节介绍的实体识别方法，但是对于噪声数据要进行特别的处理。这里主要介绍无监督的方法。华盛顿大学开发的 KnowItAll 系统是一个典型的无监督的细粒度实体抽取系统，主要由三部分组成：规则抽取、实体名的抽取和实体名的验证。首先人工制定一些通用的规则模板，然后根据通用模板和指定的类别细化模板，得到初始种子后，使用搜索引擎对模板进行扩展，进而从互联网上抽取大规模的实体名，最后使用验证规则并结合搜索引擎对实体名进行验证，将置信度高的实体名加入知识库。KnowItAll 关注的实体除了传统的命名实体类别，还有科学家名和电影名等。Nadeau 等人[96]结合了 KnowItAll 和 Collins 等[97]的方法，主要从网上抽取命名实体，然后结合规则标注大量文本作为命名实体识别的训练语料，该方法在 100 种命名实体识别和抽取上取得了不错的性能。

5.3 实体扩展

5.3.1 任务概述

实体扩展是一种开放域实体抽取的方法，随着大数据时代的来临，信息越来越丰富，其中大部分内容是由成千上万的用户依照个人习惯和需求提供的，如主题论坛、朋友圈、微博、网络百科等。这些信息汇集在一起，呈现出海量、多源、异构的特点，对信息抽取技术提出了新的要求。传统命名实体识别技术仅仅面向纯文本数据，主要抽取三大类或七小类命名实体，难以应对新挑战。很多实践中，用户并不需要一个从文本中抽取三大类或七小类实体的工具，更需要的是提供一些种子实体，然后获得同类实体的工具(如 Google Sets 就是这样的工具，将爱因斯坦、牛顿、居里夫人等科学家名字作为种子输入到 Google Sets 中，就可以获得更多科学家名字)。为适应实际应用的需求，越来越多的研究者开始研究实体扩展技术。其目标是从海量、冗余、异构、不规范的网络数据中大规模地抽取开放类别的命名实体，进而构建开放类别命名实体列表。

实体扩展在学术领域和企业领域都有非常广泛的应用。其在学术领域的主要应用包括：①知识图谱中的实体扩展；②提高问答系统性能，尤其是处理列表型问题；③提高垂直领域信息抽取的效果等。因此实体扩展研究具有重要的学术价值。

在企业领域，Google、Yahoo、Bing 等搜索引擎公司都在后台维护大量的开放类别命名实体列表以提高用户体验。典型应用包括：①知识图谱中同类实体的检索与推荐；②提高查询分析的准确率；③辅助文档分类；④辅助用户行为分析与广告精确投放等。因此实体扩展技术具有广泛的应用价值。

鉴于传统命名实体识别方法的局限性，越来越多的研究者开始研究针对多类别的、面向真实环境数据的实体扩展方法。实体扩展任务的定义如下：对于某实体类别 C，给定该类别的 m 个实体(称为种子实体)，一个实体扩展系统需要找出同样属于类别 C 的其他实体。举例来说，给出"河南、河北、四川"这三个实体，抽取系统应该找出"中国省份"这个实体类别所包含的其他实体，如"江苏、云南、贵州"。值得注意的是，实体类别本身是未知的，需要抽取系统分析种子实体，寻找其共性得到关于目标实体类别的知识，进而抽取出属于该类别的实体。例如，在上面的例子中，对于抽取系统而言，"中国省份"这个类别标签是未知的。输入的是"河南、河北、四川"这三个实体，输出则应该是其他表示中国省份的实体。

与传统命名实体识别任务相比，实体扩展任务具有以下三个特点。

(1) 目标实体类别开放。实体类别不再局限于传统的三大类或七小类，而是面向更多的开放类别(如学校名、股票名等)。而且目标类别未知，需要在仅仅知道该类别的若干实体(种子实体)的条件下进行实体抽取。

(2) 目标数据领域开放。处理的数据不再限定于指定领域的文本或规范的新闻文本，而是不限定领域的多源、海量、冗余、有噪声、不规范的异构数据。

(3) 以抽取替代识别。相对于传统命名实体识别任务，实体扩展任务不再拘泥于从文本中精确识别每次出现的目标实体，而是充分利用网络数据海量、冗余的特性，以抽取的方式构建目标类别实体列表。

针对实体扩展系统的评价指标主要包括 Precision 值(准确率)、Recall 值(召回率)、MAP(mean average precision，平均精度)值、P@N 值(前 N 个结果的准确率)和 R-PREC 值(R 个结果时的准确率)五种。

5.3.2 实体扩展方法

目前典型的实体扩展系统主要由以下三个模块组成。

(1) 种子处理模块，负责选取或生成高质量的种子。无论选择哪种抽取方法，种子对整个系统的性能都有很大影响，所以选择高质量的种子非常重要。该模块的输入是由若干种子组成的初始种子集合，输出是由高质量种子组成的集合。

(2) 实体抽取模块，负责从语料中抽取属于目标类别的实体。通常包含候选抽取和打分排序两个子模块。前者抽取候选实体，后者计算候选实体的置信度并对其排序。该模块的输入是种子集合，输出是排序后的候选实体列表。

(3) 结果过滤模块，对抽取出的实体集合进行过滤。该模块的目标是提高候选实体列表的准确率。该模块也可以归并到第二个模块之中，将其作为实体抽取方法的一部分。

由于种子处理模块和结果过滤模块是通用模块，不同的实体扩展方法的主要区别在于实体抽取模块。根据实体抽取模块所使用的方法划分，目前的实体扩展方法大致可以分为基于模板的实体抽取和基于统计的实体抽取两大类。下面对这两类方法进行介绍。

1. 基于模板的实体抽取

基于模板的实体抽取的基本思路是：如果目标实体与种子实体同属于某个语义类，则它们的上下文应该符合同样的特定模板。这里的模板可以是预先定义好的指示上下位关系的语义模板，如"such as""and other"等；也可以通过分析种子实体所处的上下文得到，如窗口上下文模板。无论哪种类型的模板，都可以用来抽取候选实体，并以模板为特征，计算候选实体的置信度。

在预定义模板的方法中，主要有三个假设：①好的模板在语料中出现次数频繁；②好的模板总是指示目标类别的实体；③好的模板可以在不需要其他知识的前提下在文本中被识别出来。由于使用预定义模板能找到的新实体数量有限，后续提出了一些改进方法。一种最具代表性的改进方法是基于 Bootstrapping 策略，反复迭代，得到更多的模板。例如，在 Kozareva 等人[98]提出的方法中，在抽取阶段使用的模板为"<Class Name>such as <Member1> and*"，其中 Class Name 是类别名，Member1 是初始种子。该方法使用上述模板构建查询并送到搜索引擎，爬取返回的 Snippet 作为语料，抽取符合特定规则的字符串作为候选实体。每个候选实体将作为新种子重复抽取过程，直至达到设定的迭代次数。抽取阶段的目标是提升整个系统的召回率。之后在打分阶段，使用加权图的方法为候选实体打分并重新排序，以提升系统的准确率。

在基于模板的方法中，如何衡量模板质量是非常重要的问题，Liu 等人[99]提出通过考查<候选实体>到<模板>之间的抽取关系评估模板质量，进而更准确地度量候选实体与目标实体类别之间的语义相关度，得到了很好的效果。

2. 基于统计的实体抽取

针对实体扩展的任务，除了基于模板的抽取方法，另外一类应用比较广泛的策略是基于统计的抽取方法。通常使用比较粗糙的方式来获取候选。例如，将语料中所有名词或名词短语都作为候选；然后通过分析整个语料的统计信息得到候选的分布信息；最后计算候选与种子实体的分布相似度作为置信度，并对候选实体进行排序。基于统计的方法又可以分为基于上下文相似度的方法和融合模板与上下文相似度的方法。

(1) 基于上下文相似度的方法。

由于大部分实体表现为名词或名词短语的形式，因此一个很自然的想法是找出语料中的全部名词或名词短语，然后分别计算它们与种子实体的相似度并找出相似实体。最具代表性的是 Pantel 等人提出的一种网络级别的上下文分布相似度模型，并使用该模型处理实体扩展任务。

基于上下文相似度的方法还具有以下两个重要特点。①语料规模非常重要。同等质量的语料，规模越大则抽取效果越好。Pantel 使用 400 亿个词的网络数据作为语料比使用 80 亿个词作为语料的抽取效果提升了 34.8%，而使用 2000 亿个词的网络数据作为语料比使用 400 亿个词作为语料的抽取效果又提升了 13.5%，其他研究者的研究也验证了这个结果。②语料质量非常重要。同等规模的语料，质量越高则抽取效果越好。使用 Wikipedia 文本作为语料时，抽取效果比使用同等规模的普通网络数据的抽取效果高 19.3%。

(2) 融合模板与上下文相似度的方法。

除了基于上下文相似度的方法，有些研究者提出了联合使用模板和上下文相似度的方法。在上下文统计信息的基础上，加入基于模板的限制，以提高准确率。这类方法在处理多源数据时效果更为明显。例如，网络表格或列表数据通常包含大量的同类别实体，这些实体在这类数据中通常表现出相同的结构特征，所以这类数据抽取使用基于模板的方法比较合适。这类具有结构特征数据的另一个特点是准确度高，但相应的覆盖度比较低，所以单纯使用这类数据效果不是特别理想。而处理大规模非结构化文本数据时，其规模会使实体的统计规律性体现得更加明显，所以使用基于上下文相似度的方法会更适用一些。但这类方法的另一个特点是覆盖率较高，而准确率较低，所以单纯使用时效果也不是很好。但如果把以上两种方法融合起来，就有可能达到优势互补的效果。基于以上现象，有研究者提出了基于融合的抽取方法。这类方法的基本思想是：对不同类型的数据使用不同的抽取方法，再把不同方法得到的结果融合起来。典型融合方法有融合文本和网络列表的方法、融合网络列表与查询的方法、多源数据融合的方法。与单纯基于上下文相似度的方法相比，这类融合方法引入了模板抽取的结果作为已知知识，并且通过 Bootstrapping 策略不断更新已知知识，抽取结果的准确率得到很大提高。但是这类方法仍然没有克服基于统计的方法所具有的需要大量计算的缺点，而且所选特征仍然局限于上下文特征。

3. 种子处理与结果过滤

一个完整的实体扩展系统由三个模块组成：种子处理模块、实体抽取模块和结果过滤模块。学术界关于实体抽取模块的研究最多，前面介绍了目前主要的实体抽取模块的相关方法。但实际上，种子处理与结果过滤这两个模块对抽取结果也有非常重大的影响。下面将分别介绍这两个模块，讨论其中需要解决的主要问题与相关方法。

(1) 种子处理。

不同的种子对抽取结果有非常大的影响，相关研究表明，这种差别可以达到40%以上。由于人工输入的种子质量通常并不高，因此研究如何衡量种子实体的质量，以及如何选取高质量的种子具有重要的实际意义。可以通过以下三方面衡量种子的质量。

① 典型度：评价种子实体能在多大程度上代表目标语义类别。

② 歧义度：评价种子实体是否有不同语义。

③ 覆盖度：评价一个种子集合含有的语义信息能在多大程度上覆盖目标语义类别的语义信息。

首先计算种子实体在以上三方面的得分，然后从初始种子中选取高质量的种子提供给实体抽取模块。但这种方法的前提是初始种子个数比较多，有一定的选择余地。但实践中，很多时候初始种子数量是很少的(如目标类别包含实体数很少或初始知识很少)，这种情况就需要一种能够根据初始种子生成高质量新种子的方法。

(2) 结果过滤。

对现有的实体扩展方法而言，最终返回的结果是一个根据置信度从高到低排序后的候选实体列表，评价实体扩展方法的效果一般采用 P@N、平均准确率等指标。任何评估方法都无法保证抽取结果的绝对正确，在实践中，需要维护的是一个全部由正确实体组成的列表，所以需要对抽取结果进行纠错。目前这一工作主要由人工进行，需要大量的人力和物力。所以研究如何从最终结果中找出并排除错误候选实体也具有一定的实际意义。

另一方面，很多实体扩展方法使用 Bootstrapping 策略，从第 N 轮迭代中抽取出置信度高的候选实体作为第 $N+1$ 轮迭代的种子，这会造成抽取结果中的错误不断传播扩大的现象，影响系统的最终结果。这种情况下如果能在每轮迭代过程中找出并排除错误候选实体就可以提升方法的最终效果。

针对错误候选实体是如何产生的问题，Vyas 等人进行了深入研究并发现了以下两个现象。

① 错误候选主要来自种子的歧义性。例如，"笔记本"有多种语义，可能指一个书写内容的文具，也可能指笔记本电脑，使用"笔记本"作为种子就很可能找到错误候选实体。

② 实体在某种语义上可能比较相似，但不会在其他语义上相似。例如，"联想"可能与"笔记本"作为笔记本电脑时的语义相近，但不会与"笔记本"作为文具时的语义相近。

根据以上现象，Vyas 等人设计了一种结果过滤方法。在每轮迭代的过程中由人工找出一个错误候选，然后通过下面两种方法找出候选实体集合中与错误候选实体语义相似的候选实体并将其剔除。

① 计算所有候选实体与错误候选实体的相似度,并排除相似度超过某个人工指定阈值的候选实体。

② 找出错误候选实体的特征向量(由该候选实体的上下文组成),并将其对应的特征从种子集特征向量中剔除。

以上方法可以减少最终结果中的错误,并减轻编辑的工作量,在实际应用领域具有重要作用。但实践中,该任务可以视为抽取模块的一部分,即归入打分排序部分。

本章小结

本章首先介绍了实体识别的任务、难点、相关评测和一般方法,实体识别的方法可以分为基于规则的方法和基于机器学习的方法。然后介绍了细粒度实体识别的类别、特点、难点和典型方法,不同于传统的实体识别,细粒度实体识别把实体划分为更多的细粒度类别,并且细粒度实体类别之间还具有层次结构。最后介绍了实体扩展的任务和方法。实体扩展一般包括种子处理、实体抽取和结果过滤三个模块。实体识别和扩展技术是构建知识体系的基础技术和关键技术。目前在公开的评测中实体识别和抽取的性能相对较高,但是由于实体的种类繁多,而且新实体不断出现,因此在实际应用中实体识别和抽取的性能还需进一步提高,而如何高效地获取高质量的标注语料,如何提高模型的可移植性和可扩展性都是实体识别和扩展技术中的关键研究点。

本章习题

1. 什么是细粒度实体识别?
2. 实体扩展的一般方法有哪些?

第 6 章 实体消歧

6.1 任务概述

【实体消歧概述】

由于实体存在歧义性,因此通过上一章得到的实体识别结果很难直接存放到知识图谱中。一方面,同一实体在文本中会有不同的指称(例如,太白、青莲居士、谪仙人、诗仙都是诗人李白的别称),这是指称的多样性(name variation)。另一方面,相同的实体指称在不同的上下文中可以指不同的实体(例如,实体指称"李娜"在不同的上下文中可以指不同的实体,如中国女子网球名将、中国击剑运动员等),这是指称的歧义性(name ambiguation)。因此,必须对实体识别的结果进行消歧,从而得到无歧义的实体信息。实体消歧是信息抽取和知识表示与推理领域的一项关键技术,旨在解决文本信息中广泛存在的名字歧义问题,在知识体系构建、信息检索和智能问答等领域具有广泛的应用价值。本章首先介绍实体消歧的任务及相关评测,然后以非结构化文本实体消歧技术为例介绍实体消歧中的两类方法,基于聚类的实体消歧和基于实体链接的实体消歧,最后介绍结构化文本中实体消歧的相关研究。

6.1.1 任务定义

实体消歧所处理的对象都是命名实体,一般通过如下六元组进行定义。

$$M=N,E,D,O,K,\delta$$

式中,$N=n_1,n_2,\cdots,n_i$ 是待消歧的实体名集合,如李白、郭靖等。

$E=e_1,e_2,\cdots,e_k$ 是待消歧实体名的目标实体列表,包括了所有待消歧实体名可能指向的实体,如李白(诗人)、李白(歌手)、郭靖(《射雕英雄传》中的男主角)、郭靖(中国职业足球运动员)等。在实际应用中,目标实体列表通常以知识库的形式给出,如 Wikipedia 和 Freebase。

$D=d_1,d_2,\cdots,d_n$ 是一个包含了待消歧实体名的文档集,如"李白"的前 100 个百度搜索结果的网页集合。

$O=O_1,O_2,\cdots,O_m$ 是 D 中所有待消歧的实体指称项集合。在本章中，实体指称项表示实体消歧任务的基本单位：一个实体指称项是一个在具体上下文中出现的待消歧实体名。例如，"郭靖，是金庸创作的武侠小说《射雕英雄传》中的男主角"中的"郭靖"是实体郭靖(《射雕英雄传》中的男主角)的一个指称项。实体指称项的上下文可以通过多种方式自由定义，如实体名出现位置的一个指定大小窗口内的文本，或是实体名所在的整篇文本等。

K 是命名实体消歧任务所使用的背景知识。由于实体名本身所携带的信息往往不足以支撑实体消歧任务，消歧系统需要大量背景知识，其中最常用的背景知识是关于目标实体的文本描述。例如，为了对实体名"郭靖"进行消歧，我们可以从百度百科中获取关于目标实体郭靖(《射雕英雄传》中的男主角)和郭靖(中国职业足球运动员)的文本描述如下。

郭靖是金庸创作的武侠小说《射雕英雄传》中的男主角，2008年电视剧《射雕英雄传》由胡歌饰演，《神雕侠侣》中的重要角色，《倚天屠龙记》中也曾引述其相关事迹，他是贯通"射雕三部曲"的关键人物之一。

郭靖，汉族，1997年2月24日出生于湖北武汉，中国足球运动员，司职后卫，现已退役。

近年来，随着命名实体消歧研究的进展，越来越多的背景知识被用于命名实体消歧，包括实体描述文本、社会化网络中蕴含的实体社会化关联知识、概念之间的语义关联知识等。

$\delta:O\times K\to E$ 是命名实体消歧函数，用于将待消歧的实体指称项映射到目标实体列表(当 E 显式给定)，或者按照其指向的目标实体进行聚类(当 E 没有显式给定，是隐藏变量)。命名实体消歧函数是命名实体消歧任务的核心部分，会直接影响系统的性能。

6.1.2 任务分类

实体消歧任务可以有多种分类方法。按照目标实体列表是否给定，实体消歧任务可以分为基于聚类的实体消歧和基于实体链接的实体消歧。按照实体消歧任务的领域不同，实体消歧任务可以分为结构化文本实体消歧和非结构化文本实体消歧。下面首先介绍按第一种分类标准划分的两种消歧任务。

(1) 基于聚类的实体消歧。由于目标实体列表没有给定，基于聚类的实体消歧系统以聚类方式对实体指称项进行消歧。所有指向同一个目标实体的指称项被消歧系统聚在同一类别下，聚类结果中每一个类别对应一个目标实体。

(2) 基于实体链接的实体消歧。通过将实体指称项与目标实体列表中的对应实体进行链接实现消歧。由于目标实体列表中的实体是无歧义的，链接之后的指称项也就能自动消除歧义。

图 6.1 所示为实体消歧示例。图 6.1(a)所示为待消歧的实体指称项，图 6.1(b)所示为基于聚类的实体消歧结果，图 6.1(c)所示为基于实体链接的实体消歧结果。

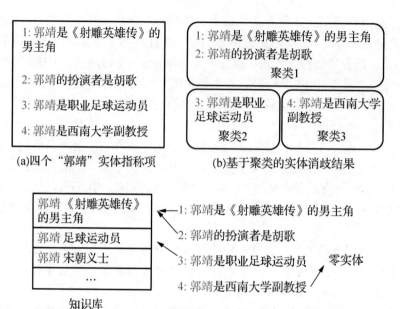

图 6.1 实体消歧示例

按照实体消歧任务的领域不同，实体消歧任务还可以分为结构化文本实体消歧和非结构化文本实体消歧。这两种实体消歧任务的主要差别在于实体指称项的文本表示：在结构化文本实体消歧中，每一个实体指称项被表示为一个结构化的文本记录，如列表、知识库等；而在非结构化文本实体消歧中，每一个实体指称项被表示为一段非结构化文本。由于实体指称项表示方法的不同，结构化和非结构化文本实体消歧的技术路线也不同：结构化文本实体消歧由于缺少上下文，主要依赖字符串比较和实体关系信息完成消歧；而非结构化文本实体消歧由于有大量上下文辅助消歧，因此主要利用指称项上下文和背景知识完成消歧。现在大多数的研究都集中在非结构化文本实体消歧上。

6.1.3 相关评测

目前主流的命名实体消歧评测平台有 WePS 和 TAC KBP。WePS 主要针对基于聚类的实体消歧系统进行评测。TAC KBP 主要针对基于实体链接的实体消歧系统进行评测。

1. WePS评测

WePS 主要针对网络人名搜索结果的消歧进行评测，其任务是通过对人名搜索结果进行聚类来消除歧义。该评测由西班牙 UNED 大学组织，共开展了三届。2007 年举办了第一届 WePS，作为 SemEval 2007 的子任务，共有 15 家单位参加。第二届评测作为 WWW 2009 的子任务，共有 17 家单位参加。第三届 WePS 作为 CLEF 会议的一个子任务，共有 34 家单位参加。

WePS 评测的人物搜索结果聚类任务描述如下：给定一个人名搜索结果(通常为搜索引擎的前 100 或 200 个搜索结果中的网页)，实体消歧系统对这些网页进行聚类，使得聚类结果中的每一个类别对应到一个单独人物。

目前，WePS 评测包含有三届评测的数据集。第一届评测的数据集由 49 个人名以及关于这些人名在搜索引擎中排名前 100 的网页组成，评测数据一共含有 3489 篇文档，最终被聚类成 527 个真实世界中的不同实体。第二届评测的数据集含有 3432 篇文档，最终被聚类为 559 个真实世界中的不同实体。第三届评测的数据集由 300 个人名以及关于这些人名在搜索引擎中排名前 200 的网页组成，评测数据一共含有 57956 篇文档。

第三届 WePS 评测在传统人名消歧任务的基础上增加了机构名消歧。给定 100 个公司的名称，通过在 Twitter 中搜索包含该公司名的 100 个 Twitter 页面作为测试数据。给定一个公司的名称，以及这个公司的主页地址 URL，机构名消歧任务需要判断该 Twitter 页面中所指的公司是否为 URL 中所指的公司。该任务与人名消歧任务相比，不需要对含有公司名的 Twitter 页面进行聚类，仅仅需要判断 Twitter 页面中的实体与 URL 中的实体是否为同一个。不过由于产生该数据集的方法是搜索含有相同公司名的 Twitter 页面，因此该数据集所考虑的实体歧义问题只有一词多义问题，忽略了一义多词问题。

WePS 的评测指标主要有纯净度(Purity)、倒纯净度(InversePurity)和 F 值。假设 $C=C_1,C_2,\cdots,C_n$ 表示实体消歧系统生成的聚类结果，$L=L_1,L_2,\cdots,L_m$ 表示准确的聚类结果，则 Purity、InversePurity 和 F 值的计算方式如下。

Purity 主要用于评测聚类结果中每个类别的所有指称项是否都指向同一个实体，其计算公式为聚类结果类别的最大聚类准确率(Precision)的加权平均。

$$\text{Purity} = \sum_i \frac{|C_i|}{n} \max_j \text{Precision}(C_i, L_j) \tag{6.1}$$

其中，单个聚类的准确率定义为

$$\text{Precision}(C_i, L_j) = \frac{|C_i \cap L_j|}{C_i} \tag{6.2}$$

InversePurity 主要用于评测聚类结果中的每个类别是否召回了足够多该类别下实体的指称项。其计算公式为

$$\text{InversePurity} = \sum_i \frac{|L_i|}{n} \max_j \text{Precision}(L_i, C_j) \tag{6.3}$$

虽然 Purity 和 InversePurity 能够很好地对实体消歧结果的单个侧面进行衡量，但是这两个结果相互关联，并不一定同时在一个点上取得最大值。在最终的打分中，WePS 使用 F 值来平衡 Purity 和 InversePurity，并使用 F 值作为最终打分指标。

2. TAC KBP 评测

与 WePS 不同，TAC KBP 评测对实体链接(entity linking)任务进行评测。实体链接任务的目标是将文本中的实体指称项链接到目标知识库中的相应实体上。该任务假设目标知识库是不完备的，有些情况下目标知识库中可能没有待消歧的实体(零实体)。在 2009 年的 TAC KBP 评测中，知识库由 2008 年版的 Wikipedia 中含有信息框(Infobox)的文章组建而成。知识库的每个目标实体节点对应 Wikipedia 中的一篇文章。在目标知识库中，每一个目标实体节点包含如下几方面信息。

(1) 实体的名字。

(2) 实体的类别：从 PER(人物)、GPE(地点)、ORG(机构)和 UKN(未知类别)四个类别中选取。

(3) 知识库 ID：知识库中的每个实体独一无二的标识符。

(4) 属性信息：每个实体属性信息的集合，主要从 Wikipedia 的信息框(Infobox)中抽取。

(5) 消歧文本：用于实体消歧的信息，是 Wikipedia 中该实体的描述文本。

2009 年的 TAC KBP 评测的测试数据由 3904 个查询组成。每一个查询包含一个实体指称项以及它所出现的文本。实体指称项指的就是需要实体链接系统链接到目标知识库中的实体。实体指称项所出现的文本内容来自新闻文章，用来帮助实体链接系统在知识库中选择相对应的目标实体。

2010 年与 2011 年的 TAC KBP 评测采用与 2009 年相同的知识库，不同之处在于查询不仅选用新闻语料，还包括从互联网中获取的语料。在 2011 年的 TAC KBP 评测中，首次提出了跨语言实体链接任务。跨语言实体链接是指查询的语言与知识库所采用的语言不同，需要将查询中的实体指称项链接到另一种不同语言的知识库中。此后每年的任务都有所变化，在 2017 年的 TAC KBP 评测中，实体消歧任务和实体识别任务已经实行联合，目标是从不同语言(汉语、英语和西班牙语)的文本中识别出实体，并将其链接到指定语言的知识库中的实体，对于知识库中没有的实体需要进行聚类，将同一实体的不同指称项聚类到一起。

实体链接评测任务近似跨文档共指消解，但是由于实体链接评测的任务是链接到目标实体上，而不是对指称项进行聚类，因此主要评测指标是 Micro-averaged accuracy(微平均准确率)，即所有链接结果的平均准确率，计算公式为

$$\text{Micro} = \frac{\sum_{q \in Q} \sigma[L(q), C(q)]}{|Q|} \tag{6.4}$$

式中，Q 是所有查询的集合；$L(q)$ 是实体链接系统给出的查询 q 的目标实体 ID；$C(q)$ 是查询 q 的准确目标实体 ID；σ 用于判断 $L(q)$ 是否与 $C(q)$ 相同，相同则为 1，不相同则为 0。

除 Micro-averaged accuracy 之外，实体链接系统通常还会用 Macro-averaged accuracy(宏平均准确率)作为实体链接系统的参考评测指标。Macro-averaged accuracy 与 Micro-averaged accuracy 相近，但是 Macro-averaged accuracy 按照指称项的实体名进行平均，即以指称项的名字为基本单位进行平均，而不是以实体指称项为基本单位。

6.2 基于聚类的实体消歧方法

【基于聚类的实体消歧方法】

在没有给定目标实体的情况下，往往采用聚类方法进行实体消歧。给定待消歧的实体指称项集合 $O=O_1, O_2, \cdots, O_k$，基于聚类的实体消歧方法按如下步骤进行消歧。

(1) 对每一个实体指称项 o，抽取其特征(如实体、概念、上下文中的词)，并将其表示成特征向量 $o=w_1, w_2, \cdots, w_n$。

(2) 计算实体指称项之间的相似度。

(3) 采用某种聚类算法对实体指称项进行聚类，使得聚类结果中的每一个类别都对应到一个实体类别上。

以聚类方式实现实体消歧的关键问题是计算指称项之间的相似度。根据相似度计算方法的不同，基于聚类的实体消歧方法可以分为如下三类：①基于表层特征的实体指称项相似度计算；②基于扩展特征的实体指称项相似度计算；③基于社会化网络的实体指称项相似度计算。

6.2.1 基于表层特征的实体指称项相似度计算

传统实体消歧往往只利用指称项的表层特征来计算相似度。这些方法通常是词袋子(bag of words，BoW)模型的自然延伸，一般难以取得良好的实体消歧性能。基于词袋子模型的实体消歧首先将给定的实体指称项表示为 Term 向量的形式，其中每个 Term 向量的权重通常采用经典 TF-IDF 算法进行计算。例如，给定如下两个实体指称项

MJ1: Michael Jordan is an NBA player

MJ2: Michael Jordan wins NBA MVP

其 Term 向量表示形式如表 6-1 所示。

表 6-1 实体指称项的 Term 向量表示形式

实体指称项	Is	a	NBA	Player	Win	MVP
MJ1	0.6	0.53	1.21	1.09	0	0
MJ2	0	0	1.60	0	1.46	1.81

实体指称项之间的相似度通常使用向量的余弦相似度来计算。例如，表 6-1 中的 MJ1 和 MJ2 的余弦相似度为 0.38。

目前已有很多基于表层特征来计算实体指称项之间相似度的方法。Bagga 和 Baldwin[100]使用上下文词向量来表示每个实体指称项，如果两个指称项向量之间的余弦相似度高于某个阈值，则认为这两个指称项指称同一个实体。Pedersen 等人[101]使用一些重要的 Bi-gram(二元语法模型)表示一个实体的上下文特征。Chen 和 Martin[102]则尝试使用一些句法和语义特征。Fleischman 等人[103]首先训练一个最大熵模型估计两个指称项对应同一个实体的概率，然后把这个概率作为相似度，并利用一个凝聚式合并聚类算法(agglomerative clustering algorithm)对指称项进行聚类。以上这些方法都是基于指称项上下文中表层特征的关联来计算它们之间的相似度，没有考虑到上下文特征的内在关联，因此影响了聚类效果。

6.2.2 基于扩展特征的实体指称项相似度计算

为了克服基于表层特征指称项相似度的缺陷，一些研究者开始利用知识资源来提升实体消歧的性能。其中，最直接的方法是利用知识资源来扩展实体指称项的特征表示。例如，除了传统的上下文词特征，Mann 和 Niu 等人[104][105]通过抽取人物的传记属性来扩展表示人物指称项，这些属性包括生日(birthday)、出生年份(birthyear)、职业(occupation)、出生地(birthplace)等。这些抽取出来的属性信息通常有两个作用：①作为实体指称项的扩展特征；②由于这些属性信息提供了更准确的实体指称项信息，它们也能用来重构聚类结果。例如，如果两个聚类中的指称项使用同一个电话号码，则不考虑其相似度，直接将聚类合并。扩展实体指称项特征的另外一个重要知识源是 Wikipedia。Cucerzan 等人[106]基于 Wikipedia，利用实体指称项上下文词和 Wikipedia 中的类别信息对 Wikipedia 和一般网页上的实体名进行消歧。Bunescu 等人[107]使用 Wikipedia 中的层级分类体系结构来处理实体指称项的上下文稀疏问题，通过设计一个分类体系(taxonomy)，在实体指称项相似度计算中加入了分类体系的知识。Han 等人[108]在 2009 年利用知识源(Wikipedia)中的结构化语义知识构建基于知识推导的实体消歧系统，并提出了一种基于结构化关联语义的实体相似度计算方法。随后，Han 等人[109]又在 2010 年分析了如何挖掘并集成互联网上常用结构化知识源中的结构化语义知识，并应用于实体指称项的相似度计算中，最终取得更好的性能。

6.2.3 基于社会化网络的实体指称项相似度计算

除了实体指称项的上下文特征，实体的社会化关系也提供了相当多的重要信息。例如，在图 6.2 中，有四个郭靖的实体指称项 GJ1、GJ2、GJ3、GJ4，其他节点都是从百度百科中抽取出的实体，通过其社会化关系，可以发现 GJ1 和 GJ2 有更大的概率描述的是同一个实体，因为它们的社会化关系更紧密。

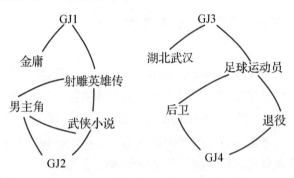

图 6.2 基于社会化网络的实体指称项表示示例

与基于表层特征和基于扩展特征的实体指称项相似度计算不同，基于社会化网络的实体指称项相似度计算通常使用基于图的算法，能够充分利用社会化关系的传递性，从而考虑隐藏的关系知识，在某些情况下(特别是结构化数据，如作品列表、主演电影目录等)能够取得更为准确的实体指称项相似度计算结果。但是，基于社会化网络的相似度度量的局限性在于它只用到上下文中的实体信息，不能完全利用实体指称项的其他上下文信息，因此通常无法在文本实体消歧领域取得有竞争力的性能。下面详细描述基于社会化网络的实体指标项相似度计算。

在基于社会化网络的实体指标项相似度计算中，所有信息都被表示成一个社会化关系图 $G=(V,E)$。其中，实体指称项和实体都被表示为社会化关系图中的节点，边则表示它们之间的社会化关系。基于这种设定，在实体指称项表示的关系图中可以方便地加入从其他知识库中抽取出来的社会化关系。

在社会化关系图表示框架下，实体指称项之间的相似度通常使用图算法中的随机游走算法来计算。目前已有很多基于社会化网络的实体消歧研究。Malin 和 Yang 等人[110][111][112]首先基于语料库内实体的同现关系建立一个社会化网络，然后基于一个实体到另一个实体在网络中的随机游走概率来计算它们之间的相似度。Minkov 等人[113]提出电子邮件数据中的实体消歧方法：首先基于邮件数据建立实体的社会化网络，然后利用随机游走算法计算实体之间的相似度。Hassell 等人[114]利用计算机类英文文献的集成数据库系统(database systems and logic programming，DBLP)中人物的关系，通过给不同类别的关系设定不同的权重，将研究领域内的人名与 DBLP 中的人物联系起来。Bekkerman 等人[115]基于具有社会关联关系的人物之间的网页链接结构进行人物消歧。Kalashnikov 等人[116]利用网络搜索来获取实体在网页库中的同现信息，并以此为基础计算实体之间的相关性。Lu 等人[117]利用网络语料库中实体之间的同现统计信息进行消歧。

6.3 基于实体链接的实体消歧方法

【基于实体链接的实体消歧方法】

基于实体链接的实体消歧方法,一般是将实体指称项链接到知识库中特定的目标实体,也称为实体链接。实体链接是指将一个命名实体的文本指称项(textual mention)链接到知识库中相应实体的过程,值得注意的是,知识库中可能不包含待消歧指称项的对应实体,这时该待消歧指称项将链接到空实体 NIL 上。

实体链接的输入通常包括两个部分。

(1) 目标实体知识库。目前最常用的知识库为 Wikipedia,在其他一些任务中也可能是特定领域的知识库,如科学研究领域的 DBLP、电影领域的 IMDB 等。目标实体知识库通常包含如下的一些信息:实体表、实体的文本描述、实体的结构化信息(如属性/属性值对)、实体的辅助性信息(如实体的类别),以及一些额外的结构化语义信息,如实体之间的关联。

(2) 待消歧实体指称项及其上下文信息。

实体链接任务通常需要两个步骤。

(1) 链接候选过滤(blocking)。由于一个目标实体知识库中往往包含上百万个实体,在实际的实体链接任务中不可能计算一个指称项与所有实体之间进行链接的可能性。因此,实体链接需要首先根据规则或相关知识过滤掉大部分该指称项不可能指向的实体,仅仅保留少量链接实体候选。

(2) 实体链接(linking)。给定指称项及其过滤后的链接候选,确定该实体指称项最终指向的目标实体。

目前,大部分实体链接研究的重点是第二步,即如何根据实体指称项的上下文信息和知识库中实体的信息从链接候选中确定最终目标实体。

6.3.1 链接候选过滤方法

目前对链接候选过滤方法的系统化研究和量化分析还很少,大部分工作都是基于实体指称项词典,即通过在词典中记录一个指称项所有可能指向的目标实体来进行链接候选过滤。表 6-2 展示了一个实体指称项的词典示例。从表 6-2 中可以看出,基于实体指称项词典,我们可以通过查词典的方式方便地获取一个指称项所有可能指向的实体,如 AI 的目标实体候选为 Artificial Intelligence、Ai(singer)等。

表 6-2 实体指称项的词典示例

实体名	目标实体
AI	Artificial Intelligence Game Artificial Intelligence Ai(singer) Angel Investigations Strong AI Characters in The Halo Series …
IBM	IBM IBM Mainframe IBM DB2 …
…	…

传统实体链接方法通常使用 Wikipedia 等知识资源来构建指称项词典，包括实体名(entity name)、重定向页(redirection page)、消歧页(disambiguation page)、锚字典(anchor dictionary)及 Wikipedia 第一段里面的粗体字(也包括一些别名信息)。为了匹配模糊或拼错的指称项，在 TAC KBP 评测中会使用一些基于构词法的模糊匹配方法，如 Metaphone Algorithm 和 SoftTF-IDF 算法。

6.3.2 实体链接方法

相比链接候选过滤方法，实体链接方法是实体链接研究的重点和难点。给定一个指称项 m 及其链接候选 $E=e_1, e_2, \cdots, e_n$，实体链接方法的目标是选择与指称项具有最高一致性打分的实体作为其目标实体。

$$e = \arg\max_{e} \text{Score}(e,m) \tag{6.5}$$

因此，实体链接的关键在于如何计算实体指称项与目标实体之间的一致性打分 $\text{Score}(e,m)$。根据如何计算 $\text{Score}(e,m)$，可以分为四种方法：向量空间模型、主题一致性模型、协同实体链接模型和基于神经网络的模型。下面分别介绍这几种方法。

1. 向量空间模型

在向量空间模型中，实体指称项与目标实体的一致性打分主要基于实体指称项上下文与目标实体上下文中特征的共现信息来确定。在该模型中，实体概念和实体指称项都被表示为上下文中 Term 组成的向量(Term 通常为词，还可能包括概念、类别等)。基于 Term 向量表示，向量空间模型通过计算两个向量之间的相似度对实体概念和指称项之间的一致性进行打分。目前，针对向量空间模型的研究主要集中在两个方面。

(1) 如何抽取有效的特征表示。传统的向量空间模型仅仅使用上下文中的词作为实体指称项的特征，通常难以准确表示实体指称项的信息。近年来，从上下文中抽取概念和实体作为特征，或从知识源(如百度百科)中获取实体指称项的额外信息作为特征成为一个研究热点。

(2) 如何更为有效地计算向量之间的相似度。现有实体链接任务中对实体概念和指称项之间一致性的打分方法包括余弦相似度、上下文词重合度和利用分类器等学习算法。但是这些方法都有其不足之处，还需进一步改进。

2. 主题一致性模型

主题一致性模型是由Medelyan和Milne等人[118][119]提出的实体链接方法。在向量空间模型中，决定一致性打分的主要依据是实体概念的描述文本和实体指称项的上下文；而在主题一致性模型中，决定一致性打分的是实体指称项的候选实体概念与指称项上下文中的其他实体概念的一致性程度。例如，为了确定"进入华为官网即可查看我们的最新笔记本电脑产品。点击查看HUAWEI MateBook X 系列，HUAWEI MateBook 系列等笔记本产品"中指称项"笔记本"的目标实体，主题一致性模型首先识别出上下文中包含的实体集{华为, 官网, HUAWEI MateBook X, HUAWEI MateBook}，同时从指称项词典中获取"笔记本"的目标实体为{笔记本电脑,做笔记的本子}，考虑到"笔记本电脑"与上下文实体"华为""HUAWEI MateBook X"的一致性更高，实体链接系统最后将"笔记本"指称项链接到实体"笔记本电脑"上。主题一致性模型通过利用主题一致性识别出一个实体指称项的目标实体，即选择一个与指称项上下文中的实体具有最高一致性打分的实体作为指称项的目标实体。在计算一致性打分时，通常需要考虑如下两个因素。

(1) 上下文实体的重要程度。在实体指称项上下文实体中，并不是所有的实体都提供了相同的上下文信息。其中有些实体提供了很少的上下文信息，如新闻报道中经常出现的实体"sina""sohu"等媒体。由于这些实体在许多文档中都会出现，它们往往比其他实体提供更少的信息。另外一些实体只在与其主题相关的文档中出现，也就提供了更多的关于文档主题的信息，如前面提到的实体"郭靖"和"射雕英雄传"。传统方法使用实体与文本内其他实体的语义关联的平均值作为其重要程度的打分。

$$w(e,o) = \frac{\sum_{e_i \in O} \text{sr}(e,e_i)}{|O|} \tag{6.6}$$

式中，O是实体指称项上下文中所有实体的集合；$\text{sr}(e,e_i)$是实体e和实体e_i之间的语义关联值，一般基于知识资源进行计算。

(2) 如何计算一致性。给定上下文中的实体集合，如何计算目标实体与实体指称项上下文的一致性。这一因素也是一个重要的研究问题。目前，大部分计算方法使用目标实体与上下文中其他实体的加权语义关联平均作为一致性打分，即

$$\text{Coherence}(e,o) = \frac{\sum_{e_i \in O} w(e,o) \text{sr}(e,e_i)}{\sum_{e_i \in O} w(e,o)} \tag{6.7}$$

式中，o 是实体指称项；$w(e,o)$ 是实体 e 的权重。

3. 协同实体链接模型

向量空间模型和主题一致性模型都只能处理单个实体指称项的链接问题，而忽略了单篇文档内所有实体指称项的目标实体之间的关系。考虑到单篇文档的主题一致性，文档的所有实体指称项的目标实体也应该是相互关联的。因此，在单篇文档内，对所有实体指称项进行协同链接有助于提升实体链接的性能。Kulkarni 等人提出了一种协同实体链接的方法，它把单篇文档的协同实体链接看成一个优化任务，其目标函数由如下公式决定。

$$\frac{1}{\binom{|S_o|}{2}} \sum_{s \neq s' \in S_w} r(y_s, y'_s) + \frac{1}{(|S_o|)} \boldsymbol{w}^{\mathrm{T}} f_s(y_s) \tag{6.8}$$

式中，y_s 是实体指称项 s 的目标实体；S_o 是单篇文档内所有实体指称项的集合；$r(y_s, y'_s)$ 是目标实体之间的语义关联；$f_s(y_s)$ 是实体指称项 s 与其目标实体 y_s 的一致性打分。

式(6.8)的第一部分对单篇文档内所有实体指称项的目标实体之间的关系进行建模，第二部分对单篇文档内实体指称项与目标实体之间的一致性进行建模。通过在优化任务的目标函数中同时考虑指称项目标实体之间的关系以及实体指称项与目标实体的一致性，协同实体链接模型能够得到更加准确的实体链接结果。2011 年 Han 等人[120]提出采用图的方法实现协同的实体链接，该方法可以全局考虑目标实体之间的语义关系。首先通过传统向量空间模型(vector space model, VSM)得到实体指称项与目标实体之间的关系，然后利用目标实体之间的链接关系计算实体之间的语义相关度，进而构建图，最后利用图算法实现协同实体链接。但是，协同实体链接模型的最大问题在于其算法的复杂度，寻找上述目标函数的最优解是一个 NP 问题，目前只能通过近似算法来求解。如何在高性能和高准确率之间寻找一个平衡的优化算法，也是一个值得研究的课题。

4. 基于神经网络的模型

以上实体消歧方法中，计算实体与实体、实体与文本、文本与文本之间的相似度都是核心问题。传统的计算方法主要是利用自然语言处理工具来抽取词性、依存句法等特征，尽管这些方法取得了不错的性能，但是传统方法抽取的特征可扩展性差，表示能力不足，容易造成误差传递。近年来很多研究者利用深度学习的方法缓解上述问题，进一步提升了实体消歧的性能。2013 年，He 等人[121]首先将神经网络应用到实体消歧上，他们将整个文档作为输入，并利用层叠降噪自动编码器通过预训练得到文档和实体的初始语义表示，然后通过有监督的消歧语料进行网络参数的微调，进而完成实体消歧。2015年，Sun 等人[122]提出利用卷积神经网络生成指称项、实体和实体上下文语义表示的方法，在文本表示时词向量拼接了位置特征，并且在语义合成阶段使用了一种神经张量网络，进而完成实体消歧任务。Severyn 等人[123]同样提出利用深度学习的模型进行实体消歧，他们在利用卷积神经网络建模句子表示时引入了噪声信道(noisy channel)来提升模型的性能。Huang 等人[124]利用神经网络的方法建模知识图谱中已有的实体表示，然后通过学习得到表示辅助计算待消歧实体指称项上下文中的实体与候选知识库中实体的相似度，进而提升实体消歧的效果。Francis-Landau 等人[125]提出利用不同粒度的卷积神经网络捕获待消歧实体上下文和候选实体描述中不同粒度的语义，进而提升实体消歧的性能。近些年，基于神经网络的方法由于其显著的性能及良好的拓展性，已占据了实体消歧的主导地位，其主要优点是不需要人工设计复杂的特征，并易于捕获深层语义。

6.4 面向结构化文本的实体消歧方法

前面重点介绍了非结构化文本中的实体消歧方法，非结构化文本中待消歧实体指称项的上下文能提供消歧的关键信息。但现实世界中有大量的结构化文本，如网页中的列表数据或者 Infobox 数据。很多结构化数据中存在大量的非结构化描述文本，这类结构化数据的消歧方法可以参照前面介绍的方法。但是还有相当一部分结构化数据只有实体名或很少的结构化信息。如表 6-3 所示为列表型数据示例。

表 6-3 列表型数据示例

待消歧实体列表	候选实体
杨振宁	杨振宁(中国科学院院士、诺贝尔物理学奖获得者) 杨振宁(山东农业工程学院原副院长) 杨振宁(电影演员) 杨振宁(甘肃省金昌市卫生计生综合监督执法局局长)
郭靖	郭靖(小说《射雕英雄传》中的男主角) 郭靖(中国职业足球运动员) 郭靖(中国电影女演员) 郭靖(中国男演员、歌手) 郭靖(西南大学电子信息工程学院副教授)
黄蓉	黄蓉(小说《射雕英雄传》及其衍生作品中的女主角) 黄蓉(绵竹市中医医院党总支副书记) 黄蓉(中国女演员) 黄蓉(2010 年新丝路中国模特大赛选手)

表 6-3 中第一列数据中的杨振宁、郭靖、黄蓉是待消歧的实体，右边是其对应的候选实体。在基于非结构化文本的实体消歧中会有大量的上下文实体描述信息可供利用。但是列表型数据中没有上下文描述信息，因此给消歧带来了很大的挑战。Shen 等人[126]假设在列表中出现的实体往往具有相同的概念类型，如都是运动员、影视作品或畅销小说等。因此提出了利用实体流行度和上下文实体联合消歧的方法。在基于 Wikipedia 和网络文本的数据集上能达到约 90%的正确率。Efthymiou 等人[127]提出基于检索的列表型实体消歧方法，主要是将待消歧的实体输入到搜索引擎中，然后根据检索到的网页信息对实体类别进行判断，进而辅助实体消歧。Xu 等人[128]提出了一种基于特征的 Infobox 实体链接方法，主要是抽取待消歧实体的七种特征，然后利用极大似然估计方法训练七种特征的权重大小，得到最有效的特征是实体的流行度的结论，这与 Shen 等人的研究结论类似。总之，结构化文本的实体消歧方法主要是利用实体的类别信息、实体的流行度和列表中的其他信息进行消歧。

本章小结

实体消歧是构建知识体系的关键技术，能用于解决文本信息中广泛存在的实体歧义问题。本章首先介绍了实体消歧的任务和相关评测，然后介绍了实体消歧的任务分类，最后对典型方法进行了介绍。目前针对任务领域的不同，主要有面向结构化文本的实体消歧和面向非结构化文本的实体消歧。其中面向非结构化文本的实体消歧应用最为广泛，主要有基于聚类的实体消歧方法和基于实体链接的实体消歧方法，两类方法中的核心问题都是计算待消歧实体与候选实体的语义相似度。基于聚类的实体消歧方法包括基于表层特征的相似度计算方法、基于扩展特征的相似度计算方法和基于社会化网络的相似度计算方法。基于实体链接的实体消歧方法包括基于向量空间模型的相似度计算方法、基于主题一致性模型的相似度计算方法、基于协同实体链接模型的相似度计算方法和基于神经网络模型的相似度计算方法。近些年基于神经网络模型的相似度计算方法占据了主导地位。

本章习题

1. 简述基于聚类的实体消歧方法的一般步骤。
2. 什么是实体链接？

第 7 章 关系抽取

第 5 章和第 6 章介绍了实体识别和实体消歧的任务及其方法。而实体之间的关系是知识体系中不可或缺的部分,不同的关系将独立的实体链接在一起编织成知识体系。如何从结构化或非结构化文本中识别出实体之间的关系是知识体系构建的核心任务之一。同时,关系抽取也是文本内容理解的重要支撑技术之一,能够将文本分析从语言层面提升到内容层面,对语义搜索、智能问答等应用都十分重要。因此,关系抽取任务得到了学术界和企业界的广泛关注。本章首先介绍关系抽取的任务概述、分类及难点,然后介绍关系抽取的相关评测,最后以非结构化文本实体关系抽取为例介绍限定域关系抽取和开放域关系抽取的典型方法。

7.1 任务概述

7.1.1 任务定义

【关系抽取概述】

关系是指两个或多个实体之间的某种联系,关系抽取就是自动识别实体之间具有的语义关系。根据参与实体的多少可以分为二元关系和多元关系,其中二元关系指两个实体间的关系,多元关系指三个及以上实体间的关系。二元关系抽取是多元关系抽取研究的基础,因此本章主要关注两个实体间的语义关系。可以用三元组(arg_1,relation,arg_2)表示关系抽取,其中 arg_1 和 arg_2 表示两个实体,relation 表示两个实体间的语义关系。例如,给定两个实体"河南省"和"郑州市",通过二元关系抽取得到它们之间的语义关系是省会,就能抽取出三元组(河南省,省会,郑州市)。具体地,给定如下的例句,可以抽取到相应的关系实例。

(1) 韩信生于淮安府山阳县(今江苏省淮安市淮安区)。

(2)《红楼梦》,是中国古代章回体长篇小说,中国古典四大名著之首,是清代作家曹雪芹所著。

(3) 任正非, 毕业于重庆大学, 中国共产党党员, 华为技术有限公司主要创始人兼总裁。

其中, 句子(1)中的两个实体"韩信"和"淮安"之间存在的语义关系为出生地, 可以抽取出关系三元组(韩信,出生地,淮安)。同样地, 对于句子(2)和句子(3)可以分别抽取出关系三元组(曹雪芹,作者,红楼梦)和(任正非,创始人,华为)。

7.1.2 任务分类

根据处理数据源的不同, 关系抽取任务可以分为三种, 见表 7-1。

表 7-1 根据处理数据源不同对关系抽取任务进行分类

分类	说明
面向结构化文本的关系抽取	结构化文本包括表格数据、XML 文档及数据库数据等, 这类数据通常具有良好的布局结构, 因此抽取比较容易, 可针对特定结构编写特定模板进行抽取, 抽取准确率较高
面向非结构化文本的关系抽取	非结构化文本指的就是纯文本, 例如, 从句子"韩信生于江苏淮安"中, 我们希望识别出韩信和淮安之间是出生地这一语义关系。由于自然语言表达的多样性、灵活性, 实体之间的关系在文本中一般没有明确的标识, 这使得从文本中抽取、识别语义关系非常困难, 需要自然语言处理技术的支持。相对来说, 从非结构化文本中抽取关系的准确率较低
面向半结构化文本的关系抽取	半结构化介于结构化和非结构化之间, 数据的分布或布局具有一定的规律, 但通常这种规律的类型是多样的, 也是隐含的, 并没有显式的标识, 难以用人工的方法穷举各种类型的模板, 需要对模板进行自动的学习。目前, 针对模板相对连续的半结构化文本, 现有的技术一般能达到较高的抽取准确率[129]

根据抽取文本的范围不同, 关系抽取任务可以分为两种, 见表 7-2。

表 7-2 根据抽取文本范围不同对关系抽取任务进行分类

分类	说明
句子级关系抽取	又称句子级关系分类, 即从一个句子中判别两个实体间是何种语义关系。如上面的例子所示, 我们需要从给定的这句话中识别出韩信和淮安之间是出生地的关系
语料(篇章)级关系抽取	旨在判别两个实体之间是否具有某种语义关系, 而不必限定两个目标实体所出现的上下文。也就是说, 只需要判别韩信和淮安之间有出生地的关系, 而不必关注具体是哪一个句子表达了这两个实体有这样的关系

根据所抽取领域的不同, 关系抽取任务可以分为两种, 见表 7-3。

表 7-3 根据所抽取领域不同对关系抽取任务进行分类

分类	说明
限定域关系抽取	在一个或多个限定的领域内对实体间的语义关系进行抽取。通常情况下，由于是限定域，语义关系也是预设好的有限个类别。对于这一任务，可以采用基于监督学习的方法来处理，即针对每个关系类别标注充足的训练数据，然后设计关系抽取模型进行模型训练，最后利用训练好的模型抽取关系。但是面对大规模知识体系构建时，人工标注的训练语料远远不够，因此有很多工作利用弱监督学习解决训练语料的标注问题
开放域关系抽取	与限定域关系抽取不同，开放域关系抽取并不预设和限定关系的类别，依据模型对于自然语言句子理解的结果从中开放式抽取实体关系三元组

7.1.3 任务难点

关系抽取是信息抽取中的一个关键环节和难点问题。相较于实体识别和实体消歧任务，关系抽取任务更加复杂，其难点表现在以下几个方面。

(1) 同一个关系可以具有多种不同的词汇表示方法。例如，句子"韩信出生于淮安"和句子"韩信的出生地是淮安"都表达了韩信和淮安具有出生地关系。

(2) 同一个短语或词可能表达不同的关系。例如，句子"张三是我的兄弟"中的兄弟，在不同的上下文中代表了不同的关系，可以指有血缘关系的"哥哥""弟弟"也可以指"朋友"。

(3) 同一对实体之间可能存在不止一种关系。例如，任正非和孟晚舟的关系是"父女"也是"同事"。

(4) 关系抽取不仅涉及两个或两个以上的实体单元，还涉及对应实体的上下文，实体间的关系抽取需要利用文本中的一些结构化的信息，使得问题复杂度成指数级增长。

(5) 关系有时候在文本中找不到任何明确的标识，关系隐含在文本中。例如，"任正非，男，汉族，1944年10月25日出生于贵州省镇宁县，祖籍浙江省浦江县，毕业于重庆大学，中国共产党党员，华为技术有限公司主要创始人兼总裁。1993年，孟晚舟深圳大学毕业后进入华为工作。"在这一段文本中，并没有直接给出任正非和孟晚舟的关系，但是从上下文的表达来看，他们都在华为工作，因此可以推断出他们是同事关系。

(6) 关系抽取一般依赖于词法、句法分析等自然语言处理工具，但实际情况中，许多针对这些工作的自然语言处理工具性能并不高，低性能工具引入的错误传递反而会降低关系抽取系统的性能。

7.1.4 相关评测

针对关系抽取任务，学术界组织了许多公开的技术评测，极大地推动了该领域的相关研究。其中，对关系抽取影响最大的是消息理解会议(message understanding conference，MUC)。关系抽取的概念最早在 MUC-6 的模板元素(template element，TE)任务里出现，MUC-7 把命名实体之间潜在的关系从实体的属性值中分离出来，正式引入了模板关系(template relation，TR)任务，它要求识别实体之间的三种相互关系(location_of、emplyee_of 和 product_of)。MUC 评测会议有力地推动了关系抽取研究的发展。

在 MUC-7 之后，MUC 由美国国家标准技术研究院组织的 ACE 评测会议所取代，继续推动着面向自然语言文本的自动内容抽取技术的研究。ACE 评测会议于 2000 年正式启动，其中关系识别和检测(relation detection and recognition，RDR)任务定义了较为详细的关系类别体系，用于两个实体间的语义关系抽取。ACE-2008 包括 7 个大类和 18 个子类的实体关系。

从 2009 年开始，ACE 被归为文本分析会议(text analysis conference，TAC)，有关关系抽取的评测归为知识库构建评测(knowledge base population，KBP)的槽填充(slot filling)子任务，主要研究如何从文本中抽取特定的实体属性信息，与知识图谱构建密切关联。相较于 ACE，TAC 抽取的关系类型更多，针对人物、组织和地理位置包含了将近 40 个关系类型。

除了上述 MUC、ACE 和 TAC 三大国际评测会议，另一个比较有影响力的国际评测会议是语义评测会议(SemEval)。SemEval 评测会议从 1998 年举办，截至 2023 年已经成功举办了 17 届，影响力非常广泛，设有词语语义消歧、语义标注、时间识别和关系抽取等多项任务。在使用最为广泛的 SemEval 2010 评测集中共定义了 9 类关系(工具-代理、原因-影响、内容-容器、产品-生产商、实体-出生、成分-整体、实体-目的地、成员-集体、消息-主题)和一个其他类。

7.2 限定域关系抽取

限定域关系抽取是指在一个或多个限定的领域内判别实体指称之间是何种语义关系，且待判别的语义关系是预定义的。因此，这一任务可以看成一个文本分类任务，即在输入一个句子以及标识句子中所出现的实体指称的条件下，系统将其分类到所属的语义类别上。早期限定域关系抽取的研究多是采用模板的方式对文本中实体间的语义关系进行判别。随着统计机器学习的发展，越来越多的研究者采用有监督学习的方法，即针对每个关系类别标注充足的训练数据，然后设计关系抽取模型，其研究多关注于如何抽取有效的特征。根据从句子中所提取表征语义关系特征的方式的不同，可以把已有方法分为传统基于特征工程的关系分类方法和基于深度学习的关系分类方法。但是，人工标注语料耗时费力，成本高，因此很多情况下很难获得足够的训练数据，因此有很多研究者利用弱监督学习的方法抽取关系。下面对这些方法分别进行介绍。

【限定域关系抽取】

7.2.1 基于模板的关系抽取方法

基于模板的关系抽取方法通过人工编辑或学习得到的模板对文本中的实体关系进行抽取和判别。例如，假设 A 和 B 表示公司类型，可以使用如下模板表示收购 (ACQUISITION) 关系。

A is acquired by B

A is purchased by B

A is bought by B

当句子中所出现的实体指称项的上下文文本满足上述模板时，就可以推断出这两个实体指称项在这个句子中具有 ACQUISITION 的关系。然而，人工方法不可能针对多类关系穷举所有的模板，所以需要采用自动的方法学习抽取模板。其关键问题是：①如何学习用于抽取关系的模板？②如何将学习到的模板进行聚类？

针对上述问题，已有的方法多采用自提升(bootstrapping)策略，对于实体和模板进行联合迭代式的交替抽取和学习。基本出发点是一种语义关系可以采用对偶的方式进行表示[130]，包括两种表示方式：外延性(extensionally)表示和内涵性(intensionally)表示。外延性表示指为表示某种语义关系，可以使用所有包含这种关系的实体对来表示。内涵性表示指为表示某种关系，可以使用所有能抽取出这种关系的模板来表示。用符号 R 表示关系，$E(R)$ 表示所有包含关系 R 的实体对。例如，要表示 ACQUISITION 这种关系，可以给出实体对(YouTube, Google)、(Inktomi, YAHOO)和(Powerset, Microsoft)等，这种表示方式就是外延性表示。同样，为表示两个实体间具有关系 R，可以使用所有能抽取出这种关系的模板 $P(R)$。例如，A 和 B 表示两个公司，可以使用 A is acquired by B、A is purchased by B 或 A is bought by B 等表示 ACQUISITION 这种关系，这种表示方式就是内涵性表示。$E(R)$ 和 $P(R)$ 都能表示关系 R。因此，我们可以利用实体对获取模板信息，再利用获取到的模板抽取更多的实体对。这是一个自提升的过程。

抽取句子中的实体对之间表达关系的模板是该方法的关键步骤。模板可以基于词汇，也可以基于句法或语义。这一过程需要自然语言处理技术，包括词性标注、名词词组块识别、句子边界探测等。例如，首先使用句子边界探测工具分割给定的文本语料，然后运用词性标注工具获得单词的词性。为了提取句子中的实体，可以使用名词短语块识别工具或命名实体识别工具。然后在此基础上，分别抽取词汇级关系模板和句法级关系模板。下面是对一个句子进行处理和抽取的例子。

句子：The crime took place in View Royal on Vancouver Island.

词性标注：DT NN VBD NN IN NNP NNP IN NNP NNP.

实体或词组块：The crime took place in [View Royal] on [Vancouver Island].

变量替换：View Royal=A, Vancouver Island=B

字面形式：The crime took place in A on B.

词性序列:DT NN VBD NN IN A IN B.
词汇模板:A on B, A, B
句法模板:A IN B, A, B

模板学习的另一个关键问题是不同的模板可能表示同一语义关系。因此,在抽取模板之后,需要对习得的模板进行聚类,将表示同一语义关系的模板聚在一起。Bollegala 等人[130]将实体对及抽取的词汇-句法模板表示成一个矩阵,如表 7-4 所示。其中 P_i 表示模板,(e_i, e_i') 表示实体对,矩阵的每一行表示实体对在模板空间上的分布,矩阵的每一列表示模板在实体对空间上的分布,分布的相似性用于识别表达同种语义关系的不同模式,以及不同实体对之间存在的同种语义关系。Bollegala 等人在模板矩阵的基础上,提出了序列联合聚类算法(sequential co-clustering algorithm),对所抽取的模板和实体对进行联合聚类。在模板矩阵中,每一行都是实体对在不同词汇-句法模板中的分布,因此其行向量就是聚类的特征向量。每个聚类的类别看作一个类别的标签。另外,该算法能够识别特殊实体的不同字符串形式。例如,Redmond Software Giant 和 Microsoft 均指向同一个实体,这样会使得实体对(Microsoft, Powerset)和(Redmond Software Giant, Powerset)聚类在同一个类别中。

表 7-4 实体对及模板矩阵

实体对-模板	P_1	P_2	P_3	P_4	…
$<e_1,e_1'>$	0	1	0	1	
$<e_2,e_2'>$	0	0	1	1	
$<e_3,e_3'>$	1	0	0	0	
$<e_4,e_4'>$	0	1	0	0	
…					…

7.2.2 基于机器学习的关系抽取方法

基于模板的关系抽取方法受限于模板的质量和覆盖度,可扩展性不强。因此,随着机器学习方法的发展,很多研究工作将关系抽取看成一个分类问题,开始尝试利用较为成熟的机器学习算法解决这一问题。基于机器学习的关系抽取方法主要可以分为有监督的关系抽取方法和弱监督的关系抽取方法,下面依次介绍。

1. 有监督的关系抽取方法

有监督的关系抽取的主要工作在于如何抽取出表征实体指称项之间语义关系的有效特征。通常情况下,特征抽取主要是使用自然语言处理工具,从句子中抽取出如词汇、句法和语义等特征,作为关系分类的证据。为了缓解句法特征的稀疏性,一些研究集中于利用核函数的方法进行关系抽取。近些年来随着神经网络的发展，很多研究者开始利用神经网络自动从文本中提取表征关系的特征，进而完成关系的抽取。下面对基于特征工程的方法、基于核函数的方法和基于神经网络的方法分别进行介绍。

(1) 基于特征工程的方法。

基于特征工程的方法的特点是需要显式地将关系实例转换成分类器可以接受的特征向量，其研究重点在于怎样提取具有区分性的特征。该类方法主要有三个步骤：①特征提取，提取词汇、语法和语义等特征，然后有效地集成起来，从而产生描述关系实例的各种局部和全局特征；②模型训练，利用提取的特征训练分类模型；③关系抽取，主要利用训练好的模型对非结构化文本进行分类，进而完成关系抽取。常见的关系抽取特征举例如下。

① 词汇特征，包含实体本身词语或名词性词组块、两个实体(词组块)之间的词语和两个实体(词组块)两端的词语。

② 实体属性特征，包含实体或名词性词组块的类型特征，包括人物(person)、组织(organization)、位置(location)、设施(facility)等。

③ 重叠特征，包含两个实体或词组块之间词语的个数，它们之间部分包含其他实体或词组块的个数，两个实体或词组块是否在同一个名词短语、动词短语或介词短语之中。

④ 依存句法特征，包含两个实体(名词性词组块)的依存句法分析树中的依存标签和依存路径。

⑤ 句法树特征，包含连接两个实体(名词性词组块)的句法路径，不包含重复的节点，并且将路径使用头词(head words)标注。

例如，对于句子"Ren Zhengfei was the co-founder of Huawei"，对它进行词性标注和句法分析，得到结果如图7.1和图7.2所示。

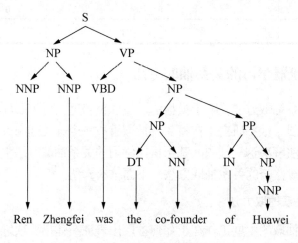

图 7.1 成分句法树示意图

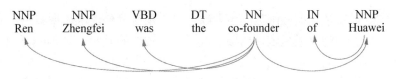

图 7.2　依存句法树示意图

因此，对于上述例句，它的特征主要表现见表 7-5。

表 7-5　句子特征示例

抽取特征	说明
词汇特征	"Ren Zhengfei" " Huawei" " was the co-founder of "等
实体属性类型	PERSON("Ren Zhengfei"),ORGANIZATION("Huawei")
重叠特征	两个实体之间的词语个数是 4，它们之间包含其他实体的个数是 0，两个实体不属于同一个名词短语、动词短语或介词短语
依存句法特征	实体 Ren Zhengfei 依存的单词 co-founder 的词性是 NN；实体 Huawei 依存的单词 of 的词性是 IN
句法树特征	NNP-NP-S-VP-NP-PP-NP-NNP

提取包含两个给定实体的文本特征后，将它们传递给分类器进行关系分类即可。然而，就句法树特征而言，不同句子所产生的句法树以及不同词在不同上下文环境中的句法关系都不尽相同，所以产生的特征空间特别巨大，从而容易产生特征稀疏的问题。因此，后续很多研究者尝试利用句法树核等方法解决这个问题。

(2) 基于核函数的方法。

基于核函数的方法不需要构造固有的特征向量空间，能很好地弥补基于特征工程方法的不足。在关系抽取中，基于核函数的方法直接以结构树为处理对象，在计算关系之间距离的时候不再使用特征向量的内积而是用核函数。核函数可以在高维的特征空间中隐式地计算对象之间的距离，不用枚举所有的特征也可以计算向量的点积，因此表示实体关系很灵活，可以方便地利用多种不同的特征，使用支持核函数的分类器进行关系抽取。

基于核函数的关系抽取方法最早由 Zelenko 等人[131]提出，他们在文本的浅层句法树的基础上定义了树核函数，并设计了一个计算树核函数相似度的动态规划算法，然后通过支持向量机(support vector machine，SVM)和表决感知器(voted perceptron)等分类算法来抽取实体间语义关系。Culotta 等人[132]提出基于依存树核函数的关系抽取方法，他们使用一些依存规则(如主语依存谓语、形容词依存它所修饰的名词等)将包含实体对的成分句法树转换成依存句法树，并在树节点上依次增加词性、实体类型、词组块、WordNet 上位词等特征，最后使用 SVM 分类器进行关系抽取。Bunescu 和 Mooney[133]拓展使用最短依存树核函数，该核函数计算在依存树中两个实体之间的最短路径上的相同节点的数目，要求对于具有相同关系的实体对，其对应的最短依存树具有相同的高度且到达根节点的路径相同。最短依存树核函数的主要缺点是，虽然系统的准确率有一定的提高，但是召回率却较低。为解决最短依存树核函数召回率较低的问题，Mooney 和 Bunescu[134]又提出基于字符串序列核函数的关系抽取方法，首先提取出两个实体之间和前后一定数量的单词组成字符串并将其作为关系实例的表达形式，规定在序列中允许包含间隔项，进而实现关系抽取。Zhang 等人[135]融合卷积树核函数(convolution tree kernels，CTK)[136]和线性核函数，综合考虑了影响实体间语义关系的平面特征和结构化特征，利用卷积树核函数来计算包含实体对的句法树之间的相似度，使用线性核函数计算实体属性(如实体类型等)间的相似度。Zhou 等人[137]提出最短路径包含树核，将语义关系实例表示为上下文相关的最短路径包含树，能根据句法结构动态扩充与上下文相关的谓词部分，并采用上下文相关的核函数计算方法，即在比较子树相似度时也考虑根节点的祖先节点，将该核函数同基于特征向量的方法结合起来，充分考虑结构化信息和平面特征的互补性。

(3) 基于神经网络的方法。

尽管基于特征工程和基于核函数的方法面对关系抽取任务能够达到一定的效果，但是在模型可扩展性上仍然存在很大的问题，限制了这些方法的应用和推广，主要原因有以下两点。

① 上述人工设计的特征(词汇、实体、依存句法树等特征)的提取均依赖于自然语言处理工具，同时特征抽取的过程也是一个串联(pipeline)的过程，上一步自然语言处理的结果作为后一步的输入。例如，在依存句法分析前需要分词、词性识别甚至是实体识别。然而，目前已有的自然语言处理工具并不能保证百分之百准确。因此，这些自然语言处理工具容易造成错误累积和传递，使得抽取到的特征不精准。

② 对于汉语、英语等富资源的语种来说，我们可以有丰富的自然语言处理工具用以抽取特征。然而，对于一些小语种，特别是那些资源贫瘠的语种，当没有可用的自然语言处理工具时，就无法运用上述基于特征工程的关系抽取方法。

因此，能否不依赖自然语言抽取工具，而直接从输入的文本中自动学习有效的特征表示成为研究者要解决的问题。随着深度学习方法的兴起，越来越多的研究者开始利用神经网络方法(如卷积神经网络、循环神经网络等)进行文本特征学习，并逐步将其应用到关系抽取任务中来。该类方法主要包括如下几个步骤。

① 特征表示。将纯文本的特征表示为分布式特征信息。例如，将词表示为词向量。

② 神经网络的构建与高层特征学习。设计搭建神经网络模型并利用神经网络模型将上一步得到的基本特征自动表示为高层特征。

③ 模型训练。利用标注数据更新网络参数，训练网络模型。

④ 模型分类。利用训练的模型对新样本进行分类，进而完成关系抽取。

下面以 Zeng 等人[138]在 2014 年提出的基于卷积神经网络的关系抽取为例进行介绍。该模型主要包括 3 个部分：词表示(word representation)、特征抽取(feature extraction)和输出(output)。整个模型的输入是一个句子以及给定的两个词(通常为名词、名词短语或实体)，输出是这两个词在该句子中所属的预定义的语义关系类别。

第 7 章
关 系 抽 取

首先，输入的句子通过词向量表示，转化为向量的形式输入网络。然后，特征抽取部分进一步提取词汇级别特征和句子级别特征。最后，将这两种特征拼接起来作为最终的特征进行关系分类。词汇级别特征的抽取是将句子中的某些词向量挑选出来，并将挑选出的词向量拼接起来作为这部分特征抽取的结果。句子级别特征是将整个句子学习出一个向量表示，由于语言表达多样，不同的句子个数理论上是无限的，通过统计句子的频率、共现等信息学习出句子的向量表示。然而，一句话的语义通常是由组成这句话的词的含义和这些词的组合方式决定的。因此，Zeng 等人[138]使用卷积神经网络学习句子语义的组合规律和方式，在以词向量作为输入的基础上，将句子中包含的词向量组合起来，进而得到句子级别特征表示。相对传统特征表示方法，该方法不再依赖传统的自然语言处理工具，完全通过卷积神经网络直接从具有冗余信息的词向量中自动学习，挑选出有用特征信息，进而学习得到高质量的特征。下面对该方法进行详细介绍。

① 词向量输入。

由于自然语言的句子是基于符号表示的，而神经网络内部的运算是基于分布式表示的。因此需要在网络输入端，通过查询词向量表，将句子中的每个词都使用词向量进行表示。词向量是基于分布式表示的，根据词频、词的共现和搭配等语言知识，将文本中的词表示为低维空间中的稠密向量。词向量中的每一个维度都表示某种隐式的语义，当词映射到向量空间以后，每个词就是向量空间中的一个点，词与词之间的关系可以通过点与点之间的关系体现出来，如近义词之间的欧氏距离很小等。词的向量化表示既能以连续的方式表达离散的变量，又能够保持原词的语言属性，可以使用机器学习算法在海量自然标注文本数据中自动学习。当前主要的词向量模型有 Word2vec 模型、语言模型、RNNLM 模型等。在 Zeng 等人[138]的方法中，使用 Word2vec 模型预训练词向量。

② 词汇级别特征。

对于关系抽取任务，词汇级别的特征是很重要的，在传统的特征抽取方法中也经常使用。传统方法抽取的词汇特征主要包括词本身、词性及待分类的两个词之间的词等。在 Zeng 等人[138]的方法中，没有使用词本身、词性及实体类别标签等作为特征，而是直接使用词向量作为词汇级别特征。词向量的优点在于表示后的向量空间里，如果两个词在句法或语义上相关性越大，那么这两个词在距离上越接近。Zeng 等人[118]选择给定的两个词及其上下文词语所对应的词向量作为词汇级别特征，主要包括 5 种类型，见表 7-6。其中，L5 表示待分类的两个词在 WordNet 中的一般语义分类(general semantic taxonomy)，可使用 SuperSenseTagger 工具得到，其中包含 41 个与名词和动词相关的语义类别。

表 7-6　词汇级别特征

特征	备注
L1	词 1 对应的词向量
L2	词 2 对应的词向量

续表

特征	备注
L3	词 1 左右各一个词对应的词向量
L4	词 2 左右各一个词对应的词向量
L5	词 1 和词 2 在 WordNet 中的一般语义分类

③ 句子级别特征。

词表示将所有的词表示为向量形式，这些词向量能很好地捕捉到词的相似度。这种单个词的模型取得了很好的效果(例如，河南-郑州=四川-成都)，但是它们的局限性在于不能捕捉长距离的句子语义。在关系抽取中，一般根据整个句子的意义来判断两个词之间的关系，为捕获这种特征，Zeng 等人[138]提出使用卷积神经网络通过语义组合的方式自动学习句子级别的特征。句子级别特征抽取框图如图 7.3 所示。在输入的词被表示为向量后，系统首先通过开窗处理取得局部特征，然后通过卷积神经网络捕获不同的特征，最后对卷积的结果进行非线性变换得到句子级别特征。特别地，为了让网络知道句子中哪两个词需要给定语义关系，Zeng 等人[138]使用位置特征对句子中需要给定语义关系的两个词进行建模。位置特征表示当前词到待分类的两个词之间的相对距离。

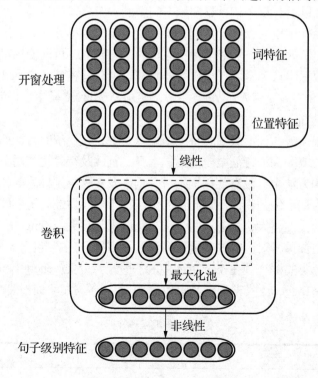

图 7.3　句子级别特征抽取框图

④ 网络输出。

将词汇级别特征和句子级别特征拼接起来，可以得到最终的特征向量。为了得到网络的输出，将特征向量输入 Softmax 分类器，模型训练时为了得到最优的模型参数，使用随机梯度下降最大化对数似然函数。

除上述模型外，Santos 等人[139]在此基础上，为了克服人工标签"NA"的问题，提出了基于排序的损失函数。Wang 等人[140]使用两个注意力机制重点抽取上下文中能够表征关系类别的语义特征，进一步提升了模型的效果。除了卷积神经网络，也有研究者使用循环神经网络或递归神经网络进行关系抽取。

2. 弱监督的关系抽取方法

传统的有监督的关系抽取方法需要依赖人工标注的数据，这限制了该类方法的泛用性，使得它难以成为关系抽取的核心方法。实际上，人工标注的数据通常是稀缺的资源，距离监督(distant supervision)正是在这种背景下提出的方法。当前，在学术界和企业界的共同努力下，已经构建了许多开放可用的知识图谱，这些知识图谱以结构化三元组的形式存储实体和实体之间的关系，距离监督正是利用了这种结构化的数据，自动标注训练样本。由于标注过程不需要人工逐一标注，因此距离监督关系抽取也是弱监督关系抽取的一种。该方法启发式地对齐知识图谱和文本中的实体，然后根据对齐结果去学习关系抽取器。该类方法主要基于如下的距离监督假设。

如果两个实体之间存在某种关系，则假设所有包含这两个实体的句子都表达了这种关系[141]，这些句子的集合称为一个包。这个假设允许研究者从所有包含指定实体对的句子中抽取特征进行分类，Mintz 等人[142]正是采用此方法，将 Freebase 和 Wikipedia 中的实体进行对齐，以 70%的精度抽取了数以万计的关系实例。但是 Riedel 等人[141]认为包含两个给定实体对的句子不一定包含实体间的关系，有可能两个实体出现在同一个句子中只是因为主题相关，并不是具有所关注的实体关系。例如，两个具有 nationality 关系的实体对，《纽约时报》中只有 38%的句子真实表达了这种关系，Wikipedia 中甚至只有 20%的句子真实表达了这种关系。图 7.4 给出了一组例子，其中句子 S1 到 S4 都包含了实体"河南"和"郑州"，但是真实表达了关系"location/location/contains"的句子只有 S1 和 S3，S2 和 S4 尽管也包含了这两个实体，但是并没有反映这种关系。针对这一问题，Riedel 等人[141]提出了 expressed-at-least-once 假设，他们认为多示例包中可能并不是所有的示例都是有效的，但是至少有一个示例是有效的。尽管在理论上这个假设不一定成立，但是相对于 Mintz 等人[142]提出的方法，对抽取结果有了很大的改善。在这个假设的基础上，Riedel 及 Hoffmann 等人[141][143]使用概率图模型从包中选择有效的示例并对关系进行预测。Nguyen 和 Moschitti[144]则利用关系的定义和 Wikipedia 的文档对关系抽取系统进行改善。Surdeanu 等人[145]进一步认为，包中的多个示例可能表达了实体之间多个不同的关系，他们不但使用概率图模型选择包中的有效示例，而且在系统里增加了多标签的学习方案。

```
/location/location/contains (河南,郑州)

S1. 1954年10月30日，[河南]省政府由开封迁往[郑州]，郑州市成为河南省省会。

S2. [河南]旅游攻略，[郑州]旅游攻略：郑州必去的景点TOP5。

S3. [郑州]，别名商都、绿城，[河南]省省会，位于中国华北平原南部、黄河下游。

S4. 新华社[郑州]6月6日电题：国潮风起，文化大省[河南]"破圈"
```

图 7.4　距离监督关系抽取实例

以上方法在抽取文本特征时，都依赖传统的自然语言处理工具，这些自然语言处理工具本身可能存在错误积累和传递的问题，因此会对最终的结果产生不利影响。Zeng 等人[146]使用分段卷积神经网络(piecewise convolution neural networks，PCNNs)抽取文本的特征。由于两个实体将示例分割为三段，中间是实体对之间的内部特征，而两端是外部特征，这种结构信息是示例的重要特征，不同于难以捕捉句子的结构信息的传统最大池化(max-pooing)，PCNNs 分别对它们进行最大池化操作。除此之外，在模型的训练过程中，使用多示例学习(multiple instance learning，MIL)算法缓解数据噪声问题。PCNNs-MIL 在 Riedel 等人[141]发布的经典数据集上取得了很好的测试结果。下面详细介绍这种方法。

(1) 训练数据生成。

弱监督关系抽取为自动生成训练数据，首先通过实体识别工具找出给定的非结构化文本中的所有实体，根据弱监督假设，将抽取的实体组合成实体对，然后在给定的知识库(如 Freebase)中查询，看实体对是否存在语义关系，若存在就挑选所在文本作为正样本，最后在没有语义关系的实体对所对应的文本中随机抽样生成负样本。

(2) 任务建模。

由于语言表达的多样性，知识库中的实体对一般会出现在多个句子中，其中有些句子是噪声数据，在自动生成数据的过程中并不知道哪些句子有用。假设在出现的多个句子中至少有一个句子有用，所有回标出来的句子可以看作一个包 $M=\{m_1, m_2,\cdots, m_j\}$，其中每个句子 m_j 是包中的示例，弱监督关系抽取的目标就是给未知的包指定语义标签，并不关心具体每个示例的标签，当包中每一个示例都是负样本时，表示实体之间没有关系。

(3) 分段卷积神经网络。

Zeng 等人[146]提出利用分段卷积神经网络，自动对每一个示例学习相关的特征，分段卷积神经网络是为了在关系抽取时保留句子中更多的信息，充分利用句子中的结构化信息而提出来的，是对卷积神经网络的改进。分段卷积神经网络中特别设计了分段最大池化结构代替传统卷积神经网络中的最大池化层。

(4) 多示例训练。

弱监督关系抽取输入的是包，要解决对包标签的预测，需要克服有噪声示例对实验结果的影响，因此，Zeng 等人[146]提出利用多示例学习进行模型参数的训练。多示例学习的最终目标是预测未知包而非示例的标签，传统的误差反向传播的目标函数定义在示例上，而多示例训练中把目标函数定义在包上，首先对包中的每个示例分别预测，得到相应的关系概率，然后选取概率最大的示例标签作为包的标签，并利用包的标签更新网络的参数。该方法能有效克服弱监督关系抽取中存在的回标噪声问题。

但是 Zeng 等人[146]提出的方法也存在一些问题，只利用了包中的一个句子信息，忽略了很多有用的信息。因此，Lin 和 Ji 等人[147][148]提出利用句子级别的注意力机制来自动捕获包中不同句子的重要程度，自动获得有用的句子，过滤掉噪声句子。Jiang 等人[149]提出了跨句子池化和多标签的分类方法，旨在利用一个包中多个句子的信息解决一个实体对应多个关系的情况。由于基于弱监督学习的关系抽取系统不需要人工标注数据，因此目前基于弱监督学习的关系抽取系统抽取的关系实例规模比较大，代表性的系统有 NELL 和 Probase，下面分别进行介绍。

(1) NELL。

NELL(Never-Ending Language Learner，永无止境的语言学习器)系统是由卡内基梅隆大学的 Mitchell 教授团队开发的一套通过不断自我学习来阅读和理解网页的系统。NELL 系统能够从非结构化的网页中抽取结构化的信息。目前，NELL 系统已经累计获取了涵盖 1186 个实体类别和关系类别的 3109311 个实例。

NELL 系统的输入包括一个预定义的实体类别体系(如 person, sportsTeam, fruit, emotion 等)及关系体系[如 playsOnTeam(athlete, sportsTeam), playsInstrument(musician, instrument)]。除上述输入外，还有一个包含了 50 亿个网页的集合，并且通过搜索引擎应用程序接口来获取剩余的网页，如此这般，NELL 系统可以每天 24 小时不间断地进行以下两个任务。

① 为各个实体类别和关系类别抽取新的实例。也就是说，从网页中找到一些名词短语并且判断这些名词短语是不是某个类别的新实例(例如，"Albert Einstein"属于 person 和 scientist 类别)，并且还要找到名词短语对，并判断它们是不是某个关系类别的新实例(例如，名词短语对"Yao Ming"和"Houston Rockets"是关系 playsOnTeam 的实例)。然后将这些新实例以及它们的置信度添加到知识库中。

② 提升系统本身的抽取性能。NELL 系统将已经抽取的高质量实例作为监督信息不断地进行训练，以提升整体的抽取性能。这可以看作一个弱监督的学习过程。

(2) Probase。

Probase 是由微软亚洲研究院 Wu 等人[150]开发的一套旨在让机器更好地理解人类交

流的概念知识图谱，是微软 Concept Graph 知识图谱的前身。目前，Probase 已经包含了 2653872 个概念，20757545 个 isA 实体-概念对和概念-概念对。它可以从海量的网页中自动抽取出 isA 关系和概念标签，并且用概率值来表示抽取的置信度。

Probase 通过已有的知识来理解文本从而获取更多的知识，主要包括两个阶段：①信息抽取；②数据清洗和整合。具体来说，每次进行信息抽取的时候，Probase 都会利用已经抽取的知识进行监督，进而抽取新知识，之后再用更新后的知识去抽取信息，这样就能在反复的迭代过程中抽取更多的知识。接着从抽取出的 isA 对中构建出分类体系，并计算出所构建的知识的概率，包括概念与概念之间的概率以及实例与概念之间的概率。

7.3 开放域关系抽取

7.2 节介绍了限定域关系抽取，限定域关系抽取需要预先定义关系的类别，然而很多情况下预先定义一个全面的关系类型体系是很困难的。开放域关系抽取不需要预先定义关系，而是使用上下文中的一些词语来描述两个实体之间的关系。开放域关系抽取的任务可以形式化地表示为(arg_1, relationWords, arg_2)，其中 arg_1、arg_2 是存在关系的实体对，relationWords 代表实体对之间的关系，就是上下文中描述关系的词或词序列。例如，"韩信出生于淮安"中，开放域关系抽取系统抽取的结果为(韩信,出生于,淮安)。但是如果预定义关系抽取中定义了出生地的关系没有定义出生于的关系，则预定义关系抽取的结果是(韩信,出生地,淮安)。

华盛顿大学的人工智能研究组最早提出开放域信息抽取(open information extraction，Open IE)的概念，在这方面做了大量的工作，并且开发了一系列原型系统，如 TextRunner、ReVerb、Kylin 等。Banko 等人在 2007 年首先提出了开放域实体关系抽取并开发出一个完整的系统 TextRunner，它能够直接从网页纯文本中抽取实体关系。TextRunner 首先通过一些简单的启发式规则自动从宾州树库里面获取实体关系三元组的正负样本，根据它们的一些浅层句法特征训练一个分类器来判断两个实体之间是否存在语义关系；然后对网络文本进行一定的处理并作为候选句子，提取其浅层句法特征，利用分类器判断所抽取的关系三元组是否可信；最后利用网络数据的冗余信息，对初步认定可信的关系进行评估。TextRunner 把动词作为关系名称，通过动词链接两个论元，从而挖掘论元之间的关系，其抽取过程类似于语义角色标注作为关系名称。

TextRunner 使用启发式规则在宾州树库中自动标注语料，不需要人工预先定义关系类别体系。TextRunner 系统主要由三个模块组成：语料的自动生成和分类器训练、大规模关系三元组的抽取、关系三元组可信度计算。

(1) 语料的自动生成和分类器训练。

语料的自动生成主要是通过依存句法分析结合启发式规则自动生成语料。使用如下的启发式规则。
① 两个实体的依存路径长度不能大于指定值。
② 实体不能是代词。
③ 关系指示词是两个实体之间依存路径上的动词或动词短语。
④ 两个实体必须在同一个句子中。

TextRunner 利用朴素贝叶斯分类器进行训练，其使用的特征举例如下。
① 关系指示词的长度/词性。
② 实体的类型。
③ 实体是不是专有名词。
④ 左/右实体左/右边词语的词性。

(2) 大规模关系三元组的抽取。

利用上一步训练好的关系抽取器，在大规模的网页文本上进行关系三元组的抽取，并将抽取的大量三元组存储起来。

(3) 关系三元组可信度计算。

首先将存储起来的相似的三元组进行合并，如合并 (arg_1,married,arg_2) 和 (arg_1,marries,arg_2)这两个相似的三元组。然后根据网络数据的冗余性，计算合并后关系三元组在网络文本中出现的次数，进而计算相应关系三元组的可信度。

在 TextRunner 之后，Wu 等人[151]在 2007 年提出了 Kylin 系统，该系统选取包含信息框(Infobox)在内的 Wikipedia 页面，根据信息框中包含的条目属性及属性值回标产生训练数据，同时根据信息框中的属性名自动确定需要抽取的属性，不同的属性训练不同的 CRF 模型，用于抽取属性值。之后 Wu 等人[13]在 2010 年提出了开放实体关系抽取系统 WOE，该系统也是利用 Wikipedia 信息框回标，通过一些规则挑选含有实体关系的高质量句子，然后使用浅层特征(如依存句法分析树及词性标注)训练两个分类器，作为两个实体关系抽取器，以此来获得大量的实体关系三元组模板。最后对网络文本的句子做浅层句法处理后，同抽取器获得的模板进行比对，来判断实体关系三元组的可靠性。

通过上面的描述可以看出，Kylin 和 WOE 的数据都是基于距离监督的方式产生的，它们将 Wikipedia 中的信息框作为距离监督中的结构化知识库，并利用其进行回标。2011 年，Fader 等人[14]在对 TextRunner 和 WOE 的结果进行分析后，根据这两个系统中普遍存在的错误，提出了基于句法和词汇约束的实体关系识别器 ReVerb，主要解决了以前系统抽取结果中普遍存在的三元组抽取错误(incoherent extractions)和无信息三元组抽取(un-informative extractions)的问题。实验结果表明，ReVerb 大幅度提升了关系三元组抽取的准确率和召回率。

由于传统的信息抽取方法的局限性，开放域信息抽取得到许多研究者的关注。Talukdar 等人[152]研究了怎样在非结构化文本和搜索日志中进行开放域属性抽取，提出了采用 Bootstrapping 的框架进行开放域属性抽取，该方法首先给定初始种子模板，然后通过多次迭代选择具有置信度高的三元组作为抽取结果。不同于 Talukdar 等人[152]初始时给定关系模板，Davidov 等人[153][154]初始时给定一些触发词作为种子，通过触发词找出候选的语料，根据候选语料得出元模板，多次迭代后得到最终的抽取模板。

本章小结

关系抽取是知识图谱体系构建过程中的关键环节，具有重要的研究意义和广阔的应用前景。本章主要介绍了实体关系抽取技术，首先介绍了关系抽取的任务、分类及其难点，然后介绍了关系抽取相关的评测，最后介绍了限定域关系抽取和开放域关系抽取中的典型方法和系统。传统的基于模板的关系抽取方法可扩展性差，基于机器学习的关系抽取方法是目前研究的热点。基于有监督学习和基于弱监督学习的关系抽取是基于机器学习的关系抽取的主流方法。但是，基于有监督学习的关系抽取需要大量的人工标注数据，耗时费力，目前基于弱监督学习的关系抽取方法得到了越来越多研究者的关注。

本章习题

1. 简述限定域关系抽取的一般方法。
2. 关系抽取的分类有哪些?

第 8 章
事件抽取

本章主要对事件抽取技术进行介绍。事件抽取不仅是构建知识体系的关键任务,也是自然语言处理的难点和热点问题之一。从任务层面看,相较于前面章节的实体抽取和关系抽取,事件抽取面临的挑战更大。因为事件抽取的基础是命名实体,命名实体抽取的效果将直接影响事件抽取的结果。同时,实体关系抽取需要识别出符合某种语义关系的实体对,一般只涉及两个实体的语义关系,任务相对简单。而对事件抽取而言,首先要识别出文本中是否存在预提取的事件,其次要识别出事件所涉及的元素(一般是实体),最后需要确定各元素在事件中所扮演的角色。从自然语言处理技术层面看,事件抽取不仅需要底层的语言学知识,还需要更深层的语义和篇章知识才能完成。本章首先介绍事件和事件抽取的定义,然后介绍事件抽取相关的评测和语料资源,之后介绍限定域事件抽取和开放域事件抽取中的典型方法,最后对事件关系抽取的任务和典型方法进行介绍。

8.1 概述

1. 事件的定义

事件(event)源于认知科学,被广泛用于哲学、语言学、计算机科学等领域,但目前对事件还没有统一的定义,在不同的领域,不同的应用,不同的研究人员对事件有不同的描述。从认知的角度来看,世界上发生的所有事情都可定义为事件,认知学家认为人们是通过认识事件以及事件之间的联系来观察和了解世界的。从哲学的角度来看,事件是现实世界中事实的具体表现。在语言学领域,Miller 等人[155]在 WordNet 中将事件定义为在某时间和某地点发生的事情。Chung 等人[156]认为一个事件是包含三部分信息的一个术语:谓词、谓词发生的时间、谓词发生的环境或条件。在自动文摘领域,Filatova 等人[157]认为所有的事件都能通过一句话概括,事件是一个动词及其涉及的行为动作的主要组成部分(参与者、时间和地点等)。Pustejovsky 等人[158]从语义理解的角度给出了事件的定义,认为事件就是动词及其涉及的相关语义元素所描述的语义信息。在本体模型研究领域，Liu 等人[159]认为事件是发生在某个特定的时间和环境下，由若干角色参加，表现出若干动作特征的事情。在信息检索领域，一般认为事件是细化了的用于检索的主题，话题检测与追踪(topic detection and tracking，TDT)评测会议将事件定义为由某些原因、条件引起，发生在特定时间、地点，涉及某些对象(人或物)，并可能伴随某些必然结果的事情。

本章以知识图谱过程中的事件抽取为例介绍一般事件抽取方法。因此，同最具国际影响力的 ACE 评测会议中对事件的定义类似，本书认为事件是发生在某个特定的时间点或时间段、某个特定的地域范围内，由一个或多个角色参与的，状态的改变或不同动作组成的事情。

从上述定义中可以看出，事件中最重要的几个要素是事件发生的时间、地点、参与事件的角色(人或物)，以及与之相关的动作或状态的改变。不同的动作或状态的改变代表不同类型的事件。例如，就任和辞职是两个不同类型的事件，出生和死亡也是两个不同类型的事件。同一个类型的事件中不同的时间、地点和角色代表了不同的事件实例。例如，郭靖的结婚和张无忌的结婚是两个不同的结婚事件实例。另外，在某些同一个类型的事件中不同粒度的时间、地点、角色代表了不同粒度的事件实例。例如，第二次世界大战、抗日战争和淞沪会战由于时间长短、地域大小和参战双方规模等事件元素不在同一个粒度，因此事件也是不同粒度的。不同的应用场景会定义不同类型、不同粒度的事件。

2. 事件抽取定义

事件抽取主要研究如何从描述事件信息的文本中抽取出用户感兴趣的事件信息并以结构化的形式呈现出来，如什么人，什么时间，在什么地方，做了什么事。由于结构化文本和半结构化文本的事件抽取相对简单，本章主要介绍如何从非结构化文本中抽取事件。该任务首先从非结构化文本中识别出事件及其类型，然后抽取出该事件所涉及的事件元素。例如，下面几段自然语言文本分别描述了不同类型的事件。

(1) 唐太宗于开皇十八年(公元 598 年)在京兆武功(今陕西武功西北部)出生。

(2) 1928 年 3 月，梁思成和林徽因在加拿大渥太华举行婚礼，两人选择欧洲进行蜜月旅行。

(3) 日本于美国夏威夷时间 1941 年 12 月 7 日对位于夏威夷的珍珠港海军基地进行了一次偷袭作战。

上述三个句子描述了三个不同类型的事件。句子 1 描述了一个出生事件，人物是唐太宗，出生时间是公元 598 年，出生地点是武功。事件抽取的目的就是识别出句子 1 描述的一个出生类型的事件，并抽取出人物、地点和时间等描述出生事件的元素。同样地，句子 2 和句子 3 分别描述了结婚事件和攻击事件及其相关元素。为了方便对本章的理解，我们首先介绍与事件抽取相关的几个概念。

(1) 事件指称(event mention)，是指对一个客观发生的具体事件进行的自然语言形式的描述，通常是一个或多个句子。同一个事件可以有多个不同的事件指称，可能分布在文档的不同位置，或分布在不同的文档中。

(2) 事件触发词(event trigger)，是指一个事件指称中最能代表该事件的词，是决定事件类别的重要特征。在 ACE 评测会议中事件触发词一般是动词或名词。上述例句中的触发词分别为"出生""举行婚礼"和"偷袭"。

(3) 事件元素(event argument)，是指事件中的参与者，是组成事件的核心部分，它与事件触发词构成了事件的整个框架。例如，句子 1 中的"公元 598 年""唐太宗"和"武功"，句子 2 中的"1928 年 3 月""梁思成""林徽因""加拿大渥太华"，句子 3 中的"1941 年 12 月 7 日""夏威夷的珍珠港"和"海军基地"，都是事件元素。事件元素主要由实体、时间和属性值组成，这些短语可以作为表达完整语义的细粒度单位，因此可以较为恰当地表示事件参与者。但并不是所有的实体、时间和属性值都是事件元素，要视具体上下文语义环境而定。

(4) 元素角色(argument role)，是指事件元素与事件之间的语义关系，也就是事件元素在相应的事件中扮演什么角色。例如，句子 2 中的"梁思成""林徽因"扮演的都是"夫妻"的角色；句子 3 中的"海军基地"扮演的是"目标"的角色。某类事件的所有角色共同构成这类事件的框架。

(5) 事件类别(event type)，事件元素和触发词决定了事件的类别。根据 ACE 评测会议的定义，句子 1 描述的事件类别和子类别分别为生命(life)和出生(birth)；句子 2 描述的事件类别和子类别分别为生命(life)和结婚(marry)；句子 3 描述的事件类别和子类别分别为冲突(conflict)和攻击(attack)。很多评测和任务都为事件制定了类别，每个类别下又定义了若干子类别，并为每个事件子类别制定了模板，方便事件元素的识别及事件角色的判定。

3. 相关评测和语料资源

事件抽取相关的评测会议和语料资源主要如下。

(1) MUC 评测会议。

MUC 评测会议对于事件抽取相关的研究起到了非常大的推动作用。MUC-2 旨在从海军军事情报中抽取事件信息并填入预定义的模板中，这个模板可以看作事件的框架。模板中包括了事件类型、地点、时间、参与者等 10 个槽。MUC-3 针对拉丁美洲的恐怖袭击的报道进行事件抽取，模板的槽也增加到了 18 个。MUC-4 沿用了 MUC-3 的语料，不过模板的槽增加到了 24 个。MUC-5 在对英文语料评测基础上还加入了对日文的评测。MUC-5 主要针对两类文本进行抽取：微电子技术领域中的芯片技术进展情况和金融领域中的公司合资情况。MUC 系列评测会议一共举办了七次，在 1999 年时，由于资金问题，MUC 测评会议停办。

(2) TDT 评测会议。

TDT 评测会议[160]是 1997 年 DARPA 及 NIST 资助并主持的一个评测会议。TDT 评测会议旨在以事件的形式组织新闻事件，对其进行研究和评测[161]。

TDT 评测会议中的最基本的概念是话题(topic)，一个话题是指由某种原因引起的，发生在特定时间点或时间段，在某个地域范围内，并可能导致某些必然结果的一个事件。早期话题与事件具有相同的含义，后来话题的含义演变为包括一个核心事件以及与之直接相关的事件的集合。TDT 主要包括五个子任务。

① 新闻报道切分(story segmentation)。
② 新事件识别(new event detection/fist story detection)。
③ 报道关系识别(story link detection)。
④ 话题识别(topic detection)。
⑤ 话题跟踪(topic tracking)。

上述五个子任务都和事件抽取的研究息息相关。1998 年举行了首届 TDT 评测会议，主要针对中文和英文两种语料进行评测，评测任务有新闻报道切分、话题识别和话题追踪，主要评价指标是错误识别代价，之后历届 TDT 评测会议均采用这个指标进行评价。1999 年举行的第二届 TDT 评测会议增加了新事件识别和报道关系识别两个子任务。随后所有的 TDT 评测会议(2000—2004 年)都包含上述五个子任务，而且将评测语言扩展为中文、英文和阿拉伯文。

语言数据组织(linguistics data consortium，LDC)为 TDT 的系列评测会议提供了 TDT-pilot、TDT-2、TDT-3、TDT-4 和 TDT-5 共 5 种语料，其中 TDT-3 用于 1999、2000 及 2001 年的评测。由于 TDT 评测中话题的粒度比事件的粒度大，因此 TDT 评测的语料标注方法与 ACE 等评测的标注方法并不相同。TDT-2 和 TDT-3 采用了"YES""BRIEF"和"NO"三类标签分别表示当前报道的内容与话题绝对相关、部分相关和不相关。而 TDT-4 和 TDT-5 则只采用了"YES"和"NO"两种标签。

(3) ACE 评测会议。

ACE 评测会议从 ACE 2004 和 ACE 2005 开始增加了对中英文事件的抽取任务。事件抽取的语料中有英文文章 599 篇，中文文章 633 篇。ACE 中的事件和 TDT 中的事件不同，ACE 中的事件是预定义类型的、句子级的事件，语料中会标注事件的类型、触发词、事件的元素及其在事件中扮演的角色。ACE 2005 标注的事件语料是目前使用最广泛的事件抽取标注数据集。

ACE 将事件定义为状态的改变或一个动作的发生。事件包含触发词和元素两部分。事件触发词是句子中最能表示事件发生的词，一般为动词或动词性的名词，事件元素是参与事件的实体、事件发生的时间和地点等描述一个事件的参与元素，不同的事件元素在事件中扮演不同的角色,对于一个事件实例来说事件角色等价于对应的事件元素。ACE

中定义了 8 个大类、33 个小类事件，表 8-1 列出了详细类型。一般不同的事件类型对应不同的事件元素角色，表 8-2 列出了部分事件元素角色。

ACE 语料的标注格式采用了 XML 格式。每个事件都标注了事件触发词、事件类型、事件子类型、事件元素和事件元素扮演的角色信息，此外，ACE 还为每个事件标注了四种属性，具体如下。

① 极性(polarity)，表示肯定的事件或表示否定的事件。

② 时态(tense)，包括过去发生的事件，现在正在发生的事件，即将发生的事件，以及无法确定时态的事件。

③ 指属(genericity)，包括特指(specific)事件和泛指(generic)事件。

④ 形态(modality)，包括语气非常肯定的事件(asserted event)、信念事件(believed event)和假设事件(hypothetical event)等。

表 8-1 ACE 评测定义的事件类型和子事件类型

事件类型	子事件类型
生命(life)	出生(be-born)、结婚(marry)、离婚(divorce)、伤害(injure)、死亡(die)
移动(movement)	运输(transport)
联系(contact)	会面(meet)、打电话/写信(phone-write)
冲突(conflict)	袭击(attack)、游行(demonstrate)
商务(business)	机构合并(merge-org)、破产声明(declare-bankruptcy)、机构成立(start-org)、机构终止(end-org)
交易(transaction)	金钱转移(transfer-money)、所有权转移(transfer-ownership)
人事(personnel)	竞选(elect)、职位开始(start-position)、职位结束(end-position)、提名(nominate)
司法(justice)	逮捕(arrest-jail)、执行(execute)、赦免(pardon)、假释(release-parole)、罚款(fine)、宣告有罪(convict)、控告(charge-indict)、听证(trial-hearing)、开释(acquite)、判决(sentence)、起诉(sue)、引渡(extradite)、上诉(appeal)

表 8-2 ACE 评测数据中的事件元素角色(部分)

人物(person)	地点(place)	卖家(seller)
买家(buyer)	价格(price)	赠予者(giver)
起点(origin)	终点(destination)	接受者(recipient)
袭击者(attacker)	目标(target)	受害人(victim)
原告(plaintiff)	评审员(adjudicator)	宣判(sentence)

Ahn[162]最早提出关于 ACE 事件抽取的研究工作,他把事件抽取划分为四个子任务:事件触发词识别、事件触发词分类、事件元素识别和事件元素分类。具体方法中他使用了 K 最近邻(K-nearest neighborhood,KNN)以及最大熵(maximum entropy,ME)分类器。之后许多学者在 ACE 的数据集上做了大量的研究工作,主要集中在三个方面:①有效特征的挖掘;②抽取模型的改进;③减少对标注语料的依赖。

(4) KBP 评测会议。

KBP 评测会议是文本分析会议(text analysis conference,TAC)的一个主流评测任务,主要研究从自然语言文本中抽取信息,并且链接到现有知识库的相关技术。对事件的研究是 KBP 的一个重要任务。

KBP 2014 的事件抽取任务是识别指定事件中的事件元素(event argument),同时要求识别出它们的事件角色(argument role)。任务中的事件类型和实体角色遵从 ACE 2005 中的定义,每类子事件类型都定义了各自的事件元素。同 ACE 一样,KBP 2014 提供了 599 个标注文档,主要由新闻报道及数据等构成,由人工过滤来确保每一种事件类型都有多个实例,并且针对长句子进行了截断。整个任务采用 F1 值(F1-value)作为评测指标。KBP 2014 的事件抽取任务仅仅提供了英文语料。

KBP 2015 的事件抽取任务极大地丰富了 KBP 2014 的事件抽取任务,并扩充为如下五个子任务,但也是仅针对英文的评测任务:①事件识别(event nugget detection),识别文本中的事件指称,特别是触发词是多个词的情况(如 take away、go over 等),参与评测的系统需要准确识别出每个句子中的全部相关事件指称;②事件识别和消歧(event nugget detection and coreference),不仅需要识别出事件指称,同时需要对事件进行共指消解;③事件消歧(event nugget coreference),需要识别出全部的事件共指,与事件识别和消歧任务不同,这个子任务提供已经标注好的事件指称,仅需要识别事件共指关系;④事件元素抽取和链接(event argument extraction and linking),抽取事件元素及其扮演的角色,并将其链接到指定的事件或实体上;⑤事件元素验证和链接(event argument verification and linking),对事件元素抽取和链接任务中生成的链接进行校验。

KBP 2016 的事件抽取任务在之前事件抽取任务的基础上增添了以文档为单位的识别。除此之外,每个任务都有英语、汉语、西班牙语三种语言的评测。这次评测提供 200 个标注的英文文档、200000 个词的中文文档以及 120000 个词的西班牙文文档。但是 KBP 2016 并未提供任务相关的训练数据,参与者可以自由使用三种语言的语料作为训练数据。KBP 2017 事件抽取任务增加了文档级别的事件识别和事件时序识别任务。

(5) BioNLP 评测会议。

2005 年 McDonald 等人[163]首次提出面向生物医学的事件抽取,目标是从生物医学文献中抽取出事件触发词、事件类型和事件元素等生物事件信息。由东京大学组织的 BioNLP 评测会议是面向生物医学事件抽取的最权威的会议,从 2009 年到 2013 年共举办了三次：BioNLP 2009、BioNLP 2011 和 BioNLP 2013。BioNLP 主要包含了三个子任务，每个任务针对不同特异性级别的生物分子进行事件抽取。

BioNLP 评测会议极大地推动了生物医学事件抽取的发展，三届 BioNLP 评测会议中出现了很多优秀的系统。最具代表性的系统主要有两类：分阶段系统(如 TEES 系统、UTurku 系统、EVEX 系统、EventMine 系统等)和联合系统(如 UMass 系统、FAUST 系统等)。

(6) TimeBank 语料库。

TimeBank 语料最早是由面向问答系统的时间和事件的识别(time and event recognition for question answering systems，TERQAS)会议提供的。TERQAS 会议由美国国家区域研究中心和美国高级研究发展学会共同主办。TimeBank 语料分别来源于 DUC、ACE 和 PropBank 中收集的新闻报道。TimeBank 中的事件属性主要有事件类(event class)、事件时态(event tense)及事件状态(event aspect)。在 TimeBank 中，可标注为事件的词主要包括时态动词(tensed verbs)、静态形容词(stative adjectives)和事件名词(event nominal)。TimeBank 中的事件主要有 Occurrence、Perception、Reporting、Aspectual、State、Intensional State、Intensional Action 和 Modal 这 8 种类型。TimeBank 的时间抽取任务主要是识别和抽取事件的时间元素及事件之间的时序关系，并不关心时间之外的事件元素。TimeBank 语料包含 300 篇新闻，推动了事件的时间元素和事件间时序关系的相关研究的发展。

(7) 其他相关语料。

上文提到的国际公开评测中的语料和公开发布的语料是目前事件抽取任务中规模和影响力比较大的语料。目前对中文事件标注的研究工作还比较少。孟环建等人[165]针对200 篇国内外突发事件的中文新闻报道进行标注，构建了中文事件语料库(chinese event corpus，CEC)。林静等人[166]提出了面向中文的 TIMEX2 标注系统，旨在自动标注事件的时间短语或时间表达式。袁毓林[167]从 80 篇突发性事件语料中标注了地震、火灾、中毒和恐怖袭击四类突发事件，每类事件都标注 20 篇文本。丁效等人[168]对新浪网站 2008—2009 年中 6 个月的音乐类新闻标注了 6000 句音乐领域事件语料(如发行专辑、举办演唱会等)。孟雷等人[169]标注了 4000 句的金融领域的事件语料。

事件抽取的研究主要是在各个国际评测会议和公开语料的推动下展开的。不同的评测会议和语料关注不同领域、不同粒度的事件。但是由于事件结构的复杂性和自然语言表达的灵活性与多样性，使事件框架的定义较难，目前还没有形成统一的事件框架体系。另外，目前的语料大多是人工标注的，标注过程耗时、费力、成本高昂，导致事件类型较少、规模较小。而且，从各个评测报告的结果来看，目前事件抽取的性能还比较低。为了满足面向海量数据的大规模事件抽取的需要，迫切需要更大规模的语料和相关评测。

8.2 限定域事件抽取

【限定域事件抽取】

事件抽取可以分为限定域事件抽取和开放域事件抽取。限定域事件抽取是指在进行抽取之前，预先定义好目标事件的类型及每种类型的具体结构(如具体的事件元素)。另外，除了事件类型和事件结构，限定域事件抽取任务通常还会给出一定数量的标注数据。由于事件结构的复杂性，标注数据的规模普遍较小，但是可以保证每个预定义的事件类型都有若干标注样本与之对应。最受关注的限定域事件抽取任务是 ACE 的事件抽取评测，共定义了 8 大类事件，如商务事件(business)、交易事件(transaction)、冲突事件(conflict)等，这些事件又被细分为 33 类子事件。

限定域事件抽取是信息抽取和知识体系构建的重要环节之一，受到了学术界的广泛关注。限定域事件抽取根据抽取方法的不同可以分为两大类：基于模式匹配的事件抽取方法和基于机器学习的事件抽取方法。下面分别对这两类方法进行介绍。

8.2.1 基于模式匹配的事件抽取方法

基于模式匹配的事件抽取方法是指在一些模式的指导下，对某种类型事件的识别和抽取，模式匹配的过程就是事件识别和抽取的过程。基于模式匹配的事件抽取方法的过程一般可以分为两个步骤：模式获取和模式匹配。图 8.1 展示了基于模式匹配的事件抽取方法的基本流程。模式的加入是为了提高事件抽取的准确率。因此，模式准确性是影响整个方法性能的重要因素。根据模式构建过程中所需训练数据的来源，可以将基于模式匹配的事件抽取方法分为两大类：有监督的事件模式匹配和弱监督的事件模式匹配。

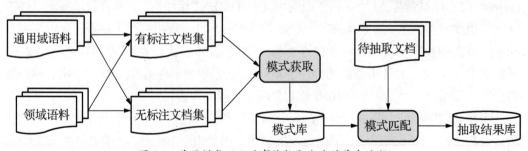

图 8.1 基于模式匹配的事件抽取方法的基本流程

1. 有监督的事件模式匹配

在这类方法中，模式的获取完全基于人工标注的语料，这类方法需要人工预先对语料进行完全标注，模式的学习效果高度依赖人工标注效果。该类方法的主要步骤如下：①语料的人工标注；②模式的学习，通过各种学习模型学习得到相应的抽取模式；③模式的匹配，利用学习得到的模式与待抽取文档进行匹配，进而完成事件的抽取。

基于有监督的事件模式匹配方法的代表性系统是 AutoSlog。Riloff 等人[170]在 1993 年通过观察 MUC-4 评测会议的语料得出了"事件中角色之间的关系大部分可以通过从某个短语周围的上下文内容中得到"的结论,并以此作为系统构建的出发点。为此他们基于"事件元素第一次被提及的地方就是该事件元素与事件之间关系确定的地方"和"事件元素周围的语句中包含了事件元素在事件中的角色描述"这两个假设,开发了事件模式抽取系统 AutoSlog。该系统定义了 13 个模式,举例如下。

(1) <主语>被动式动词,如<获奖者>被表扬了。
(2) <主语>主动动词,如<作家>出版了图书。
(3) <主语>动词不定式,如<作家>试图出版。
(4) 被动式动词<直接宾语>,如被表扬的<获奖者>。
(5) 主动式动词<直接宾语>,如出版<图书>。
(6) 被动式动词+介词+<名词>,如被用<奖状>表彰了。

如上面的例子所示,该类方法除了要定义模式,还要定义该模式允许的词汇词典。例如,在模式"<主语>被动式动词"中,动词词典可以设为 MUC-4 语料中的谋杀和爆炸等。

2. 弱监督的事件模式匹配

这类方法不需要对语料进行完全标注,只需要人工对语料进行一定的预分类或制定少量种子模式,由机器根据预分类语料或种子模式自动学习事件模式。这类方法可分为两个步骤:①语料的人工预分类或种子模式的制定;②模式的学习,主要是利用机器根据预分类语料或种子模式自动地学习模式。针对人工标注语料耗时、费力、成本高昂和语料标注格式不统一等问题,Ellen 等人提出了 AutoSlog-TS 系统。AutoSlog-TS 系统是典型的基于弱监督的事件模式匹配方法,它不需要对训练语料进行详细的标注,只需要在人工预分类的训练语料上进行训练。相较于 AutoSlog 系统需要对每句话以及句中的相应实体进行标注,AutoSlog-TS 系统只需要标注句子是否包含了对应的事件,之后根据预分类数据自动学习抽取事件的模式,进而完成事件抽取的任务。

Kim 等人[171]基于文本、模式和事件三者的相关性,提出了 ExDisco 系统。与之前的模式抽取系统相比,该系统只需要人工给出少量的模式种子,不需要对语料进行人工标注,大大减少了工作量。姜吉发[172]提出了一个事件模式抽取系统 GenPAM,主要利用了事件的语义模式、触发模式和抽取模式,并在飞行事故文本上进行测试,结果显示 GenPAM 取得了较好的性能。欧洲委员会联合研究中心的 Piskorski 和 Tanev 等人[173][174]提出了事件抽取系统 NEXUS,用于抽取新闻报道中的灾难和暴力事件。该系统首先将新闻报道进行聚类,再利用句法分析等自然语言处理工具对聚类文档中的事件进行匹配,之后利用弱监督学习方法进一步扩展语料,完成事件抽取。

总体上看,基于模式匹配的事件抽取方法在特定领域中性能较好。但该类方法依赖文本的具体形式(如语言、领域和文档格式等)，获取模板的过程费时费力，具有很强的专业性。而且，制定的模式很难覆盖所有的事件类型，当语料发生变化时，需要重新获取模式。

8.2.2 基于机器学习的事件抽取方法

上文基于模式匹配的事件抽取方法可移植性差、召回率低，目前研究的重点逐渐转向基于机器学习的事件抽取方法。其中最具代表性的是基于有监督学习方法的事件抽取。该类方法将事件抽取建模成一个多分类问题，提取特征向量后再使用有监督的分类器进行事件抽取，如支持向量机模型、隐马尔可夫模型、最大熵模型等。根据所需监督数据的不同，基于机器学习的事件抽取方法可以分为以下两种：有监督的事件抽取方法和弱监督的事件抽取方法。

1. 有监督的事件抽取方法

有监督的事件抽取系统一般包括三个步骤：①训练样本的表示，如基于特征向量方法中特征向量的抽取与构建；②选择分类器并训练模型，优化模型参数；③利用训练好的模型从未标注数据中抽取事件实例。其重点在于挑选合适的特征和分类器，使得分类结果更加准确。有监督的事件抽取方法可以分为两类：①基于特征工程的方法，主要是在不同的分类器模型上尝试不同类别的特征；②基于神经网络的方法，自动从纯文本中提取特征，避免使用传统自然语言处理工具带来的误差积累的问题。

(1) 基于特征工程的方法。

基于特征工程的方法的特点是需要显式地将事件实例转换为分类器可以接受的特征向量，怎样提取具有区分性的特征是这类方法的研究重点。总体而言，该方法主要分为三个步骤：①特征提取，提取词汇、句法和语义等特征，然后有效地集成起来，从而产生描述事件实例的各种局部和全局特征；②模型训练，利用提取的特征训练分类模型；③事件抽取，利用训练好的模型对非结构化文本进行分类，最终完成事件抽取。

在基于特征工程的事件抽取方法中，最具代表性的方法是 2006 年 Ahn[162]提出的模型。Ahn 提出在事件抽取的过程中同时使用 Timbl 和 MegaM 两种模型，并抽取与候选词相关的词法特征、上下文特征、实体特征、句法特征及语言学特征，进而完成事件抽取的任务。该方法将事件抽取看作一个两阶段的多分类问题，首先对句子中的每个词汇进行判断，判断其是否为事件触发词，如果是事件触发词，则进入第二个阶段事件元素分类，对句子中的每个候选事件元素进行判断，判断其是不是当前触发词触发的事件中包含的事件元素，并判断其在当前事件中扮演的角色。该方法在事件触发词分类和事件元素分类两个阶段都取得了很好的效果。下面详细介绍该方法中使用的特征。

① 事件触发词分类阶段的特征。

a. 词汇级特征：当前词汇、当前词汇的小写形式、当前词汇的词干、当前词汇的词性标签、当前词汇相邻词的词汇特征(小写形式、词性标签)等。

b. 句子级特征：依存路径的关系标签、依存的词汇、候选词在依存树中的深度、依存词汇的词性标签、句子中的相关实体的类型、最近距离范围内的实体类型等。

c. 外部知识：如果候选词汇在语言学词典 WordNet 中，则将其对应的同义词集合的 ID 作为特征。

② 事件元素分类阶段的特征。

在事件元素分类阶段，将一个句子中的所有实体、值和时间表达当作候选事件元素，然后针对相应的事件触发词和候选事件元素提取特征，进而完成事件元素分类。主要利用的特征如下。

a. 触发词特征：触发词、触发词的小写形式、触发词的词干、触发词的词性标签、触发词在依存树中的深度、触发词相邻词的词汇特征(小写形式、词性标签)等。

b. 词汇特征：候选词语、候选词语的中心词、中心词的小写形式、中心词的词性标签、中心词的实体类型、候选词的实体类型等。

c. 句子级特征：候选词和触发词之间的依存路径、候选词和触发词之间的词汇及其词性标签等。

根据上述提取的特征，可以训练不同的分类模型，进而完成事件触发词分类及事件元素分类。该类方法的关键在于寻找更好的特征和更好的模型。Chieu 等人[175]在 2002 年将最大熵分类器应用到事件抽取中，他使用了 Unigram、Bigram、命名实体等简单特征，在卡内基梅隆大学标注的语料上取得了 86.9%的 F1 值，超过了当时的最好结果。Grishman 等人[176]在 ACE 2005 评测中也将最大熵分类模型应用到事件抽取中，并取得好成绩。2007 年，赵妍妍等人[177]提出了在事件触发词抽取阶段扩展触发词的方法。

上面描述的方法在提取特征时都只考虑了句子级特征，忽略了篇章和背景知识。2008 年，Ji 等人[178]提出了跨文档事件抽取方法。在该方法中事件抽取不仅要考虑当前的句子语义，还要联合考虑与这个待抽取文本相关的文本对当前句子的影响，进而辅助原有句子的事件抽取。后来很多学者借鉴其利用篇章信息和背景知识的思想。例如，Liao 等人[179]在 2010 年提出了跨文本事件抽取的改进方法，Hong 等人[180]提出了跨实体事件抽取系统。为了能更好地应用全局信息，Liu 等人[181]在 2016 年提出了利用概率软逻辑进行推断，进一步提升事件抽取的性能。

除了上述方法，McClosky 等人[182]在 2011 年提出将生物事件抽取看成一个依存树分析的任务。2013 年，Li 等人[183]利用结构感知机来解决 ACE 中的事件抽取任务，所提出的模型可以同步完成事件类别分类和事件元素分类。为了利用更多的句子级信息，Li 等人[184]在 2014 年提出了利用结构预测模型将实体、关系和事件进行联合抽取。

(2) 基于神经网络的方法。

由于基于特征工程的方法过分依赖词性标注器、句法分析器等传统的自然语言处理工具，因而会造成误差累积的问题，而且有很多语言没有自然语言处理工具。从 2015 年开始，事件抽取的研究主要集中在如何利用神经网络直接从文本中自动学习特征进而完成事件抽取。该类方法主要包括四个步骤：①特征表示，将纯文本表示为分布式特征信息，如将词表示为词向量；②神经网络的构建与高层特征学习，设计搭建神经网络模型并基于基本特征自动捕获高层特征；③模型训练，利用标注数据，优化网络参数，训练网络模型；④模型分类，利用训练的模型对新样本进行分类，最终完成事件抽取。下面以 Chen 等人[185]在 2015 年提出的动态多池化卷积神经模型为例详细介绍具体步骤。与上述的基于特征工程的方法类似，基于神经网络的方法也将事件抽取当作一个二阶段的多分类问题，因为第二个阶段"事件元素抽取"较第一个阶段"触发词抽取"更复杂，因此，本小节以事件元素抽取(分类)阶段为例进行介绍。

基于神经网络的方法主要由如下部分组成：①词向量学习，通过非监督学习的方式得到每个词的向量化表示；②词汇级特征表示，利用词向量来捕获词汇级语义；③句子级特征抽取，利用动态多池化卷积神经网络来学习句子内部的组合语义特征；④事件元素分类，利用 Softmax 分类器为每个候选事件元素计算扮演不同角色的概率。其中，词向量学习模块、词汇级特征表示模块和句子级特征抽取模块中的句子级特征输入都属于上述四个步骤中的特征表示，句子级特征抽取模块属于自动捕获高层特征。

除了上述方法，2015 年 Nguyen 等人[186]提出利用卷积神经网络(convolutional neural networks，CNN)实现事件检测，该方法只做了事件抽取的第一步事件检测任务，没有做事件元素抽取的任务。Feng 等人[187]在 2016 年提出利用循环神经网络进行事件检测，该方法虽然取得了很好的性能，但是仅尝试了事件抽取的第一步事件检测，没有探索循环神经网络在事件元素抽取阶段的性能。为了更好地考虑一个事件的内部结构和各个元素之间的关系，2016 年 Nguyen 等人[188]提出利用联合循环神经网络完成事件抽取，进一步提升系统性能。

2. 弱监督的事件抽取方法

有监督的事件抽取需要大量的标注样本，而人工标注数据耗时费力、一致性差，尤其是面向海量异构的网络数据时，问题更加明显。无监督的事件抽取虽然不需要人工标注语料，然而得到的事件信息不存在规范的语义标签(事件类别、角色名称等)，很难直接映射到现有的知识库中。为此，研究者提出弱监督的事件抽取。在弱监督的事件抽取中，为了得到规范的语义标签，需要给出具有规范语义标签的标注训练数据，与有监督的事件抽取方法需要大量人工标注的样本不同，弱监督的事件抽取方法获取语料有两种途径：①利用 Bootstrapping 的方法扩展语料，首先人工标注部分数据，然后自动扩展数据规模；②利用远程监督的方法自动生成大规模语料，主要利用结构化的事件知识回标非结构化文本，获取大规模训练样本后完成事件的抽取。

(1) 基于 Bootstrapping 的事件抽取。

在弱监督的事件抽取中，如何获得大规模的标注样本是关键问题。基于 Bootstrapping 的方法利用少部分人工标注的数据自动生成大规模标注数据，进而完成事件抽取。此类方法的核心思想是：利用小部分标注好的数据训练抽取模型，之后利用训练好的模型对未标注数据进行分类，从中选取高置信度的分类结果加入到训练数据中，再次训练分类器，上述过程反复迭代进而完成标注数据的自动扩充和事件的自动抽取。

2009 年，Chen 等人[189]提出利用一部分高质量的标注语料训练分类器，然后利用初步训练好的分类器判断未标注的数据，选取高置信度的分类样本作为训练样本反复迭代，进而自动扩充训练样本。2010 年，Liao 等人[190]提出在相关文档中自训练(self-training)的半监督学习方法扩展标注语料，并提出利用全局推理的方法考虑样例的多样性进而完成事件抽取。2011 年，Liao 等人[191]提出同时针对词汇和句子这两个粒度训练最大熵分类器，并用互训练(co-training)方法扩展标注数据，进而对分类器进行更充分的训练。为了解决训练样本过少的问题，Liu 等人[192]在 2016 年提出利用 ACE 语料训练好的分类器去判定 FrameNet 中句子的事件类别，再利用全局推断将 FrameNet 中的语义框架和 ACE 中的事件类别进行映射，进而利用 FrameNet 中人工标注的事件样例扩展训练数据，达到提升事件检测性能的目的。目前基于弱监督的事件抽取方法还处于起步阶段，迫切需要可以自动生成大规模的、高质量的标注数据的方法来提升事件抽取的性能。

(2) 基于远程监督的事件抽取。

基于 Bootstrapping 的方法仍然需要人工标注少量数据，为了让数据完全自动生成，研究者提出了利用远程监督的方法自动生成事件标注样本。该方法利用结构化的事件知识库直接在非结构化文本中回标训练样本，进而完成事件抽取。

此类方法的核心思想是：首先提出回标的假设规则(远程监督)，然后利用结构化事件知识去非结构化文本中进行回标，将回标的文本作为标注样本，进而利用标注的样本训练模型，最终完成事件的抽取。代表性方法是 2017 年 Chen 等人[193]提出的方法。图 8.2 描述了事件语料的大规模自动生成方法框架图，主要包含如下部分：①核心元素检测(key argument detection)，自动区分每个类型的事件中元素的重要程度，并找到每个事件类型的核心事件元素；②事件触发词检测(trigger word detection)，利用核心元素回标可能包含相应事件实例的句子，并检测其中的事件触发词；③事件触发词过滤和扩展(trigger word filtering and expansion)，利用语言学知识 FrameNet 过滤上一模块中发现的噪声触发词，并扩展缺失的触发词，从而提高触发词的正确率和召回率；④标注数据的自动生成(automatically labeled data generation)，利用远程监督方法自动从非结构化文本中标注事件信息。

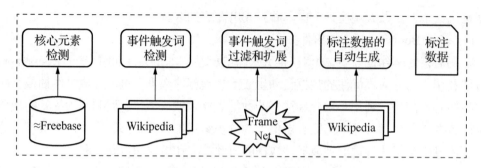

图 8.2 事件语料的大规模自动生成方法框架图

2017 年，Chen 等人[102]提出的方法虽然可以利用远程监督方法自动生成大规模句子级标注数据并进行句子级事件抽取，但是该方法无法自动生成篇章级标注数据并进行篇章级事件抽取。现实生活中有大量应用场景需要篇章级事件抽取。一般一个事件会由篇章中的多个句子描述，一个事件的多个元素也会分布在多个句子中。例如，在金融领域中，金融事件可以帮助用户快速获取公司交易盈亏、人事变动、股权变动等信息，进而辅助用户做出正确的决策。公司通常以公告的形式发布公司的重大事件，但公告内容一般都是一篇文章而不是一个独立的句子。因此，如何从篇章级的公告信息中抽取出重要的结构化金融事件信息具有重要价值和现实意义。2018 年，Hang 等人[194]提出基于自动标注数据的篇章级中文金融事件抽取系统。该系统利用远程监督方法，自动构建大量训练数据(包括句子级和篇章级标注语料)。针对篇章级的金融事件抽取问题，该系统首先利用神经网络标注模型联合抽取句子中的事件触发词和事件元素，然后利用卷积神经网络自动判断篇章中的事件描述主句，进而利用上下文来补齐篇章级事件信息。大量实验结果验证了该方法的有效性。

限定域事件抽取由于具有明确的目标事件类型和标注样本，因此基于模式匹配的方法和基于机器学习的方法是解决这一问题的主要手段。后者是目前主流的研究方法，该类方法将事件抽取建模为分类问题。早期的工作主要基于传统符号特征的事件抽取，随着最近深度学习的快速发展，神经网络模型已经成为解决该问题的重要方法，全连接神经网络、卷积神经网络和环神经网络都已经被成功应用到事件抽取的任务中。除此之外，弱监督的学习方法也被逐渐应用到事件抽取的任务中，旨在自动生成部分标注数据，从而缓解数据稀疏带来的性能影响。然而，限定领域的事件抽取远远不能满足大规模事件抽取和其他大规模应用的需求。

8.3 开放域事件抽取

【开放域事件抽取】

和 8.2 节介绍的限定域事件抽取不同，开放域事件抽取的目标类型不受限制。在进行事件识别之前,事件的类型及结构都是未知的,因此该任务通常没有标注数据。开放域事件抽取主要基于无监督的方法,该方法主要基于分布假设理论,其核心思想是:如果两个词出现在相同上下文中且用法相似,那么这两个词就有相近的意思。如果候选事件触发词或候选事件元素具有相似的语境,那么这些候选事件触发词倾向于触发相同类型的事件,相应的候选事件元素倾向于扮演相同的事件元素。基于该理论,无监督的事件抽取将候选词的上下文作为表征事件语义的特征。开放域事件抽取方法分为基于内容特征的事件抽取方法和基于异常检测的事件抽取方法。

8.3.1 基于内容特征的事件抽取方法

基于内容特征的事件抽取方法一般包含以下两个步骤:①文本表示,对表示事件的句子、段落或文档进行预处理,并表示为统一的特征形式,为后面的模块做准备;②事件聚类与新事件发现,基于文本表示,利用无监督方法将同类事件聚类,并发现新事件。

1998 年,Yang 等人[195]提出组平均聚类方法,主要思想如下。

(1) 文本表示。对每篇文档首先进行句子划分和去停用词等预处理操作,然后对篇章中的词计算 TF-IDF 并据此进行排序,利用前 K 个词的 TF-IDF 值组成的特征向量代表整个篇章。

(2) 事件聚类与新事件发现。采用组平均聚类(group average clustering)算法。

① 将待聚类文本按时间顺序排序,把每篇文档都当作一个类。通过观察数据的一般规律,发现新闻对事件的报道在时间上具有时效性和集中性,一个事件的报道周期在两个月左右,因此,在聚类的时候应该考虑到时间因素的影响。

② 将现有的结果划分成连续但是不重叠的固定个数的部分。

③ 对每个部分利用聚类算法进行聚类,将底层的类聚类为高层的类,直到每个部分聚类为指定的规模。

④ 取消部分的边界限制,对所有类进行聚类,并更新步骤②中的划分结果。

⑤ 重复步骤②~⑤,直到所有类都到达指定的规模。

现在有很多研究者采用聚类的方法进行事件识别和抽取,Nallapati 等人[196]提出使用余弦相似度计算新闻间的语义相似性,引入时间跨度反映新闻相似度衰减,最后利用层次聚类进行事件的抽取。贾自艳等人[197]首先统计分析文档中的词汇,然后根据统计结果扩展相关词汇,最后使用聚类的方式抽取事件。Stokes 等人[198]提出一种基于文档多层表示的事件抽取方法,不仅基于文本内容对文档进行表示,还利用 WordNet 构建文档的深层表示,最后同时基于这两种表示用聚类的方式对事件进行抽取。Li 等人[199]利用概率模型完成了新事件的识别和抽取。Yang 等人[200]提出将信息检索的方法应用到事件抽取中。Yu 等人[201]提出了层次化事件识别方法,并取得了较好的效果。Huang 等人[202]提出联合抽取事件和事件结构信息的方法,同时利用符号特征和分布式特征来表示事件的框架,并利用一个联合模型同时抽取事件的触发词、事件元素和事件元素扮演的角色。

在无监督的事件抽取中，关键在于如何寻找更好的文本表示方式、文本相似度衡量指标及事件聚类模型。无监督的事件抽取方法可以发现新的事件，但其发现的新事件往往是类似模板的聚类，难以规则化，很难被用来构建知识库，需要将其同现有知识库的事件框架进行对齐，或者通过人工方式来给每个聚类事件簇赋予语义信息。

8.3.2 基于异常检测的事件抽取方法

和基于内容特征的事件抽取方法不同，基于异常检测的事件抽取方法不分析文本的内容，而是通过检测文本的异常发布情况进行事件识别。该类方法的基本假设是：某个重大事件的发生会导致新闻媒体或社交网络上涌现大量的相关报道或讨论；反之关于某一主题的报道或讨论突然增多，则暗示某一重大事件的发生。基于该思想，Krumm 等人[203]首先使用回归模型预测每个地区发布推特的数目，然后观测每个地区实际发布的推特数目，如果实际发布的推特数目和预测数目相比超过一定阈值，那么就判定有事件发生，并使用文本摘要模型从这些推特文本中抽取能够描述该事件的文本。类似地，Cheng 等人[204]同时从时间和空间两个维度对推特的发布数量进行异常检测。不同于上述方法对文档整体的异常情况进行分析，Weng 等人[205]将每个词的词频当作原始信号，然后借用小波分析(wavelet analysis)的思想为每个词构建信号模型，并基于该模型检测不同词汇在文本中对应词频的异常情况，最后将具有相似异常模式的词汇聚成一组用于表示特定的事件。

开放域事件抽取虽然可以自动发现新的事件，但其发现的事件往往缺乏语义信息，并且难以进行结构化。如果想要获得准确的语义信息，则需要通过人工标注的方式为每个类别簇赋予特定的语义标签。上述缺点导致开放域事件识别的结果很难被应用到其他自然语言处理任务中。

8.4 事件关系抽取

上文对事件抽取的典型方法和评测语料进行了详细的介绍。然而，现实世界中的事件并非独立存在的，它们之间存在着千丝万缕的联系。从历史事件中发现规律、找到事件间的关系，有助于人们从全局了解事件，进而构建事件知识图谱，支撑各种事件相关的应用。事件关系抽取的核心任务是以事件为基本语义单元，实现事件逻辑关系的深层检测和抽取。目前对于事件关系还没有一个清晰统一的框架和定义，比较公认的有事件共指关系、事件因果关系、子事件关系和事件时序关系，下面分别介绍这些关系的抽取。

8.4.1 事件共指关系抽取

共指关系表示两个事件指称指向真实世界的同一个目标事件。例如,事件指称"2023年8月24日,日本东北太平洋沿岸,东京电力公司开启了福岛第一核电站核污染水的正式排海"和"日本福岛第一核电站启动核污染水排海,预估排放时间将长达30年"描述的是同一个事件。事件共指关系的发现,有助于在多源数据中发现相同事件,对事件信息的补全和验证有积极作用。事件共指关系抽取的核心问题是计算两个事件指称之间的相似度,主要利用两类特征:①事件指称的文本语义相似度;②事件类型和事件元素之间的相似度。2009年,Mayfield等人[206]第一次提出了事件共指关系抽取的任务,利用基于特征向量表示的语义分析方法判断事件的共指关系,主要通过判断两句话的相似度,并且发布了一个手工标注的数据集——事件共指语料库(event coreference bank,ECB)用于此任务评测,促进了事件共指关系识别的研究。仲兆满等人[207]提出了一种事件影响因子的计算方法,通过建立事件关系图(event relationship map,ERM)来进行事件关系的表示,并依据事件要素及其关系实现事件的共指消解,取得了不错的效果。杨雪蓉等人[208]针对同一话题下事件关系抽取任务提出了一种基于触发词和事件元素推断的事件关系抽取方法,这种方法尤其对共指关系有很好的抽取效果。Choubey等人[209]利用事件之间的相互依赖关系和关系之间的传递性来实现事件的共指消解。

8.4.2 事件因果关系抽取

事件因果关系反映了事件间先行后继、由因及果的关系。例如,"汽车尾气的大量排放"导致"热岛效应"是一对因果关系。因果关系的抽取对文本的深层语义理解有着重要意义,有助于掌握事件演变的过程,从而为决策者提供重要的决策信息。然而,因果事件的抽取极其困难。首先,因果关系错综复杂,一个事件的发生可能有多个原因,一个事件也可能导致多个不同事件的发生。其次,事件具有很多隐含因果关系,很难单独判断两个事件的因果关系,必须同时考虑多个因果事件间的传递作用。例如,"睡前喝茶导致了失眠""失眠导致了上班迟到""迟到导致了工资降低"是一个因果关系链。另外,在某些情况下,单从文本中很难抽取出因果关系,需要背景知识的辅助推断。例如,事件"2023年8月24日日本排放核污染水入海"和事件"中国政府将采取必要措施,坚定维护海洋环境、食品安全和公众健康",从文本上看,两个事件应该有关联,都是海洋相关的事件,但是单凭文本信息很难判断二者的关系。如果我们能结合知识图谱中存储的"核污染水对海洋有危害"的背景知识,那么就可以推断出上述两个事件是因果关系。为了准确地抽取出事件因果关系,杨竣辉等人[210]针对文本中的因果关系,基于事件元素的语义信息,构建事件及事件元素间的语义关联性,对候选事件进行因果关系的识别。干红华等人[211]提出一种基于结构分析的事件因果关系抽取方法。Marcu等人[212]采用朴素贝叶斯模型,通过分析相邻句子间的词对概率来抽取因果关系。Sorgente 等人[213]首先通过定制的规则抽取事件因果关系,并通过贝叶斯推理优化结果。付剑锋等人[214]提出一种基于层叠条件随机场模型的事件因果关系抽取方法,该方法将事件因果关系的抽取建模为事件序列的标注问题,利用层叠条件随机场标注出事件因果关系。

8.4.3 子事件关系抽取

子事件关系反映了事件之间的粒度和包含关系。例如,"地震事件"一般包含"伤亡""救援""捐款"和"重建"等子事件。随着互联网的普及和快速发展,当出现诸如"MH370 航班失联"等的重大事件,多方面的新闻媒体将对该事件进行连续报道(如失踪情况、原因调查等)。虽然许多网站会专门创建专题网页来组织相关的新闻,但是让用户通过阅读所有新闻文档来了解事件的来龙去脉和最新进展仍然是不可能的,从动态的新闻流中抽取出子事件知识,将极大地方便用户理解事件内容。研究者为此做出了一系列探索。Hu 等人[215]首先提出基于先验的增量子事件学习模型,将之后相似事件的子事件知识作为先验,增强当前事件的子事件抽取。此外,为了充分利用现有的子事件关系知识(如 Wikipedia 中的事件页面知识),从相似事件的页面中学习一类事件的层次话题(子事件)知识,Hu 等人[216]提出了一个基于概率的贝叶斯网络结构学习方法,该方法有效缓解了不同事件页面的多样性问题,可以建模子事件的结构关系。在抽取子事件知识基础上,Hu 等人[217]提出了一个端对端的上下文相关的层次 LSTM(long short-term memory,长短期记忆网络)模型,输入已观测的子事件描述文本,自动生成下一个可能的子事件描述文本。

8.4.4 事件时序关系抽取

事件时序关系是指事件在时间上的先后顺序,如"王红进入食堂后马上点了菜"和"小明吃完饭后直接回家了"在时间上就具有先后顺序。事件时序关系不仅有助于厘清事件发生的先后顺序,还能辅助发现其他事件关系。例如,一个事件发生的原因一定发生在这个事件之前,一个事件的子事件发生的时间一定与这个事件发生的时间重叠。目前,绝大多数事件时序关系的研究都集中在英文文本上。最广泛使用的语料库是 TimeBank。目前的主流方法是基于机器学习方法的事件时序关系抽取,该类方法一般将事件时序关系识别转化为一个多分类问题。TimeBank 的标注遵循 TimeML 标注体系。TimeML 是一种标识新闻语料中事件、时间及它们之间关系的标注体系,它将时序关系分为 13 种,如之前(before)、之后(after)、包含(includes)、被包含(is included)和同时(simultaneous)等。另一个相关语料库 TimeEval 将时序关系分为之前(before)、之后(after)和重叠(overlap)三类。Chambers 认为事件中的实体存在局部一致性,同一篇章中含有相同事件元素的事件实例往往存在一定的联系,于是他将每个篇章中含有某个相同事件元素的事件实例集合构成一个具有时序关系的事件链,进而识别时序关系。Do 等人[218]提出了一种联合多特征的事件时序关系抽取框架，该框架可以将一篇文章中的事件按照时间顺序构成一条事件链。Ng 等人[219]在 Do 等人的研究基础上借助篇章结构关系方面的技术进一步提升了事件时序关系抽取的性能。Ge 等人[220]提出了基于时间敏感的贝叶斯模型发现一个时间段内的事件，并利用排序学习的方法从中找出最具代表性的事件，进而构建主题相关的大事年表。

本章小结

本章主要介绍了事件抽取和事件关系抽取，首先对事件和事件抽取的定义作了介绍，然后介绍了与事件抽取相关的评测和语料资源，最后介绍了事件抽取和事件关系抽取的典型方法。在事件抽取方法中对限定域事件抽取和开放域事件抽取中的典型方法做了详细介绍。限定域事件抽取方法主要包括基于模式匹配的事件抽取方法和基于机器学习的事件抽取方法。开放域事件抽取方法主要包括基于内容特征的事件抽取方法和基于异常检测的事件抽取方法。在事件关系抽取中主要介绍了事件共指关系、事件因果关系、子事件关系和事件时序关系的抽取方法。

本章习题

简述实体识别、关系抽取、事件抽取的关系和区别。

第 9 章
知识存储和检索

知识图谱由于表示形式的灵活性和易用性得到了学术界和企业界的广泛关注和应用。越来越多的知识实例数据开始表示成以三元组结构为基础的 RDF 格式。例如，DBpedia 包含 127 种不同的语言近 8000 万个三元组；YAGO 包含超过 1.2 亿个三元组；Wikidata 包含近 4.1 亿个三元组；Freebase 包含超过 30 亿个三元组。因此，如何有效地存储和检索大规模的知识数据集是一个重要的研究内容。

【知识存储和检索概述】

知识图谱是一种有向图结构，表示现实世界中存在的实体、事件或概念，以及它们之间的关系。有向图中的节点表示实体、事件或概念，有向图中的边表示相邻节点间的关系。图 9.1 所示为关于物理学家费米的知识图谱局部示意图。图 9.1 中的节点表示实体，每个实体都是某一抽象概念的实例。这些抽象概念被称为实体类型，如"学校""动物"等。实体除了具有类型信息，还具有丰富的属性信息，这些属性信息用于刻画实体的内在特性。不同类型的实体具有

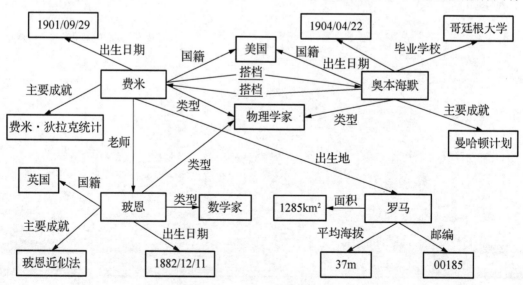

图 9.1　关于物理学家费米的知识图谱局部示意图

不同的属性。例如,"学校"有地点、类型、所属等属性,"动物"有种类、所在地等属性。知识图谱的目标是构建一个能够刻画现实世界的知识库,为智能问答、搜索等应用提供支撑。因此,对知识的持久化存储并提供对知识数据的高效检索是一个知识图谱系统必须具备的基本功能。本章首先介绍知识的存储技术,按照存储方式的不同可以分为基于表结构的存储和基于图结构的存储,然后介绍常见的形式化查询语言,最后简要介绍知识图谱中的图搜索技术。

9.1 知识图谱的存储

知识图谱中的知识是通过 RDF 结构表示的,其基本构成单元是事实。每个事实用三元组(S,P,O)表示,其中 S 是主语(subject),取值可以是实体、事件或概念;P 是谓语(predicate),取值可以是关系或属性;O 是宾语(object),取值可以是实体、事件、概念或普通的值(如数字、字符串等)。图 9.2 所示为知识图谱中知识表示的三元组示例。

<S,	P,	O>
<邓稼先,	出生地,	安徽怀宁>
<邓稼先,	类型,	物理学家>
<邓稼先,	国籍,	中国>
<费米,	主要成就,	费米-狄拉克统计>
<费米,	出生日期,	1901/09/29>
<费米,	类型,	物理学家>
<费米,	国籍,	美国>

图 9.2 知识图谱中知识表示的三元组示例

9.1.1 基于表结构的存储

基于表结构的存储是利用二维的数据表对知识图谱中的数据进行存储。根据不同的设计原则,知识图谱可以具有不同的表结构。下面以图 9.1 所示的知识图谱为例,介绍几种常见的表结构。

1. 三元组表

知识图谱中的事实用三元组表示,一种简单直接的存储方式是设计一张三元组表来存储知识图谱中所有的事实。目前已经有不少较成熟的产品利用该形式存储知识图谱,包括 Jena、Oracle、Sesame 等。表 9-1 所示为知识图谱的三元组表存储示例。

表 9-1 知识图谱的三元组表存储示例

S	P	O
邓稼先	出生地	安徽怀宁
邓稼先	类型	物理学家
邓稼先	国籍	中国
费米	主要成就	费米-狄拉克统计
费米	出生日期	1901/09/29
费米	类型	物理学家
费米	国籍	美国

三元组表存储方式的优点是简单直接，易于理解，但也存在非常明显的缺点，主要有以下两点。

(1) 整个知识图谱都存储在一张表中，导致单表的规模太大。对大表进行查询、插入、删除、修改等操作的开销很大，这导致知识图谱的实用性大打折扣。

(2) 复杂查询在这种存储结构上的开销巨大。由于数据表只包括三个字段，因此复杂的查询只能拆分为若干简单查询的复合操作，大大降低了查询的效率。例如，查询"费米的国籍和出生日期"需要拆分为"费米的国籍"和"费米的出生日期"。

2. 类型表

不同于三元组表，类型表为每种类型都构建一张表，同一类型的实例存放在相同的表中。表的每一列表示该类实体的一个属性，每一行存储该类实体的一个实例[221][222]。图 9.3 所示为知识图谱的类型表存储示例。这种存储方式虽然克服了三元组表的不足，但是带来了两个新的问题。一是大量数据字段的冗余存储。假设知识图谱中既有"数学家"也有"物理学家"，那么同属于这两个类别的实例将会同时被存储在这两个表中，其中它们共有的属性会被重复存储。例如，"玻恩"既是"数学家"又是"物理学家"，在知识图谱中，该实例会被同时存储在上述两个表中。如图 9.4 所示，"玻恩"的"主要成就""出生日期""国籍"等信息被重复存储。二是大量的数据列为空值。通常知识图谱中并非每个实体在所有属性或关系上都有值，这种类型表会导致表中存在大量的空值。一种有效的解决方法是，在构建数据表时，将知识图谱的类别体系考虑进来。具体来说，每个类型的数据表只记录属于该类型的特有属性，不同类别的公共属性保存在上一级类型对应的数据表中，下级表继承上级表的所有属性。图 9.5 所示为实体"费米"在考虑层级关系的类型表中的存储情况，其中图 9.5(a)所示为人物相关的类别体系，图 9.5(b)所示为在该类别体系下设计的类型表。由此可见，考虑层级体系的类型表不仅解决了数据的冗余存储问题，还可以方便地获取实例的类型信息。

基于类型表的存储方式根据类型对数据进行组织和管理，克服了三元组表面临的单表过大和结构简单的问题，但是也存在明显的不足。

(1) 由于类型表的不同字段表示了不同的属性或关系，因此在查询时必须指明属性或关系，无法进行不确定属性或关系的查询。

(2) 由于数据表是和具体类型对应的，不同类型的数据表具有不同的结构，因此在查询之前必须知道目标对象的类型才能确定查找的数据表。为了达到这个目的，系统需要维护一个"属性-类型"映射表，以便在进行属性查询时可以根据目标属性确定类型。

(3) 当查询涉及不同类型的实体时，需要进行多表的链接，这一操作开销巨大，限制了知识图谱对复杂查询的处理能力。

(4) 知识图谱通常包含丰富的实体类型，因此需要创建大量的数据表，并且这些数据表之间又具有复杂的关系，大大增加了数据管理的难度。

基于表结构的存储还可以有其他的设计方式，如可以按照属性划分，为每个属性创建一个数据表。表结构的不同设计方式有不同的优缺点，在实际应用中需要根据具体场景进行选择。

城市表

主体对象	面积	平均海拔	邮编
罗马	1285km²	37m	00185

人物表

主体对象	主要成就	国籍	出生日期	出生地
费米	费米-狄拉克统计	美国	1901/09/29	罗马
奥本海默	曼哈顿计划	美国	1904/04/22	
玻恩	玻恩近似法	英国	1882/12/11	

图 9.3　知识图谱的类型表存储示例

物理学家表

主体对象	主要成就	国籍	出生日期
费米	费米-狄拉克统计	美国	1901/09/29
玻恩	玻恩近似法	英国	1882/12/11
奥本海默	曼哈顿计划	美国	1904/04/22

数学家表

主体对象	主要成就	国籍	出生日期
玻恩	玻恩近似法	英国	1882/12/11

图 9.4　类型表存储中的数据冗余示例

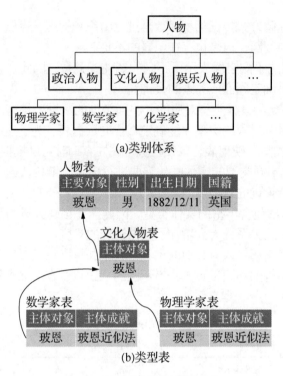

图 9.5 考虑层级关系的类型表

上面介绍了基于表结构的不同存储方式,数据的最终存储需要依赖具体的存储系统。关系数据库是典型的表结构存储系统,下面对其进行简要介绍。

3. 关系数据库

关系数据库通过属性对现实世界中的事物进行描述。每个属性的取值范围构成一个集合,称为对应属性的域。在关系数据库中,属性的取值只能是原子数据。所谓原子数据,是不能进一步拆分的数据,如整数、字符串等;相反地,非原子数据则由多个原子数据构成,可以进一步拆分,如集合、列表、元组等。关系数据库以二维表对数据进行组织和存储,表的每一列表示一个属性,每一行表示一条记录。每张数据表可以由任意数量的属性组成,这些属性按照各自的特点可以分如表 9-2 所示的几类。

表 9-2 属性分类

属性	说明
候选键	能够唯一标识一条记录的最少的属性集合称为其所在表的候选键。候选键具有两个特点:①唯一性,候选键在整个表的范围内必须具有唯一的值,不同的记录不能具有相同的候选键值;②最小性,候选键所包括的属性必须都是必不可少的,缺少其中的任何一个都不再具备唯一性。例如,学生的学号、身份证号分别都可以作为候选键;但是(学号,身份证号)这一属性组不能作为候选键,因为去掉其中的任何一个属性如学号),剩下的属性(身份证号)仍然可以作为候选键,因此不满足最小性

续表

属性	说明
主键	一个数据表可以包含多个候选键，可以从候选键中任意选取一个作为主键。虽然理论上所有的字段都可以作为主键，但是实际操作中一般选择单属性组成的候选键作为主键
外键	如果数据表中的某个属性或属性组是其他表的候选键，那么称该属性或属性组是当前表的外键。外键能够保证不同数据表之间数据的一致性，图 9.5(b)中展示的不同表之间的引用就是通过外键实现的
主属性与非主属性	包含在任何候选键中的属性称为主属性；相反，不包含在任何候选键中的属性称为非主属性

常见的关系数据库有 DB2、Oracle、Microsoft SQL Server、PostgreSQL、MySQL 等，存在大量公开的技术文档，可以用于知识图谱的存储，见表 9-3。

表 9-3 常见的关系数据库

关系数据库	说明
DB2	1983 年 IBM 公司推出的数据库，能够运行于各种操作系统平台上，如 Windows、Linux 等。该数据库的特点包括支持面向对象的编程、支持多媒体应用、支持分布式数据库的访问等
Oracle	1979 年甲骨文公司推出的数据库，是目前流行的数据库之一。该数据库遵循标准 SQL 语言，支持多种数据类型。和 DB2 相同，Oracle 也具有跨平台的特点，可以运行于不同的操作系统平台上
Microsoft SQL Server	微软公司推出的应用于 Windows 操作系统的数据库，该数据库实际上是微软基于 Sybase 公司提供的技术开发而成的，因此完全兼容 Sybase 数据库
PostgreSQL	和上面几个数据库相比，该数据库具有开源、免费的特点。由于 PostgreSQL 可以免费使用、修改和分发，因此功能非常完善，不仅支持大部分的 SQL 标准，还提供外键、复杂查询、触发器等功能
MySQL	由瑞典的 MySQL AB 公司开发的小型关系数据库，2008 年被 Sun 公司收购。该数据库具有体积小、速度快、跨平台、开源等特点，因此是中小型网站最青睐的数据库

关系数据库通过 SQL 语言为用户提供一系列的操作接口，其核心操作包括插入、修改、删除、查询四种。其中，插入操作在 SQL 语句中对应的关键词是 INSERT，用于向数据库中插入新的记录；修改操作的关键词是 UPDATE，用于修改数据库中指定记录的接口；删除操作的关键词是 DELETE，用于从数据库中删除已有记录；查询操作的关键词是 SELECT，是数据库中最重要也最复杂的操作，为用户提供多种获取数据库中满足给定条件的数据及其统计信息的功能。

9.1.2 基于图结构的存储

一般知识图谱的数据满足图模型结构,实体以节点表示,关系以带有标签的边表示。因此,基于图结构的存储方式能够直接准确地反映知识图谱的内部结构,有利于对知识的查询。除此之外,以图的方式对知识进行存储,可以利用图论的相关算法对知识进行深度挖掘及推理。

1. 基于图结构的存储模型

基于图结构的存储模型用节点表示实体,用边表示实体之间的关系。图 9.6 所示为一个基于图结构的存储模型示例。由图 9.6 可见,节点可以定义属性,用于描述实体的特性。和上一节介绍的基于表结构的存储不同,基于图结构的存储不按照类型来组织实体,而是从实体出发,不同实体对应的节点可以定义不同的属性。例如,"玻恩"既是"物理学家"又是"数学家",在表结构的存储中,"物理学家"和"数学家"分别对应一张表;而在图结构的存储中,只需要在"费米"节点上同时定义"物理学家"和"数学家"两种属性即可。

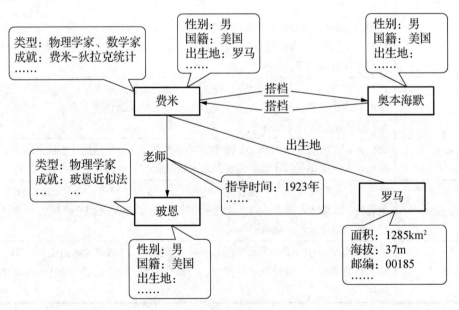

图 9.6 基于图结构的存储模型示例

基于图结构的存储方式利用有向图对知识数据进行建模,因此无向关系需要转换为两个对称的有向关系。例如,"费米"和"奥本海默"之间具有无向的"搭档"关系,因此在图 9.6 中需要标注两条对称的边用于表征二者互为"搭档"关系。基于图结构的存储方式的另一个显著优点是不仅可以为节点定义属性,还可以为边定义属性。因此,这种存储方式可以细致地刻画实体之间的关系。

数据的实际存储需要依赖具体的存储引擎，图数据库系统是实现基于图结构存储方式的典型系统，下面对其进行简要介绍。

2. 常用图数据库

图数据库的理论基础是图论，通过节点、边和属性对数据进行表示和存储。具体来说，图数据库基于有向图，其中，节点、边、属性是图数据库的核心概念，见表 9-4。

表 9-4 图数据库的核心概念

核心概念	说明
节点	节点用于表示实体、事件等对象，可以类比关系数据库中的记录或数据表中的行数据。例如，人物、地点、电影等都可以作为图中的节点
边	边是指图中连接节点的有向线条，用于表示不同节点之间的关系。例如，人物节点之间的配偶关系、同事关系等都可以作为图中的边
属性	属性用于描述节点或边的特性。例如，人物(节点)的姓名、配偶关系(边)的起止时间等都是属性

常见的图数据库有 Neo4j、OrientDB、InfoGrid、HyperGraphDB、InfiniteGraph 等，见表 9-5。

表 9-5 常见的图数据库

Neo4j	一个开源的图数据库，它将结构化的数据存储在图上而不是表中。Neo4j 基于 Java 语言实现，它是一个具备完全事务特性的高性能数据库，具有成熟数据库的所有特性。Neo4j 属于本地数据库(又称基于文件的数据库)，这意味着不需要启动数据库服务器，应用程序不用通过网络访问数据库服务，而是直接在本地对其进行操作，因此访问速度快。因其开源、高性能、轻量级等优势，Neo4j 受到人们越来越多的关注
OrientDB	一个开源文档-图数据库，兼具图数据库对数据强大的表示及组织能力，以及文档数据库的灵活性和很好的可扩展性。OrientDB 具有多种模式可选，包括全模式、无模式和混合模式。全模式要求数据库中的所有类别都必须有严格的模式，所有字段都强制约束；无模式则相反，不需要为类别定义模式，存储的数据记录可以有任意字段；混合模式则允许为类别定义若干字段，同时支持自定义字段。该数据库同样属于本地数据库，支持许多数据库的高级特性，如快速索引、SQL 查询等
InfoGrid	一个开源的网络图数据库，提供了很多额外的组件，可以很方便地构建基于图结构的网络应用。InfoGrid 实际上是一个基于 Java 语言的开源项目集，其中 InfoGrid 图数据库项目是其核心，其他项目包括 InfoGrid 存储项目、InfoGrid 用户接口项目等

续表

HyperGraphDB	一个开源的数据库，并依托于 BerkeleyDB 数据库。和上述图数据库相比，HyperGraphDB 最大的特点在于超图(HyperGraph)。从数学角度来讲，有向图的一条边只能指向一个节点，而超图则可以指向多个节点。实际上，HyperGraphDB 在超图的基础上更进一步，不仅允许一条边指向多个节点，还允许其指向其他边。因此，HyperGraphDB 相较于其他图数据库具有更强大的表示能力
InfiniteGraph	一个基于 Java 语言开发的图数据库，是一个分布式数据库。和 MySQL 等传统关系数据库类似，InfiniteGraph 需要作为服务项目进行安装，应用程序只能通过访问数据库服务对数据库进行操作。InfiniteGraph 借鉴了面向对象的概念，将图中的每个节点及每条边都看作一个对象。即所有的节点都继承自基类 BaseVertex，所有的边都继承自基类 BaseEdge

和成熟的关系数据库相比，图数据库的发展较晚，相关的标准及技术尚不完善，在实际使用中可能会遇到一些棘手的问题，因此在选用数据库时除了需要考虑数据库本身的特性、性能等因素，还需要考虑数据库的易用性、技术文档的完整性等因素。

9.2 知识检索

【知识图谱的检索】

知识检索是一种常见的需求。图 9.7 给出了一个用于检索的知识图谱示例，容易发现它与前面小节所用的例子稍微有所不同。首先，最可能的需求就是新增一个实体"玻恩"，并且新增一条边，标明"玻恩"与"费米"实体之间有"老师"关系，并加上"玻恩"的相关信息。其次，"费米"的生日在该示例图中被标错了，我们希望将其改回正确的年份，即将 1902 年 9 月 29 日改为 1901 年 9 月 29 日。再次，将"奥本海默"实体从图中删除了，相应地，也应该删除所有与"奥本海默"相连的边。最后，我们希望知道这个图里有哪些人既是数学家又是物理学家，这需要在图中对各个实体进行查询。下面介绍如何在知识图谱上完成这些工作。

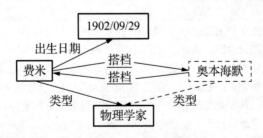

图 9.7 用于检索的知识图谱示例

9.2.1 常见形式化查询语言

知识数据实际上是通过数据库系统进行存储的，大部分数据库系统通过形式化查询语言为用户提供访问数据的接口。关系数据库和图数据库分别支持不同的查询语言，前者的标准查询语言是 SQL，后者则是 SPARQL。下面分别对其进行介绍。

1. SQL语言

SQL(structured query language，结构化查询语言)，是一种介于关系代数与关系演算之间的语言，用于管理关系数据库，主要包括对数据的插入、修改、删除、查询四种操作。SQL 是一个通用的、表达能力很强的数据库语言，目前已经成为关系数据库的标准语言。关系数据库利用二维表存储数据，为了叙述简便起见，假设本小节的示例知识数据由三元组表进行存储，即只包括三个字段。表 9-6 展示了图 9.7 中数据的三元组表存储形式，表名称为 Triples，本节围绕该表介绍 SQL 语言的基本用法。

表9-6 三元组表 Triples

S	P	O
费米	类型	物理学家
费米	出生日期	1902-09-29
费米	搭档	奥本海默
奥本海默	搭档	费米
奥本海默	类型	物理学家

(1) 数据插入。

为了新增费米的老师信息，我们可以直接在三元组表中进行数据插入操作。数据插入是指向数据表中添加新的数据记录，SQL 通过 INSERT 语句完成该功能。其基本语法为

INSERT INTO 表名 VALUES(值1,值2,…)[,(值1,值2,…),…]

其中，值1，值2，…分别对应数据表中的第一列，第二列，…。VALUES 对应值的顺序和数量有着严格的要求，有些字段会有默认值，可以不指定，此时这种写法就会遇到问题。VALUES 后的中括号内为可选内容，可以加入多个值对，相当于一次插入多行数据到表中。插入数据也可以指明插入数据的列。

例如，需要插入的数据有"玻恩"实体的相关类型，以及"费米"与"玻恩"间的关系数据。在本例中，我们需新增"玻恩"实体及其相关属性，以及"玻恩"与"费米"间的联系，即(S:费米,P:老师,O:玻恩)，SQL 语句为

INSERT INTO Triples VALUES("费米","老师","玻恩"),("玻恩","类型","数学家"),("玻恩","类型","物理学家")

指定插入的数据列的 SQL 语句为

```
INSERT INTO Triples(S,P,O)VALUES("费米","老师","玻恩"),("玻恩","类型","数学家"),
("玻恩","类型","物理学家")
```

执行上述语句后，表 9-6 的内容将变为表 9-7。

表 9-7 插入数据结果示例

S	P	O
费米	类型	物理学家
费米	出生日期	1902-09-29
费米	搭档	奥本海默
奥本海默	搭档	费米
奥本海默	类型	物理学家
费米	老师	玻恩
玻恩	类型	数学家
玻恩	类型	物理学家

(2) 数据修改。

增加新实体和关系完成后，第二步就是要修改"费米"的出生日期为正确的日期，即对三元组表做数据修改，SQL 通过 UPDATE 语句完成该功能。其基本语法为

```
UPDATE  表名  SET 列1=值1,列2=值2 ,… WHERE  条件
```

其中"条件"用于指明需要修改的数据记录。若不指定条件，会导致整个表的相关数据都被修改，因此需要特别留意。本例中，只需修改实体名为"费米"的"出生日期"所对应的值为"1901-09-29"，SQL 语句为

```
UPDATE Triples SET O='1901-09-29' WHERE S='费米'and P='出生日期'
```

执行上述语句后，表 9-7 的内容将变为表 9-8。

表 9-8 修改数据结果示例

S	P	O
费米	类型	物理学家
费米	出生日期	1901-09-29
费米	搭档	奥本海默
奥本海默	搭档	费米

续表

S	P	O
奥本海默	类型	物理学家
费米	老师	玻恩
玻恩	类型	数学家
玻恩	类型	物理学家

(3) 数据删除。

接下来删除"奥本海默"实体，同时也需要删除与之相连的所有边。在三元组表中，这一需求也很容易实现，SQL 通过 DELETE 语句完成该功能。其基本语法为

```
DELETE FROM 表名 WHERE 条件
```

和数据修改相似，指定条件在数据删除语句中是可选的，但若不指定，将会清空整张表，因此也需要特别注意。

本例中，删除"奥本海默"实体和所有边只需使用一条 SQL 语句，就会将"奥本海默"出现在头实体或尾实体的三元组均删除。

```
DELETE FROM Triples WHERE S='奥本海默' or O='奥本海默'
```

执行上述语句后，表 9-8 的内容将变为表 9-9。

表 9-9 删除数据结果示例

S	P	O
费米	类型	物理学家
费米	出生日期	1901-09-29
费米	老师	玻恩
玻恩	类型	数学家
玻恩	类型	物理学家

(4) 数据查询。

数据查询类操作是在构建好的知识体系上做知识的查询，SQL 通过 SELECT 语句完成该功能。查询的结果存储在一个临时的结果表中。其基本语法为

```
SELECT 列1,列2,… FROM 表名 WHERE 条件
```

该语句从指定数据表中取回所有满足条件的数据记录，并将这些记录对应列 1，列

2,…的值组成一个临时表作为结果返回。如果想要查询指定数据表所有列的数据，那么可以通过如下语句进行查询。

```
SELECT * FROM 表名 WHERE 条件
```

例如，从表9.9中查询所有类型为"数学家"的实体，SQL语句为

```
SELECT S FROM Triples WHERE P="类型" and O="数学家"
```

查询结果如表9-10所示。

表9-10 查询数据结果示例

S
玻恩

SELECT是SQL中功能最为丰富的语句，上述实例只是介绍了其基本用法。结合SQL内置的函数，SELECT语句还可以查询某些数值字段的统计信息，如最大值、最小值、平均值等；此外，还可以将返回的结果按照特定字典进行排序、分组操作；有些复杂的查询可能会涉及不同表的数据，此时还可以通过JOIN操作从多个表中查询数据。更多的用法请参考SQL相关的书籍及技术文档。在前面的需求中要求我们查询类型既是"物理学家"又是"数学家"的实体，这就需要在三元组表上通过JOIN操作来实现，对应的SQL语句为

```
SELECT DISTINCT T1.S
FROM Triples AS T1
INNER JOIN Triples AS T2 ON T1.S = T2.S
WHERE T1.P='类型' and T1.O='物理学家'
and T2.P='类型' and T2.O='数学家'
```

执行上述语句后，返回结果与表9-10相同。

2. SPARQL语言

SPARQL语言是由W3C为RDF数据开发的一种查询语言和数据获取协议，是被图数据库广泛支持的查询语言。和SQL语言类似，SPARQL也是一种结构化的查询语言，用于对数据的获取与管理，主要包括数据的插入、删除和查询操作。由于RDF数据是以三元组的形式进行表示的，因此三元组在SPARQL语言中是一个非常重要的概念，几乎所有的SPARQL语句中都会包含三元组。本节使用图9.8(a)给出的知识图谱示例进行演示。图9.8(b)所示为该知识图谱对应的RDF数据。本节将介绍如何使用SPARQL语言进行补全缺失数据、删除特定数据、修正错误数据及数据查询等常用操作。

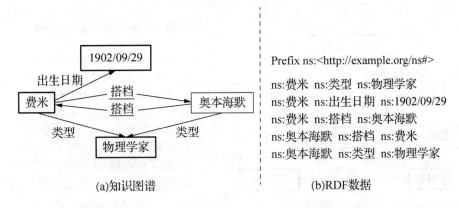

图 9.8 知识图谱及对应的 RDF 数据

(1) 数据插入。

数据插入是指将新的三元组插入到已有的知识图谱中。SPARQL 通过 INSERT DATA 语句完成该功能。其基本语法为

INSERT DATA 三元组数据

其中，三元组数据可以是多条三元组，不同的三元组通过"."(英文句号)分隔，用";"(英文分号)可以连续插入与前一个三元组的头实体相同的三元组。如果待插入的三元组在知识图谱中已经存在，那么系统会忽略该三元组。例如，向图 9.8 所示的知识图谱中插入如下三元组。

ns:费米 ns:老师 ns:玻恩.
ns:玻恩 ns:类型 ns:数学家.
ns:玻恩 ns:类型 ns:物理学家.

其对应的 SPARQL 语句为

```
Prefix  ns:<http://example.org/ns#>
INSERT DATA {
    ns:费米 ns:老师 ns:玻恩.
    ns:玻恩 ns:类型 ns:数学家;
    ns:类型 ns:物理学家.
}
```

执行上述语句后，图 9.8 中的知识图谱及对应的 RDF 数据如图 9.9 所示。

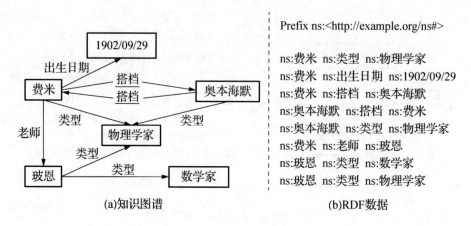

图 9.9 插入数据结果示例

(2) 数据删除。

数据删除则是从知识图谱中删除一些三元组。SPARQL 通过 DELETE DATA 语句完成该功能。其基本语法为

DELETE DATA 三元组数据

其中，三元组数据可以是多个三元组。对于给定的每个三元组，如果其在知识图谱中，则将其从知识图谱中删除，否则忽略该三元组。例如，从图 9.9 中删除三元组(ns: 玻恩 ns: 类型 ns:数学家)对应的 SPARQL 语句为

```
prefix ns:<http://example.org/ns#>
DELETE DATA {
 ns:玻恩 ns: 类型 ns: 数学家.
}
```

执行上述语句后，图 9.9 中的知识图谱及对应的 RDF 数据如图 9.10 所示。

若想删除"玻恩"的节点，则对应的 SPARQL 语句为

```
prefix ns:<http://example.org/ns#>
DELETE WHERE {
 ns: 玻恩 ?p ?o.
 ?s ?p ns:玻恩.
}
```

执行上述语句后，图 9.10 中的知识图谱及对应的 RDF 数据如图 9.11 所示。

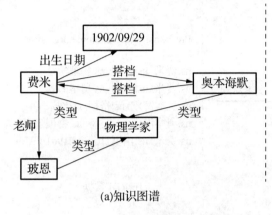

图 9.10　删除单个三元组结果示例

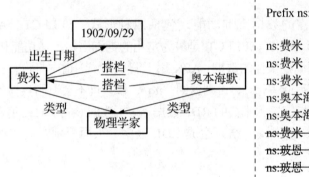

图 9.11　删除节点结果示例

(3) 数据更新。

数据更新是指更新知识图谱中指定三元组的值。和 SQL 语言不同，SPARQL 语言没有定义 UPDATE 操作，也就是说，SPARQL 语言没有直接更新已有数据的方法。但是，可以通过组合 INSERT DATA 语句和 DELETE DATA 语句来实现该功能。例如，修改图 9.12 中的三元组(ns:费米,ns:出生日期,"1902/09/29")的值 "1902/09/29" 为 "1901/09/29"，可以先从知识图谱中删除该三元组，然后插入一个新的三元组，对应的 SPARQL 代码为

```
prefix ns:<http://example.org/ns#>
DELETE DATA { ns:费米 ns:出生日期 "1902/09/29".};
INSERT DATA { ns:费米 ns:出生日期 "1901/09/29".}
```

执行上述语句后，图 9.11 中的知识图谱及对应的 RDF 数据如图 9.12 所示。

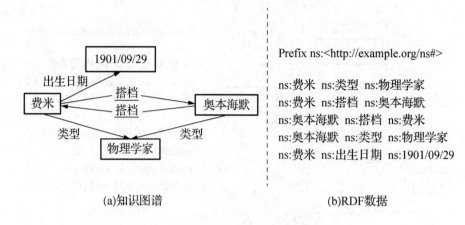

图 9.12 更新数据结果示例

(4) 数据查询。

SPARQL 语言提供了丰富的数据查询功能,包括四种形式:SELECT、ASK、DESCRIBE 和 CONSTRUCT。其中,SELECT 是最为常用的查询语句,其功能和 SQL 中的 SELECT 语句类似,获取满足条件的数据;ASK 用于测试知识图谱中是否存在满足给定条件的数据,如果存在则返回"yes",否则返回"no",该查询不会返回具体的匹配数据;DESCRIBE 用于查询和指定资源相关的 RDF 数据,这些数据形成了对给定资源的详细描述;CONSTRUCT 根据查询图的结果生成 RDF 数据。下面分别对其用法进行介绍。

① SELECT 语句的基本语法为

SELECT 变量1 变量2…WHERE 图模式 [修饰符]

由此可见,SPARQL 的 SELECT 语句由三部分构成:SELECT 子句"SELECT 变量1 变量2"、WHERE 子句"WHERE 图模式"及修饰符。SELECT 子句中的"变量1 变量2…"和 SQL 中 INSERT 语句的"列1,列2,…"的含义类似,表示要查询的目标。不同之处在于,由于 SQL 处理的数据存储于结构化的二维表中,INSERT 语句中的"列1,列2,…"和数据表中的列完全对应,因此查询的目标具有明确的语义;而 SPARQL 所处理的数据则具有更加灵活的存储结构,"变量1 变量2…"在知识图谱中没有直接的对应。WHERE 子句用于为 SELECT 子句中的变量提供约束,查询结果必须完全匹配该子句给出的图模式。图模式主要由两类元素组成:一类是三元组,如"?x a Person"表示变量"?x"必须是 Person 的一个实例;另一类是通过 FILTER 关键字给出的条件限制,这些条件包括数字大小的限制、字符串格式的限制等。最后的修饰符是可选项,用于对查询结果做一些特殊处理,常见的修饰符有用于表示排序的 ORDER 子句、用于限制结果数量的 LIMIT 子句等。例如,在图 9.9 所示的知识图谱中查询类型既是"数学家"又是"物理学家"的节点,其对应的 SPARQL 语句为

```
prefix ns:<http://example.org/ns#>
SELECT ?s
WHERE {
  ?s ns:类型 ns:数学家.
  ?s ns:类型 ns:物理学家.
}
```

执行上述语句后的查询结果如表 9-11 所示。

表 9-11 查询数据结果示例

S
玻恩

② ASK 语句用于测试知识图谱中是否存在满足给定图模式的数据。其基本语法为

ASK 图模式

其中，图模式和 SELECT 语句相同。例如，想要在图 9.9 所示的知识图谱中查询是否存在"费米"的老师的节点，那么其对应的 SPARQL 语句为

```
prefix ns:<http://example.org/ns#>
ASK { ns:费米 ns:老师 ?o.}
```

如果数据中有"费米"的老师的节点，语句返回的结果为"yes"；如果数据中没有"费米"的老师的节点(即"玻恩")，则返回"no"。

③ DESCRIBE 语句用于获取与给定资源相关的数据。其基本语法为

DESCRIBE 资源或变量 [WHERE   图模式]

DESCRIBE 后既可以直接跟确定的资源标识符，也可以跟变量。WHERE 子句是可选的，用于限定变量需要满足的图模式。例如，获取老师为"玻恩"的节点的所有信息，其对应的 SPARQL 语句为

```
prefix ns:<http://example.org/ns#>
DESCRIBE ?s WHERE  {?s ns:老师 ns: 玻恩. }
```

上述语句的执行结果为

```
@prefix ns:<http://example.org/ns#>
ns:费米    ns:类型 ns:物理学家.
ns:费米    ns:出生日期 "1901/09/29".
ns:费米    ns:老师 ns:玻恩.
```

④ CONSTRUCT 语句用于生成满足图模式的知识图谱。其基本语法为

CONSTRUCT 图模板 WHERE 图模式

其中，图模板确定了生成的知识图谱所包含的三元组类型，它由一组三元组构成，每个三元组既可以是包含变量的三元组模板，也可以是不包含变量的事实三元组；图模式则和 SELECT 等语句中介绍的相同，用于约束语句中的变量。该语句产生结果的基本流程为：首先执行 WHERE 子句，从知识数据中获取所有满足图模式的变量取值；然后针对每一个变量取值，替换图模板中的变量，生成一组三元组。例如，在图 9.13 所示的知识图谱上执行如下 SPARQL 语句。

```
CONSTRUCT {
  ?s ns:搭档 ns:奥本海默.
  ns:奥本海默 ns:搭档 ?s.
}
WHERE {
  ?s ns:老师 ns:玻恩.
}
```

上述语句的执行结果为

```
@prefix ns:<http://example.org/ns#>
ns:费米 ns:搭档 ns:奥本海默.
ns:奥本海默 ns:搭档 ns:费米.
```

9.2.2 图检索技术

知识图谱的数据在逻辑上本身就是一种图结构，因此基于图结构的存储方式能够直观灵活地对知识进行表示和存储。但利用图来建模知识图谱也有不可忽视的缺陷，标准的图查询算法复杂度较高，如何提高图查询的效率是知识图谱研究的重要问题。

图是数学中的概念，一个图 G 可以用二元组 (V,E) 表示，记为 $G=(V,E)$。其中，V 是顶点的集合，E 是顶点之间边的集合。图查询的任务是在给定的图数据集中查找给定的查询图，其核心问题是判断查询图是不是图数据集的子图，因此也称子图匹配问题。下面给出该问题的形式化定义。

子图匹配问题是指在给定查询图 Q 和目标图集 $D=\{G_i\}$ 的条件下，在 D 中找出所有与 Q 同构的子图。

子图同构问题是图论中一个古老的难题，其数学上的定义如下。

图 $G_1(V,E_1)$ 和图 $G_2(V_2,E_2)$ 的子图同构，当且仅当存在一个双射函数 $f:V_i\rightarrow V_2$，对于 G_1 的任意一条边 $e(v_1,v_2)\in E_1$，都有 $e'(f(v_1),f(v_2))\in E_2$。

子图同构问题已经被证明是一个 NP 难题，目前尚不存在多项式时间复杂度内可解

决的算法。和数学中标准的图结构不同，知识图谱中的图结构具有丰富的标签信息，体现在：图中节点的标签信息，如实体类型信息；图中边同样包含标签信息，如关系类型信息。虽然子图同构判定问题的算法复杂度很高，但是在实际应用中匹配算法的运行时间通常都在可承受范围之内，主要有两方面的原因：一方面，知识图谱中的图结构通常不会特别复杂，只有少数节点之间有边相连，因此并不会触发子图匹配算法的最坏情况；另一方面，利用知识图谱中丰富的标签信息可以有效降低算法的搜索空间。

知识图谱可以看作一张大图，其中包含了大量的连通分支与子图。在进行图匹配时，需要将查询图与每个子图逐一进行同构测试。为了减少匹配的次数，图数据库在进行子图匹配时会先按照一定条件对数据进行筛选，减少候选子图的个数。

1. 子图筛选

图索引技术是实现子图筛选的有效方法。图索引是在数据预处理阶段进行的。其基本原理是首先根据图上的特征信息建立索引[223]，在进行子图匹配时，根据查询图上的特征能够快速地从图数据库中检索得到满足条件的候选子图，避免在全部子图上进行匹配操作。基于路径的索引和基于子图的索引是最常见的图索引方法。

基于路径的索引方法将知识图谱中所有长度小于某特定值的路径集合，并根据这些路径为图数据库中的子图建立倒排索引。在进行图匹配时，首先从匹配图中抽取具有代表性的路径，然后利用索引检索获得所有包含这些路径的候选子图，最后在候选子图上进行同构测试获得最终的结果。这种索引方式的优点是图的路径获取简单直接，因此构建索引比较方便。但是问题也比较明显，随着路径长度的增加，路径数目将成指数级增长，对于大规模知识图谱来说，需要索引的路径数目过于庞大，不仅耗费巨大的存储空间，也增加了检索的时间。另外，不同路径对于子图的区分性差异很大，区分性低的路径对于降低搜索空间的效果有限。

基于子图的索引方法则将子图作为索引的特征，其关键问题是如何在保证区分性的条件下减少索引的规模。常用的方法是在构建索引时，通过在知识图谱上挖掘出的频繁子图作为建立索引的依据。频繁度是衡量一个子图频繁程度的指标，也就是子图出现的次数。实践中，需要设置一个频繁度来控制需要被索引的子图规模。频繁度过高，那么每个索引项都指向过多的子图，导致过滤效果不佳；频繁度过低，则导致索引项太多，不仅导致索引的空间开销过大，也影响索引的检索效率。因此，需要精心设置频繁度的值。

2. 子图同构判定

子图同构是一个经典的 NP 难题，尚且不能确定是否存在多项式复杂度的解法。Ullmann 算法是实践中常用的一种判定子图同构的算法，它能够枚举出所有的同构子图，因此也称枚举算法。

设矩阵 M_A、M_B 分别是图 A 和图 B 的邻接矩阵表示。邻接矩阵中第 i 行第 j 列的值 $M(i,j)$ 指示了图中顶点 i 和顶点 j 之间是否有边相连,如果有边相连,其值为 1,否则为 0。Ullmann 算法的目标是找到一个映射矩阵 F,使其满足如下条件。

$$\forall (i,j), M_A(i,j)=1 \Rightarrow M_F(i,j)=1 \tag{9.1}$$

其中,$M_F = F(F \cdot M_B)^T$。该算法包括三个基本步骤。

(1) 初始化矩阵 F,若图 A 的顶点 i 和图 B 的顶点 j 具有相同的标签,并且图 A 中顶点 i 的度不大于图 B 中顶点 j 的度,那么在 F 中记录 i 映射到 j。

(2) 修改 F 中值为 1 的项,保证 F 的每行和每列最多只有一个 1,每一个满足条件的 F 都是一个候选的映射矩阵。

(3) 在得到的候选矩阵中集中筛选满足式(9.1)的矩阵作为最终的映射矩阵。

Ullmann 算法的伪代码如下所示。在图论中,子图同构判定除了上述算法,还有一些常见的算法,如 VF 算法、VF2 算法、Nauty 算法等。

Ullmann 算法的伪代码

输入:图 A、图 B 的邻接矩阵 M_A、M_B
输出:所有合法的映射矩阵集合 ANS

```
1:   ANS={ }                    %合法的映射矩阵集合
2:   创建矩阵 F,F(i,j)=1,当且仅当图 A 的顶点 i 和图 B 的顶点 j 具有相同的标签,并且图 A 中
     顶点 i 的度不大于图 B 中顶点 j 的度
3:   for F(i,j)==1 do
4:      if 图 A 中顶点 i 的某个邻接点 i 在图 B 中没有 j 的邻接点与之对应 then
5:          重置 F(i,j)的值为 0
6:      end if
7:   end for
8:   if F 中某行或某列的元素全部为 0 then
9:      图 A 和图 B 没有子图同构,结束程序
10:  end if
11:  C_F={ }                    %候选的 F 矩阵集合
12:  for F(j)==1 do             %枚举所有可能的合法 F 矩阵
13:     F(i,j)=0
14:     if F 的每一行和每一列都至多有一个 1 then
15:         F 加入候选集合 C_F 中
16:     else
17:         递归地修改 F,并将满足条件的 F 加入到集合 C_F 中
18:     end if
19:     F(i,j)=1
20:     if F 的每一行和每一列都至多有一个 1 then
21:         F 加入到候选集合 C_p 中
```

```
22:    else
23:        递归地修改 F，并将满足条件的 F 加入到集合 C_p 中
24:    end if
25: end for
26: for F ∈ C_p do
27:    if F 满足式(9.1) then
28:        将 F 加入到集合 ANS 中
29:    end if
30: end for
```

本章小结

本章主要介绍了知识的存储和检索技术，首先介绍了两种主要的知识存储方式：基于表结构的存储和基于图结构的存储。基于表结构的存储是利用二维表对知识数据进行表示和存储。根据需求的不同，可以设计不同的表结构，如三元组表、类型表等。在实践中可以使用关系数据库实现基于表结构的存储。将实体看作节点，关系看作边，那么数据很自然地满足图结构。基于图结构的存储直接对知识图谱这种图结构进行表示和存储，因此能够直接准确地反映知识图谱的内部结构。在实践中可以使用图数据库实现基于图结构的存储。然后介绍了 SQL 语言和 SPARQL 语言，它们分别是关系数据库和图数据库的标准查询语言。由于图的查询算法复杂度较高，为了提高效率，实践中一般将图的查询问题拆分为子图筛选和子图同构判定两个步骤。

本章习题

1. SPARQL 语言如何实现数据插入、数据删除、数据更新和数据查询？
2. 什么是图检索技术？

第 10 章 经典知识推理

前面章节对知识表示及获取的相关方法进行了介绍,本章主要介绍知识推理。本章将详细描述知识图谱中的典型推理任务及一般的推理方法。

10.1 典型推理任务

相对于无结构数据,结构化知识图谱的一大优势是能够支撑高效推理。党的二十大报告中将"智能化"作为发展方向。知识推理是人工智能应用迈向更高级认知智能的重要技术,其中,知识图谱的典型推理任务包括知识补全和知识问答。下面对它们进行简要描述,然后详细介绍不同类型的知识推理策略和方法。

10.1.1 知识补全

知识补全,通常也被称为面向知识库或知识图谱的事实补全。虽然知识图谱中包含大量有价值的结构化数据,但这些数据是非常不完备的。例如,知识图谱中包括了人物 A 及其"出生地"信息,但是没有"国籍"信息,虽然知识图谱中人物类概念定义了"国籍"属性,但是没有直接给出 A 的该属性值,也就是说,知识实例数据"国籍(A,?)"在知识图谱中是缺失的。形式化地描述就是,对于具有 $r(h,t)$ 形式的三元组知识图谱,若 h、r 或 t 是未知的,根据推理方法将缺失的实体或关系预测出来(即用?表示的部分),这样的任务称为链接预测。在以关系三元组为基础的知识图谱上,链接预测是知识补全的重要技术手段。知识补全可以利用已有知识预测未知的隐含知识,进而完善现有知识图谱,是知识图谱构建和应用的重要手段之一。知识补全包含两个常用评测任务:三元组分类和链接预测。

1. 三元组分类

判断给定三元组 $r(e_1,e_2)$ 正确与否(与事实是否相符),如"省会(成都,四川)"是正确的,而"省会(重庆,四川)"是错误的,它是一个二分类问题。通过三元组分类实现知识补全的过程如下：在补全知识图谱缺失关系时，可以选一条边（"边"表示"关系"）连接任意两个实体，构成新的三元组，再判断该三元组是否正确。如果正确，说明新增加的关系是合理的，意味着发现了一个缺失的关系，可以将其添加到知识图谱中；否则，丢弃该条边。

2. 链接预测

预测一个三元组的头实体或尾实体。对一个正确的三元组，移除它的头实体或尾实体，检验模型能否预测出正确的头实体或尾实体。通过链接预测实现知识补全的过程如下：在知识图谱中选择一个实体和一个关系，该实体可以作为头实体也可以作为尾实体。当作为头实体时，对尾实体进行预测；当作为尾实体时，对头实体进行预测。如果模型能够准确预测头实体或尾实体，则说明可以在选择的实体和预测出的实体之间添加关系，否则丢弃该关系。

10.1.2 知识问答

基于知识的问答主要是通过对自然语言问句的分析，在语义理解的基础上从知识图谱中寻找答案的过程。问答中需要推理的本质原因同样是知识的缺失，问答过程中需要的知识可能在知识图谱中没有显式表达，需要通过推理才能获取隐含知识。本章根据知识缺失的形式，可以将需要推理的情景分为简单推理和复杂推理两类。关于知识问答的内容详见后续章节。

1. 简单推理问题

如何将问题转化成知识图谱上的一个查询三元组 $r(h,?)$ 或查询三元组序列 $r_1(h,m_1),r_2(m_1,m_2),\cdots,r_n(m_{n-1},?)$，并且存在知识图谱中缺失其中某个或某几个三元组的情况，需要使用推理方法将缺失的知识预测出来，我们将这一类问题归为简单推理问题。例如，对于"唐朝的开国皇帝是谁？"这个问题，若开国皇帝(唐朝,李渊)在知识图谱中是缺失的，这时就需要根据已有知识将其推理预测出来，这一类问题很容易转化成前文的链接预测问题——开国皇帝(唐朝,X)，使用知识图谱上的推理方法可以解决。类似地，对于问题"唐朝的开国皇帝的父亲是谁？"，可以分为两步：若开国皇帝(唐朝,李渊)缺失，则先对其进行推理，在获得这一知识后，再对父亲(李渊,X)在知识图谱上进行查询(知识图谱包含该实例)或继续推理(知识图谱不包含该实例)。

2. 复杂推理问题

如果问题不能转化成一个知识图谱上的链接查询 $r(h,t)$，而是表示成由多个链接组成的非链式或有嵌套的复杂结构时，我们所查询的不再是一个简单的原子的事实三元组，并且在知识图谱中缺乏这种结构的显式定义，这时需要使用推理的方法将结构预测出来。这种情况可能是由于缺失某种关系的明确定义，如在 Freebase 中没有"奶奶"的明确定义；还可能是由于问题的答案本身就是个复杂的结构，如"桃树在开花后会结果，在此过程中开花的主要目的是什么?"，这一问题的答案是"吸引蜜蜂采蜜"，就是一个复杂的结构。我们将这类问题归为复杂推理问题。

无论是知识补全任务，还是知识问答任务，都需要利用和发现未显式表达的知识实例数据，因此知识推理是知识库或知识图谱应用的重要技术。相对而言，知识补全任务在进行知识推理检测时更方便、更直接，后面介绍的各种知识推理方法都利用知识补全进行说明和验证。

10.2 知识推理分类

推理是人工智能、哲学、逻辑学等学科的重要概念。早在古希腊时期，著名哲学家亚里士多德提出了成为现代演绎推理基础的三段论。按任务对推理分类，一般可以分为三类，即演绎推理(deduction)、归纳推理(induction)、设证推理(abduction，也称溯因推理)。

从推理方法上看，推理可分为确定性推理、概率推理(不确定性推理)。传统的人工智能体系中，大多包含逻辑推理或概率推理，并且对逻辑的研究往往伴随着自动推理技术的发展。

近几年来，由于深度学习和符号数值化表示的发展，表示学习方法也被应用到知识推理任务中，此方法用于表示逻辑或跳过逻辑直接对推理目标进行预测。因此，相比于传统的符号推理方法，表示学习的方法可以归结为数值推理。

按照推理任务，推理可以分为归纳推理、演绎推理、设证推理，但由于设证推理具有一定的特殊性，且不经常使用，因此本书不进行详细的介绍。

10.2.1 归纳推理

归纳是从特殊到一般的过程。所谓归纳推理，是根据部分对象所具有的特征，推出一类事物中所有对象都具有这类特征的推理方式。归纳推理并不局限于人工智能领域，它本质上是人类的一种思维方式，在各个学科都有广泛应用。归纳推理一般具有三个步骤，分别是：①对部分资料进行观察、分析和归纳整理；②得出规律性的结论，即猜想；③检验猜想。例如，蓝鲸可以喷射水柱，抹香鲸可以喷射水柱，座头鲸可以喷射水柱，可以归纳出，鲸鱼都可以喷射水柱。我们用如下示例解释该归纳过程如何进行。

步骤1：创造出实例化的数据。为此，我们先根据已知的信息，构建事实集合。
<蓝鲸,可以喷射,水柱>；
<抹香鲸,可以喷射,水柱>；
<座头鲸,可以喷射,水柱>。

步骤 2：对有限的资料进行观察、分析、归纳整理。我们可以从以上列举的条目中发现一些规律<X鲸,可以喷射,水柱>。

步骤 3：得出带有规律性的结论，即猜想。由以上发现的规律猜想，那就是，如果<X,是一种,鲸鱼>，那么<X,可以喷射,水柱>。

步骤 4：检验猜想。我们可以找出其他的鲸鱼，如"灰鲸"，发现它也满足上述猜想，即<灰鲸,是一种,鲸鱼>并且<灰鲸,可以喷射,水柱>，因此验证了之前对规律性结论的猜想。

以上的例子详细地介绍了人类使用归纳推理方法的流程。而计算机在归纳推理上的运用主要集中在通过事实或实例，使用数据挖掘等方法，总结出通用或局部通用的规则。

10.2.2 演绎推理

狭义地理解演绎推理，可以认为它是归纳推理的对立任务，是从一般到特殊的推导过程。更具体地，演绎推理就是从一般性的前提出发，通过推导即演绎，得出具体陈述或个别结论的过程。

最经典的演绎推理是由古希腊的哲学家亚里士多德提出的三段论，它也是演绎推理中最简单的一种，包含一个一般性的原则(大前提)，一个附属于前面大前提的特殊化陈述(小前提)，以及由此引申出的特殊化陈述符合一般性原则的结论。例如，前面列举过的关于鲸鱼的例子，写成三段论的形式如下。

① 大前提：虎鲸背部有背鳍。
② 小前提：背部有背鳍的鲸鱼都属于海豚科。
③ 结论：虎鲸属于海豚科。

当然，演绎推理不仅限于三段论，也不只是从一般到特殊的过程，它有着强烈的演绎特性，重在通过利用每一个证据，逐步地推导出目标或意外的结论。该推理类型被广泛应用于数学、物理中的证明推导等任务。下面是一个演绎推理更为复杂的例子。

莎士比亚在《威尼斯商人》中写道，富家少女鲍西娅品貌双全，贵族子弟、公子王孙纷纷向她求婚。鲍西娅按照其父遗嘱，由求婚者猜盒订婚。鲍西娅有金、银、铅三个盒子，分别刻有三句话，其中只有一个盒子放有鲍西娅的肖像。求婚者中谁通过这三句话，最先猜中鲍西娅的肖像放在哪个盒子里，谁就可以娶到鲍西娅。

金盒子上的话是："肖像不在此盒中"。
银盒子上的话是："肖像在铅盒中"。
铅盒子上的话是："肖像不在此盒中"。

鲍西娅告诉求婚者，上述三句话中最多只有一句话是真的。如果你是其中一位求婚者，如何尽快猜中鲍西娅的肖像究竟放在哪一个盒子里？

A. 金盒子　　B. 银盒子
C. 铅盒子　　D. 不能确定

这道看似脑筋急转弯的问题，其实是一道利用了演绎推理中矛盾关系的典型推理问题。演绎推理中的矛盾关系是指在同一个世界中描述同一个问题，两个矛盾的语句或命题不能同时为真，也不能同时为假，即一个命题是真时，另一个必为假；反过来，若我们知道一个命题为假，那么另一个则一定为真。例如，"虎鲸是海豚的一种"和"虎鲸不是海豚的一种"，这两个命题就是矛盾的。再一次看上面的例子，我们发现银盒子和铅盒子上的话是矛盾关系，必有一真一假。并且，这个推理问题有一个重要的前提"三句话中最多只有一句是真的"，所以金盒子上的话必为假，因此，可推理出肖像在金盒子中，故正确答案是 A。

除了矛盾关系，演绎推理还关注充分条件和必要条件，在自然语言中，充分条件对应着"如果……就……""若是(倘若)……就……""一旦……就……""只要……就……""假若……则……""有……就有""哪里有……哪里就有……"，而必要条件一般与否定相关，在自然语言中对应着"没有……就没有……""除非……才……""除非……否则……""除非……不……""不……不……"。在演绎推理过程中，有细微差别的描述可能会导致推理方向乃至推理结果的变化。例如，"只有认错才能改正"和"只要认错就一定能改正"是两个完全不同的意思。

与归纳推理类似，演绎推理也是一个庞大的体系，很难在有限的篇幅内说清所有演绎推理的特性，而在计算机或人工智能领域，演绎推理对应着使用已有的知识或规则推导出未知知识的过程。

10.3　知识推理方法

10.3.1　归纳推理：学习推理规则

在上一节中对归纳推理进行了介绍，也知道了归纳推理是人类思维的运行方式之一，本节我们主要关注使用归纳推理的思想，从现实的大规模网络知识图谱中自动地总结出逻辑规则，这一任务也被称为逻辑规则挖掘。目前要完成这一任务主要用频繁子图挖掘方法，下面对这类方法进行详细的介绍。

本节以三元组式的知识图谱作为规则挖掘的数据来源，每一个存在于知识图谱的元组都具有 $r(h,t)$ 的形式。其中，h 和 t 是知识图谱中的两个实体，r 代表两个实体之间的关系。具有这种形式的逻辑规则被称为 Horn 子句。例如下述例子：

父亲$(x,y) \land$ 母亲$(y,z) \rightarrow$ 奶奶(x,z)

这条逻辑规则的含义是，x 的父亲的母亲是 x 的奶奶。在知识图谱中存在大量的这种规则的实例，也就是将规则中的变量 x、y、z 替换成知识图谱中的实体。例如，以下都是知识图谱中出现的规则的实例：

父亲(郭芙,郭靖)∧母亲(郭靖,李萍)→奶奶(郭芙,李萍)

父亲(杨过,杨康)∧母亲(杨康,包惜弱)→奶奶(杨过,包惜弱)

父亲(李元芳,李渊)∧母亲(李渊,元贞皇后)→奶奶(李元芳,元贞皇后)

父亲(李治,李世民)∧母亲(李世民,太穆皇后)→奶奶(李治,太穆皇后)

频繁子图规则挖掘恰好是一个相反的过程，它是搜集知识图谱的规则实例，再将规则实例中的实体替换成变量，同时设定一些约束，以快速地确定规则的实用性，并根据知识图谱中规则实例的支撑来快速评价挖掘到的规则。从知识图谱中搜集规则的实例是一个复杂的过程，并且其朴素的搜索算法具有指数级的计算复杂度。更形式化地说，在图中一个确定的点向周围扩散以搜索环路的操作次数是路径上每一个节点出度的积，粗略地计算，这一问题的复杂度是 $O(n^l)$，其中 n 是节点平均出度，l 是路径的长度。接下来就是如何有效地从整个空间中搜索到这样的结构，基于图搜索的方法都可以用于这一任务，如深度优先搜索、广度优先搜索、启发式搜索等，也伴随着一些剪枝的策略。一般用两个指标来评价一条逻辑规则的质量：支持度 s 和置信度 c。关联规则挖掘中对这两个指标的计算方法如下。

$$\begin{aligned} s(X \to Y) &= \frac{\sigma(X \cup Y)}{N} \\ c(X \to Y) &= \frac{\sigma(X \cup Y)}{\sigma(X)} \end{aligned} \quad (10.1)$$

式中，X 是逻辑规则的身体部分；Y 是逻辑规则的头部，也就是要推理的假设 $r_{n+1}(x_1,x_{n+1})$；σ 为计数函数，$\sigma(X \cup Y)$ 代表 X 和 Y 同时出现的次数；N 是记录的条数，但由于子图挖掘中这一基数非常大，因此一般直接以支持计数(即 X、Y 同时存在的记录条数)作为支持度的度量，即 $s(X \to Y) = \sigma(X \cup Y)$。也有其他评价指标，如头覆盖率(head coverage)、部分完整假设下的置信度(partial completeness assumption confidence)等。这些指标不仅可以用于最后对规则的筛选和作为概率推理模型中的权重，也可以作为在子图结构枚举过程中进行剪枝操作的依据。

10.3.2 演绎推理：推理具体事实

在通过上一节介绍的规则挖掘方法或者人工书写规则方法获得了逻辑规则集合之后，如何将这些规则应用于自动推理是这一节的主要内容，而运用规则推理出事实的过程，则可以认为是人工智能领域典型的演绎推理方法的应用。这一节以 λ 演算为例介绍确定性演绎推理的一般过程。

λ演算是一个形式系统，它本身是一种程序设计语言的模型，主要被用来研究函数定义、函数应用和递归，后来发展为通用的表达式语言。λ演算的核心是λ表达式，而λ表达式的本质是一个匿名函数。

例如，函数$f(x)=x+2$，可以写成匿名的λ表达式，即$\lambda x.x+2$。

下面给出λ表达式更形式化的定义：一个λ表达式由变量名、抽象符号λ、"."、"("和")"组成，并且具有以下语法。

```
<λ表达式>::=<变量名>
         ||<λ表达式><λ表达式>
         ||λ<变量名> . <λ表达式>
         ||(<λ表达式>)
```

λ表达式具有两种形式：应用型和抽象型。没有显式λ符号的表达式是应用型函数，标准形式为E_1E_2，其中E_1是函数定义，E_2是函数E_1的实参。因此，以下都是合法的λ表达式。

xx

$\lambda x.xy$

$x(\lambda y.xy)$

$\lambda x.\lambda y.x$

对于λ表达式的运算规律，应用型是从左向右运算，而抽象型则是从右向左运算，如下所示。

$$E_1E_2E_3 = \left[(E_1E_2)E_3\right]$$
$$\lambda x_1.\lambda x_2.\lambda x_3 = \left[\lambda x_1.(\lambda x_2.\lambda x_3)\right]$$

以上对λ表达式作了简单介绍，那么到底λ表达式与自然语言语义或知识之间具有何种联系？我们用下例说明。

例如，将小明买苹果转化为三元组的形式"买(小明,苹果)"，为了使这个三元组参与后续的计算，将里面的参数抽象成变量，因此这种表示可以改写成λ表达式的形式：$\lambda x.\lambda y.buys(x,y)$。λ表达式中含有自由变量(free variable)和绑定变量(bound variable)，在一个λ项中，变量要么是自由出现的，要么是被一个λ符号绑定的。例如，在$\lambda x.xy$中，x就是被λ绑定的，而y则是自由出现的变量。直观地理解为：被绑定的变量表示某个函数形参的变量，而自由变量不表示任何函数形参的变量。

在了解了λ表达式后，我们再来看λ演算的三种操作。

(1) α-置换。

在λ表达式中，变量的名称是不重要的，$\lambda x.x$ 和 $\lambda y.y$ 本质上是相同的函数，所以具有约束的变量都是可以进行置换的。例如，下例在λ演算中是合法的。

$\lambda x.(\lambda x.x)x = \lambda y.(\lambda x.x)y$

(2) β-归约。

β-归约类似于函数中变量代入的概念，是将实参代入到前面的 λ 项中，替换掉里面的变量。例如，以下都是 β-归约的例子。

$\lambda x.\lambda y.y\ x \rightarrow \lambda y.y$

$(\lambda x.\lambda y.y\ x)(\lambda z.u) \rightarrow \lambda y.y(\lambda z.u)$

$(\lambda x.\ X x)(\lambda z.u) \rightarrow (\lambda z.u)(\lambda z.u)$

(3) η-变换。

η-变换表达了外延性(extensionality)概念，"当且仅当"对于所有的参数它们都给出同样的结果，那么两个函数是相等的。

应用三种归约的方法，我们可以将上例中的 λ 表达式 $\lambda x.\ \lambda y.buys(x,y)$ 归约为 buys(小明,苹果)。

10.4 常识知识推理

对于什么是常识，在人工智能及自然语言处理领域至今也没有一个统一的定义。通常我们认为常识是普通大众都应该知晓的，是心智健全的成年人所应该具备的基本知识，包括生存技能、基本劳作技能、基础自然科学及人文社会科学知识等。例如，鸟会飞、鱼会游、兔子通常有四条腿等。常识本身虽然简单，但是对于常识的由来、常识的传播方式、常识的置信度评估、常识在计算机中的表示，这些都是目前没有被解决的问题。因此，对常识知识进行推理是一项重要而前沿的研究领域。例如，回答以下问题，就需要使用常识进行推理。

一棵树从太阳中储存能量到它的果实中，请问这一过程是物理反应还是化学反应？

对于该问题，我们需要知道植物通过光合作用生成并存储能量，而光合作用是将太阳能转化为化学能，并且有化学能参与的转化是化学反应。整个推理过程中使用到了光合作用和化学反应的常识性定义。因此，常识的推理形式取决于常识的表示方式。

ConceptNet 是一个著名的常识知识库，它以三元组的形式表示常识，并且给出了这类常识在自然语言中的表示方式。例如，下面的示例三元组是 ConceptNet 对动物知识的描述。

(兔子,痛恨,狼)　　　　　　　　(兔子,惧怕,狮)

(兔子,惧怕,猎人)　　　　　　　(兔子,惧怕,老虎)

(兔子,喜欢,胡萝卜)　　　　　　(老虎,有,牙齿)

(老虎,在,山洞)　　　　　　　　(老虎,喜欢,肉)

(老虎,喜欢,抢地盘)　　　　　　　　(老虎,是一种,保育类动物)
(老虎,痛恨,猎枪)

　　这种由三元组的形式组成的知识图谱结构，令 ConceptNet 完全适用于之前在事实三元组知识表示上开发的推理方法，因此在 ConceptNet 中，常识的推理与正常的知识推理没有什么不同。例如，我们可以从以上的三元组中总结出：兔子惧怕老虎，又因为老虎喜欢吃肉，因此老虎会吃兔子。

　　另一个著名的常识库是 Cyc，这是一个致力于将各个领域本体及常识知识进行集成，并在此基础上实现知识推理的人工智能项目。Cyc 目前有超过 630000 个概念，38000 种关系的类型，超过 700 万条常识性的断言。Cyc 有复杂的语法定义，包括对概念、谓词，甚至逻辑的定义，Cyc 的表示方法被称为 CycL 语言，这是一种以一阶逻辑为基础，伴有部分高阶逻辑的语言，类似于 Lisp 语言。Cyc 中的概念包括个体、集合和函数，常以 "#$" 开头，如 #$MapleTree 和 #$massOfObject 等；变量以 "?" 开头，如?OBJ 等。谓词也具有类似的表示，如#$isa、#$likesAsFriend、#$GovernmentOf 等。Cyc 表示常识的方法是用括号表示一条常识，并且谓词排在最前边，举例如下。

(#$isa #$EMRG #$Color)

　　表示 EMRG 是一种颜色。

(#$genls #$Tree-ThePlant #$Plant)

　　表示所有的树都是植物。

　　为了使用 Cyc 进行推理，Cyc 定义了自己的逻辑符号，包括#$not、#$and、#$or 及#$implies。这样就可以形成一般的命题，举例如下。

(#$not
　(#$colorOfObject #$FredsBike #$RedColor)
)
(#$implies
　(#$and
　(#$isa?OBJ?SUBSET)
　(#$genls?SUBSET ?SUPERSET))
　(#$isa?OBJ?SUPERSET)
)

　　前一个式子表示 "#$FredsBike" 的颜色不是红色，后一个式子表示如果 "?OBJ" 属于"?SUBSET"并且"?SUBSET"是"?SUPERSET"的子集，则"?OBJ"属于"?SUPERSET"。

　　因此，在 Cyc 这种精确的逻辑表示下，可以进行准确的逻辑推理。

本章小结

本章主要介绍知识推理。首先对典型的推理任务进行介绍，从不同角度对推理任务和方法进行了分类，然后重点介绍归纳推理和演绎推理两种推理方法，最后对常识知识的表示和推理进行简要介绍。

本章习题

1. 典型推理任务有哪些？
2. 什么是知识补全？主要包括哪些任务？
3. 什么是归纳推理和演绎推理？

第11章 确定性推理与不确定性推理

11.1 确定性推理

确定性推理简称逻辑推理，它具有完备的推理过程和充分的表达能力，可以严格地按照专家预先定义好的规则准确地推导出最终的结论，也就是说，在推理的起始点和规则集合固定的情况下，结论也是固定的，因此确定性推理没有关于准确性的评价，如何快速自动地推导出结论是确定性推理主要的研究目标。

确定性推理的研究工作大多专注于基于某种逻辑定义下的自动推理算法的研发。例如，基于可满足性的 GSAT 和 WALKSAT 算法用于求解命题逻辑推理；以 Rete 算法为代表的基于前向链接的算法，以及被应用于 Prolog 语言的反向链接算法，都被应用于一阶逻辑的推理。自 1879 年 Gottlob Frege 建立起首个基于完整一阶逻辑的推理系统开始，繁多的自动推理系统被建立起来，其中有面向某一特殊领域的专家推理系统，如用于数学定理证明的 VAMPIRE，也有与领域无关的推理架构，如 SOAR，还有可编程的通用逻辑语言 Prolog，其中 Prolog 语言被广泛应用于多种逻辑自动推理器及专家系统的设计。

21 世纪初，随着 W3C 提出资源描述框架(resource description framework，RDF)的标准，以及语义网(semantic web)和开放链接数据(linked open data)等项目的出现与发展，基于 RDF 三元组的确定性推理技术得以进一步发展。这些研究成果中具有影响力的有欧盟主导的知识计算平台 LARKC(large knowledge collider，大规模知识加速器)，这是构建分布式知识推理的平台，类似的还有 WebPIE，一个基于网络本体语言(web ontology language，OWL)的大规模分布式推理系统。之后，为了权衡语义表达能力和推理效率，又出现了一些基于 OWL 子语言及描述逻辑(description logic)的推理系统，如 ELK、DLV、Pellet 等。这类系统的好处是领域专家只需专注于专业知识，而推理规则由推理系统的设计者建立。

确定性推理具有准确性高、推理速度快等特点，目前仍是一个非常热门的研究方向。但面对真实世界，尤其是存在于网络大规模知识图谱中的不确定甚至不正确的事实和知识时，确定性推理很难对其进行处理。例如，出生地$(X,Y)\rightarrow$国籍(X,Y)是一条置信度较高的逻辑规则，但也仍有少数的事实不满足它；大规模知识图谱 YAGO 也根据抽样统计宣布其中含有 5%左右的错误事实。在这些情况下，需要通过加入统计或概率的方式，对确定性的逻辑推理规则进行软化，用以捕捉真实世界中的不确定性，由此研究者提出概率推理方法。

确定性推理技术也很难应用于充满不确定性的自然语言处理任务，如知识问答，主要有以下三个原因：①现有的自然语言理解技术还很难准确地将自然语言表达成确定性的逻辑推理需求；②知识问答等自然语言处理任务中的各种"规则"很难由专家人工给出，而基于统计方法挖掘出来的规则带有一定的不确定性和概率性；③现实世界本身的不确定性，也从本质上决定了一些问题是无法使用确定性推理技术进行回答的。

11.2 不确定性推理

11.2.1 概述

不确定性推理又称概率推理，是机器学习或统计学习中一项重要的分支，它并不是严格地按照规则进行推理的，而是根据以往的经验和分析，结合专家先验知识构建概率模型，并利用统计计数、最大化后验概率等统计学习的手段对推理假设进行验证或推测。按照概率推理中特征的模式与来源，可以分为三类方法：概率图模型、概率逻辑推理和关联规则挖掘。

1. 概率图模型

概率推理与概率图模型有着密切的联系，早在 20 世纪早期，Sewall Wright 就利用网络来表示概率信息，用于对基因遗传和动物生长因素的多方面不确定性以及它们之间的关系进行分析。而概率图模型则可根据图结构的不同，分为基于有向图的贝叶斯网络(Bayesian network)和基于无向图的马尔可夫网络(Markov network)。其中，贝叶斯网络被广泛应用于各类专家系统中，如医疗、电力、计算机系统等。这一类方法使用的最主要的推理目标就是条件下的概率查询 $P(Y|E=e)$，其中 Y 的值 y 上的后验概率分布取决于获得的证据 $E=e$，并通过最大后验概率的方式进行求解。但是这种基于概率图模型的无约束推理一般都是 NP 问题，因此在最坏情况下需要指数级的推理时间，更严重的是，对于这种推理的近似求解依然是一个 NP 问题。对于具体的推理问题近似或归约的研究一直在继续着，并且是一个非常活跃的研究领域，包括来自统计学、计算机科学和物理学的贡献。主要的工作有：①基于和积变量消除的方法，它通过对一个变量求和，并与其他相关因子相乘以消除这一变量，从而令复杂的概率图结构尽可能地简单化；②基于概率图结构的置信传播或期望传播的方法，将原有的推理问题转为图上的优化问题，并以

优化的方式对设计好的能量函数或势函数求概率最大，以达到近似推理的目的；③从所有或部分变量的实例出发，通过对这些原子实例进行统计或采样，以估计推理目标概率，包括著名的基于马尔可夫链蒙特卡罗方法(Markov chain Monte Carlo method，MCMC)的 Metropolis Hasting 算法，以及针对无向图推理设计的 Gibbs 算法。

概率图模型具有较深的理论和研究基础，也具有很深的应用历史和背景，很难在本章有限的篇幅中讲清楚，而且概率图模型也不作为本书的重点，如果想了解概率图模型的具体内容，请参考《概率图模型：原理与技术》一书[224]。

在单纯的概率图模型中，虽然对变量本身以及变量间的依赖关系进行了建模，但只是针对具有直接概率依赖的实例级元素，并没有对更高层次的语义框架进行抽象，缺失了真实世界中存在的规律和规则，导致这一类模型需要大量重复的概率评估，在应用于目前主流大规模网络知识图谱时，会因为海量知识之间存在的复杂的概率依赖关系，而需要大量计算。因此，单纯的概率图模型并不能很好地处理大规模知识推理任务。

2. 概率逻辑推理

概率逻辑推理是通过概率图模型对逻辑进行建模的一类方法，弥补了概率图模型中缺乏可复用规则的缺点。早期有大量的工作利用概率与逻辑的融合作为可能世界(possible world)的概率度量，如 Nilsson[225]和 Bacchus[226]分别对命题逻辑和一阶逻辑进行了概率化，并利用知识库中的每一条关系三元组对可能世界概率进行了约束。但由于知识图谱规模爆发式地增长，即使利用马尔可夫毯(Markov blanket)等局部依赖假设，对知识图谱中的所有知识实例都进行建模也是不可行的。在这种情况下，开始出现了基于逻辑变量或逻辑规则模板的推理模型，其中最著名的就是合并了马尔可夫网和一阶逻辑的马尔可夫逻辑网(Markov logic network，MLN)模型。马尔可夫逻辑网可以被看作一个构造马尔可夫网的模板，它维护一个基于一阶逻辑的规则库，并对每一个逻辑规则附上了权重，以此对可能世界进行软约束。

例如，我们想知道"某人的国籍是什么？"，以下两条规则都可用于此任务。

父亲(X,Y)∧国籍(Y,Z)→国籍(X,Z)

孩子(X,Y)∧国籍(Y,Z)→国籍(X,Z)

这两条带有变量的规则就是马尔可夫逻辑网中的规则模板，它们分别表示"一个人和其父亲拥有同样的国籍"以及"一个人和其孩子拥有同样的国籍"，虽然在现实世界中这两条规则在大部分情况下都是正确的，但也不排除移民、随母方国籍等因素，使得两条规则有着不同的成立概率。为此，马尔可夫逻辑网模型在每一个规则上绑定一个权重，并将不同逻辑规则对推理目标的贡献合并到统一的概率模型下，如下所示。

$$P_w(X=x)=\frac{1}{Z}\exp\left[\sum_{f_i\in F}w_i\sum_{g\in G_{f_i}}g(x)\right]=\frac{1}{Z}\exp\left[\sum_{g\in G_{f_i}}w_in_i(x)\right] \qquad (11.1)$$

第 11 章
确定性推理与不确定性推理

式中，$g(x)=1$ 时表示这一条实例化的规则是真的，反之是假的；$n(x)$ 则是 $g(x)$ 为 1 的计数；F 是马尔可夫逻辑网中所有谓词规则的集合；G_{f_i} 是利用所有原子事实去实例化规则 f_i 后的集合。

$$Z = \sum_{x' \in X} \exp\left[\sum_{f_i \in F} w_i n_i(x)\right] \tag{11.2}$$

式(11.2)是集合了所有可能世界的归一化参数。马尔可夫逻辑网等概率逻辑推理模型的研究围绕结构学习、参数学习和推理三个重要任务展开，并从中涌现出大批研究成果。

结构学习又可以称为概率逻辑推理模型下的规则自动挖掘，其目的不仅仅是从实例级的数据中获得逻辑规则的样式，也要在获得的逻辑规则集合的作用下确保目标世界概率最大。Kok 和 Domingos 结合归纳逻辑编程(inductive logic programing，ILP)和特征归纳的思想，尝试在结构学习的每个迭代步骤中，以自顶向下的方式搜索具有最优加权伪似然的候选逻辑规则，然而由于候选子句数目巨大，使得算法很容易陷入局部最优。为了有效缩减候选子句的个数，Mihalkova 和 Mooney 采取自底向上的搜索策略直接构造有意义的候选子句集合，然后逐个添加到马尔可夫逻辑网中并对可能世界概率进行评估，但由于这种方法需要在每一步时都对规则进行实例化操作，导致计算最优结构集合的效率明显降低。为了解决这一问题，有研究者提出使用迭代局部搜索的启发式策略代替全局搜索，以实现高效率的结构学习，同时一些研究者提出了判别式的结构学习方法，通过最大化伪似然来选择结构。其他的结构学习方法还包括在超图上进行聚类以缩小枚举空间的最大似然损失算法，以及用于长规则学习的方法等。典型的基于马尔可夫逻辑网的推理系统有 Alchemy 和 Tuffy，其中 Tuffy 运用数据库及存储过程等技术，是一个工业级的推理系统。

对于参数学习，学习马尔可夫逻辑网参数的目的是为逻辑规则赋值合适的权重，权重越大，意味着满足该规则的世界越有可能发生。Domingos 等人基于投票感知器算法首次提出判别参数学习方法，之后又提出单权重学习，并利用牛顿法和共轭梯度法提高学习速率。

在获得带有权重的规则集合后，对于使用规则进行推理的过程，一般会归约到概率图模型的推理问题上，再通过最大后验概率或基于可满足性的方法进行推理。Singla 和 Domingos 在最大后验推理中成功地引入了加权可满足性求解器，但是由于实例化所有可能规则所消耗的内存空间成指数级增长，极大地限制了该方法可适用的领域规模，因此他们又利用了关系类型之间关联较少的特性，从而大幅度降低内存开销。Poon 和 Domingos 结合可满足性以及马尔可夫链蒙特卡罗方法提出 MC-SAT 推理方法[227]，并在此基础上提出可降低内存开销的更为通用的推理框架。除此之外，还有基于提升网格的置信传播及结构约简等方法。

除了马尔可夫逻辑网，还有一些概率推理的模型，如概率软逻辑(probabilistic soft

logic，PSL)和随机逻辑编程(stochastic logic programs，SLP)。概率软逻辑利用 t-norm 理论对知识图谱中事实的不确定性建模，这种实例级事实的不确定性是由知识来源以及知识获取方法中的错误导致的，如 YAGO 中含有 5%左右的错误知识。随机逻辑编程则是从归纳逻辑编程中发展出来的概率版本。

3. 关联规则挖掘

相比于概率图模型及概率逻辑推理模型，基于关联规则挖掘的方法更像是在运行概率逻辑推理之前从数据中获取规则的一个步骤，这一类方法甚至并没有严格的逻辑定义，它们将逻辑规则作为具有结构的特征，利用数理统计的方式评估特征的支持度、置信度或其他预定义的统计量，再将统计数据作为特征值加入到最终的统计模型中进行推理。这一类方法的典型算法或系统有路径排序算法(path ranking algorithm，PRA)，基于数据库连接查询模式的 WARMR 系统，基于归纳逻辑编程的 ALEPH 系统、DL-Learner 系统、QuickFOI，以及基于开放世界假设(open-world assumption)的 AMIE、AMIE+系统等。路径排序算法是基于图上随机游走的启发式方法，它通过枚举或抽样图上两个节点(对应知识图谱中的两个实体)间的路径，递归地计算两点间的到达概率，对每一条路径进行打分，以此与权重一起加入到整体模型中完成推理。WARMR 系统则是通过挖掘数据库中频繁的连接查询操作记录，作为共现次数加以统计。基于归纳逻辑编程的系统从实例化的事实中归纳出逻辑规则，但却因为需要负例支撑生成规则的过程而不适用于目前大多数知识图谱。AMIE 和 AMIE+系统则利用开放世界假设，解决由于知识图谱中缺少负例和数据偏畸而造成的置信度估算不准确问题。由于这一类方法完全是数据驱动的，运行速度快、易于实现、可并行化是它们的先天优势，因此可以应用到大规模知识图谱中。但这一类方法不区分任何关系类型而全部简化成共现处理，也没有建立在某一逻辑框架下，对现实世界中的推理任务而言，这种技术过于粗糙，其效果也受到很大程度的限制。除了以上介绍的方法，还有计算机辅助领域专家进行规则创建的系统、基于聚类的规则挖掘、频繁子树结构挖掘等。

不确定性推理是指从不确定性的初始证据出发，通过运用不确定性的知识，推出具有一定程度的不确定性但却合理或近乎合理的结论的思维过程。不精确性是科学认识中的重要规律，也是进行机器智能推理的主要工具之一。不确定性推理方法主要分为控制方法和模型方法两类。不确定性推理的控制方法主要取决于控制策略，包括相关性指导、机缘控制、启发式搜索、随机过程控制等。模型方法具体可分为数值模型方法和非数值模型方法两类。按其依据的理论不同，数值模型方法主要有基于概率的方法和基于模糊理论的推理方法。纯概率方法虽然有严格的理论依据，但通常要求给出事件的先验概率和条件概率，而这些数据不易获得，因此其应用受到限制。基于概率的方法在概率论的基础上提出了一些理论和方法，主要有可信度方法、证据理论、基于概率的贝叶斯推理方法等。常用的不确定性推理的数学方法主要有基于概率的似然推理(plausible reasoning)、基于模糊数学的模糊推理(fuzzy reasoning)，以及使用人工神经网络算法、遗传算法的计算推理等。

所有的不确定性推理方法都必须解决三个问题。

(1) 表示问题。表示问题是指采用什么方法描述不确定性。在专家系统中，"知识不确定性"一般分为两类：一是规则的不确定性，二是证据的不确定性。一般用($E{\rightarrow}H, f(H,E)$)来表示规则的不确定性，$f(H,E)$即相应规则的不确定性程度，称为规则强度。一般用(命题$E, C(E)$)表示证据的不确定性，$C(E)$通常是一个数值，代表相应证据的不确定性程度，称为动态强度。规则和证据不确定性的程度常用可信度来表示。值得注意的是，在专家系统MYCIN中，可信度表示规则及证据的不确定性，取值范围为[-1, 1]。当可信度大于零时，其数值越大，表示相应的规则或证据越接近于"真"；当可信度小于零时，其数值越小，表示相应的规则或证据越接近于"假"。

(2) 语义问题。语义问题指上述表示和计算的含义是什么，即对它们进行解释，需要对证据和规则的不确定性给出度量。对于证据的不确定性度量$C(E)$，需要定义在下述三种典型情况下的取值：E为真，$C(E)$=?；E为假，$C(E)$=?；对E一无所知，$C(E)$=?。对于规则的不确定性度量$f(H,E)$，需要定义在下述三种典型情况下的取值：若E为真，则H为真，这时$f(H,E)$=?；若E为真，则H为假，这时$f(H,E)$=?；E对H没有影响，这时$f(H,E)$=?。

(3) 计算问题。计算问题主要指不确定性的传播和更新，即计算问题定义了一组函数，求解结论的不确定性度量。其主要包括三方面：①不确定性的传递算法，已知前提E的不确定性$C(E)$和规则强度$f(H,E)$，求结论H的不确定性，即定义函数f_1，使得$C(H)=f_1(C(E),f(H,E))$；②结论不确定性的合成，由两个独立的证据E_1和E_2求得的假设H的不确定性$C_1(H)$和$C_2(H)$，求证据E_1和E_2的组合导致的假设H的不确定性，即定义函数f_2，使得$C(H)=f_2(C_1(H),C_2(H))$；③组合证据的不确定性算法，已知证据E_1和E_2的不确定性$C_1(E)$和$C_2(E)$，求证据E_1和E_2的析取和合取的不确定性，即定义函数f_3和f_4，使得$C(E_1 \wedge E_1)=f_3(C(E_1),C(E_2))$，$C(E_1 \vee E_2)=f_4(C(E_1),C(E_2))$。

11.2.2 基于概率论的推理方法

概率论较为完善，被最早用于不确定性知识的表示和处理，但因条件概率不易给出、计算量大等原因，应用受到了限制。

1. 基础知识

(1) 条件概率的定义。

$P(B|A)=P(AB)/P(A)$称为事件A发生的条件下事件B的条件概率。

(2) 全概率公式。

设事件$A_1,A_2,\cdots,A_n$互不相容，其和为全集。则对于任何事件B：$P(B)=\Sigma(P(A_i) \times P(B|A_i))$。

注意，一般地，如果一个集合含有我们所研究问题中涉及的所有元素，那么就称这个集合为全集，通常记作 U。

(3) 贝叶斯公式。

设事件 $A_1,A_2,\cdots,A_n$ 互不相容，其和为全集，则对于任何事件 B：$P(A_i|B)=P(A_i)\times P(B|A_i)/P(B)$。

2. 经典概率方法

(1) 单条件。

设有产生式规则 IF E THEN H_i（其中，E 为前提条件，H_i 为结论），用条件概率 $P(H_i|E)$ 表示证据 E 条件下，H_i 成立的确定性程度。

(2) 复合条件。

对于复合条件 $E = E_1$ AND E_2 AND $\cdots$ AND E_m，用条件概率 $P(H_i|E_1,E_2,\cdots,E_m)$ 表示 $E_1,E_2,\cdots,E_m$ 出现时，结论 H_i 的确定性程度。

3. 逆概率方法

在实际中，求条件 E 出现的情况下结论 H_i 的条件概率 $P(H_i|E)$ 非常困难，但是求逆概率 $P(E|H_i)$ 要容易得多。例如，E 代表咳嗽，以 H_i 代表支气管炎，统计咳嗽的人中有多少人患支气管炎的条件概率 $P(H_i|E)$，统计工作量较大，而统计患支气管炎的人中有多少人咳嗽的条件概率 $P(E|H_i)$，就容易多了。

如果前提条件用 E 表示，用 H_i 表示结论，用贝叶斯公式就可得到

$$P(H_i|E) = \frac{P(H_i)P(E|H_i)}{\sum [P(H_i)P(E|H_i)]}$$

当已知 H_i 的先验概率，结论 H_i 成立时 E 的条件概率 $P(E|H_i)$，就可以求出 H_i 的条件概率。如果有多个证据 $E_1,E_2,\cdots,E_m$ 和多个结论 $H_1,H_2,\cdots,H_n$，则可以进一步扩充为

$$P(H_i|E_1,E_2,\cdots,E_m) = \frac{P(H_i)P(E_1|H_i)P(E_2|H_i)\cdots P(E_m|H_i)}{\sum [P(H_i)P(E_1|H_i)P(E_2|H_i)\cdots P(E_m|H_i)]}$$

11.2.3 模糊推理

1. 模糊数学的基本知识

(1) 模糊集合。

① 模糊集合的定义。

模糊集合是用来表达模糊性概念的集合，又称模糊集、模糊子集。集合元素对集合的隶属程度称为隶属度，用 μ 表示。$\mu=1$，表示元素属于集合；$\mu=0$，表示元素不属于集合。模糊集合用"隶属度/元素"的形式来表示。

$$A = \mu_1/x_1 + \mu_2/x_2 + \cdots + \mu_n/x_n = \int \mu A(x)/x$$

② 模糊集合相等。

$A=B$，对于 $\forall x$，$\mu A(x)=\mu B(x)$。

③ 模糊集合包含。

B 包含 A，当且仅当 $\forall x \in U$，$\mu A(x) \leq \mu B(x)$。A、B 均是论域 U 上的模糊集合，即 A、B 中的元素 $\in U$。

④ 模糊集合并、交、补。

a. $\mu(A \cup B)(x)=\max(\mu A(x), \mu B(x)) \forall x \in U$，也记为 $\mu A(x) \vee \mu B(x)$，$\vee$ 表示取极大。

b. $\mu(A \cap B)(x)=\min(\mu A(x), \mu B(x)) \forall x \in U$，也记为 $\mu A(x) \wedge \mu B(x)$，$\wedge$ 表示取极小。

c. $\mu(\neg A)(x)=1-\mu A(x) \forall x \in U$

⑤ 模糊集合的积。

A、B 分别是论域 U、V 上的模糊集合。即 A 中的元素为 $x \in U$，B 中的元素为 $y \in V$，$A \times B = \int (\mu A(x) \wedge \mu A(y))/(x,y)$，相乘之后元素变为 (x,y) 值对。

(2) 模糊关系。

① 模糊关系的定义。

论域 U 到 V 上的模糊关系 R，指 $U \times V$ 上的一个模糊集合，集合元素为有序对 $<x,y>$，集合隶属函数为 $\mu R(x,y)$。模糊关系 R 通常用矩阵表示，以 $U=V=\{1,2,3\}$ 为例(表 11-1)。

表 11-1 模糊关系 R 的矩阵表示

		y		
		1	2	3
	1	0	0.1	0.6
x	2	0	0	0.1
	3	0	0	0

模糊关系矩阵为

$R=[[0, 0.1, 0.6], [0, 0, 0.1], [0, 0, 0]]$

② 模糊关系的合成。

R 是 $U \times V$ 上的模糊关系，S 是 $V \times W$ 上的模糊关系，$U \times W$(叉积)上的模糊关系 $T=R \circ S$($\circ$ 表示模糊关系)。模糊关系 T 的隶属函数为 $T=\vee(\mu R(x,y) \wedge \mu S(y,z))$。例如，$R=[0.3, 0.7, 0.2]$，$S=[0.2, 0.6, 0.9]$，$T=(0.3 \wedge 0.2) \vee (0.7 \wedge 0.6) \vee (0.2 \wedge 0.9)=0.6$。

2. 模糊假言推理

(1) 模糊规则的表示。

模糊命题的一般形式为 x is A 或 x is A(CF)。模糊规则产生式的一般形式为 IF E THEN R(CF, λ)。其中，E 为用模糊命题表示的模糊条件；R 为用模糊命题表示的模糊结论；CF

为该产生式规则所表示的知识的可信度因子，由领域专家在给出规则时同时给出；λ 为阈值，用于指出相应知识在什么情况下可被应用。

模糊规则举例如下。

IF x is A THEN y is $B(\lambda)$

IF x is A THEN y is $B(CF,\lambda)$

IF x_1 is A_1 AND x_2 is A_2 THEN y is $B(\lambda)$

IF x_1 is A_1 AND x_2 is A_2 AND x_3 is A_3 THEN y is $B(CF,\lambda)$

(2) 证据的模糊匹配。

规则的前提条件中的 A 与证据中的 A' 不一定完全相同，推理时需要先考虑它们的相似程度是否大于某个预先设定的阈值 λ。贴近度是一种表示接近程度的计算方法。A、B 的贴近度定义为 $(A,B)= 0.5[A \cdot B +(1-A \odot B)]$。其中，$A \cdot B = \vee (\mu A(x_i) \wedge \mu B(x_i))$，$A \odot B = \wedge (\mu A(x_i) \vee \mu B(x_i))$，$\wedge$ 表示取极小，$\vee$ 表示取极大。

(3) 简单模糊推理。

假设模型为 IF x is A THEN y is $B(\lambda)$，证据为 x is A' 且 $(A,A') \geqslant \lambda$，结论为 y is B'，推理步骤如下。

① 构造 A、B 之间的模糊关系 R（R 的典型构造方法是扎德法）。

② 合成 R 与前提：$B'=A' \circ R$。

③ 得出结论。

本章小结

本章主要围绕确定性知识推理和不确定性知识推理进行介绍。首先介绍及分析了确定性知识推理的发展及特点。然后详细介绍了不确定性知识推理的一般方法，并具体介绍了基于概率论的推理方法。最后对模糊推理进行了介绍。

本章习题

1. 按照概率推理中特征的模式与来源，不确定性推理可以分为哪三类方法？
2. 什么是模糊推理？

第 12 章 数值推理

数值推理就是使用数值(尤其是向量矩阵等数值)计算的方法,来捕捉知识图谱上隐式的关联,模拟推理的过程。

12.1 基于数值计算的推理

本节介绍的数值计算方法特指知识图谱的表示学习方法,是将离散的符号表示成低维实数向量或矩阵以捕捉元素之间隐式关联的一种技术手段,后续很容易加入到计算模型中,如神经网络模型。从另一个角度来看,表示学习相当于将原始的特征空间向分布式空间作一次映射,从而带来如下好处。

① 减少维数灾难问题。一些统计模型往往需要捕捉多个原子特征之间的联合分布,使特征空间成指数级增长,而特征经过向分布式空间映射后,对特征之间的复杂关系进行了解耦。

② 减少了数据稀疏性问题。在知识图谱、社交网络和推荐系统等稀疏图或稀疏矩阵数据中,稀疏性问题十分严重,而表示学习通过数值计算对稀疏矩阵进行填充,在一定程度上解决了数据稀疏性的问题。

③ 符号数据可以直接参与运算且计算速度非常快。建立在分布式空间上的相似度函数或其他计算函数可以直接运用符号元素之间的分布式表示,而不必借用其计数、分布等统计量。

知识图谱上的表示学习方法主要分为以下两类:基于张量分解的方法和基于能量函数的方法。

12.1.1 基于张量分解的方法

张量分解的基本思想是用多个低维的矩阵或张量的积代替原始关系矩阵,从而用少量的参数代替稀疏而大量的原始数据。Koren 等人最先将矩阵分解的方法应用到推荐系统中,并使矩阵分解技术成为应用的热点,上海交通大学的 ACM 团队在其基础上开发了基于特征的矩阵分解。但矩阵分解的方式只能捕捉两个元素之间的关系,并不适用于三元组知识图谱。

首先分析二维矩阵的情况,以用户和商品的打分为例,图 12.1 列举了一个用户和商品打分矩阵 R。我们为每一个用户和商品都分配了一个六维的向量,称为分布式向量。用户的分布式向量组成用户矩阵,记为 U;商品的分布式向量组成商品矩阵,记为 I。我们期望矩阵 U 和矩阵 I 的积尽可能地接近原有的用户和商品打分矩阵。为实现这一目标,使用数值优化的方式设计出以下的损失函数。

$$L = \|UI - R\| \\ = \sum_{u \in U} \sum_{i \in I} \|u \cdot i - r_{ui}\| \tag{12.1}$$

其中,向量 u 是矩阵 U 的一行,向量 i 是矩阵 I 的一列,r_{ui} 表示第 u 个用户对第 i 个商品的打分值。通过反复地迭代,就可以获得各个用户和商品的分布式表示。

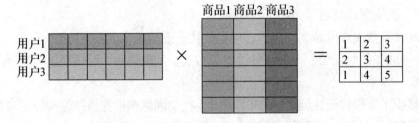

图 12.1　用户和商品打分矩阵及矩阵分解示意图

Nickel 最先将这种方法推广到三维张量空间中,以适应三元组知识图谱的结构,他提出了 RESCAL 模型,如图 12.2 所示。RESCAL 模型的核心是将知识图谱看成一个三维张量 X,其中每个二维矩阵切片代表一种关系,如果两个实体存在某种关系,则将矩阵中对应的值标为 1,否则标为 0。然后将张量 X 分解为实体矩阵 A 和一个低阶三维张量 R 的乘积 $X \approx ARA^T$,其中矩阵 A 的每一行代表一个实体的向量,张量 R 的每个切片 R_k 表示第 k 种关系。RESCAL 模型被应用到 YAGO 等知识图谱的表示学习中,以证明它的有效性。

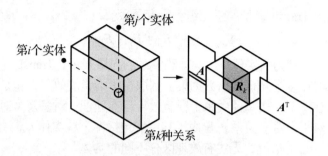

图 12.2 RESCAL 模型的张量分解

12.1.2 基于能量函数的方法

与基于张量分解的方法不同，基于能量函数的方法的目标不是恢复出原始的关系矩阵和张量，而是根据任务的不同，自定义能量函数(或称目标函数、损失函数)，使得成立的事实三元组能量低，不成立的事实三元组能量高，并通过能量函数的计算结果对事实是否成立进行推理。在学习中，最常见的方法是基于间隔的排序损失(margin-based pairwise ranking loss)。例如，在知识图谱的链接预测任务中，这类方法会自定义一个能量函数 f，并计算每一个三元组 $r(h,t)$ 的能量得分 $f_{r(h,t)}$，并认为在知识图谱中存在的三元组得分应该高于不存在的三元组得分，且至少高出 γ 间隔，这种基于间隔的排序损失可以表示成如下形式。

$$\mathcal{L} = \sum_{r(h,t)\in KB} \sum_{r(h',t')\in KB'} \left[f_{r(h',t')} + \gamma - f_{r(h,t)} \right]_+ \quad (12.2)$$

基于能量函数的方法的出发点与基于张量分解的方法不同，它是期望在三元组的相似度得分下，寻求知识图谱中各个元素的关系。其中基于平移的嵌入学习模型(TransE，也可称为基于翻译的嵌入学习模型)是这一类方法的典型方法。TransE 的思想来源于基于神经网络的词表示学习方法，特别是 word2vec 工具中使用的几种方法。word2vec 能够学习到具有以下线性关系的词表示。

vec('巴黎')-vec('法国')≈vec('罗马')-vec('意大利')

vec('男人')-vec('国王')≈vec('女人')-vec('女王')

也就是说，具有相同关系(如上面的第一个例子隐式地蕴含了"首都"的关系)的词向量之差比较接近。TransE 对这种关系进行了显式的建模，把关系表示为从实体 h 到实体 t 的平移向量(或翻译向量)，基本假设是成立的事实三元组 (h,r,t) 应该满足等式 $h+r=t$。因此，上面的例子可以改写成如下的形式。

vec('法国')+vec('首都')≈ vec('巴黎')

vec('意大利')+vec('首都')≈ vec('罗马')

vec('男人')+vec('特例')≈ vec('国王')

vec('女人')+vec('特例')≈ vec('女王')

下面直接给出 TransE 模型的三元组相似度函数。

$$S_{r(h,t)} = -\|E_h + E_r - E_t\|_2^2 \tag{12.3}$$

式中，E_h、E_t、E_r 分别为头实体、尾实体和关系的向量表示。TransE 是参数较少也较简单的一个模型，但在多个知识图谱数据集上都取得了不错的效果，也是之后一系列模型的基础。TransE 在一对一类型的关系上很有效，但在处理一对多及多对一关系时存在一些问题。例如，对于一对多关系 r_m，由于其可能包括多个尾实体 t_i；并满足 $h+r_m≈t_i$，因此会造成 $t_1=t_2=\cdots=t_m$ 的情况，无法有效地区分不同的实体。

为了解决 TransE 中的问题，TransH[229]和 TransR[230]计算事实得分时，将同样的实体在不同关系上使用不同的表示参与计算，这样避免了直接计算所带来的表示趋向一致的问题。对于事实三元组(h,r,t)，TransH 首先通过如下公式把实体表示(h,t)映射到与关系相关的超平面上。

$$h_\perp = h - w_r^T h w_r, \quad t_\perp = t - w_r^T t w_r$$

式中，w_r 是超平面的法向量。

利用映射到超平面的向量，在关系 r 的超平面上采用 TransE 的方式用 L_1 或 L_2 范数计算事实得分。

$$\|h_\perp + r - t_\perp\|_{\ell_{1/2}}$$

与 TransH 不同，TransR 把实体表示转换到关系 r 对应的子空间中，而不是超平面上。

$$h_r = M_r h, \quad t_r = M_r t$$

式中，M_r 表示从实体空间到关系 r 子空间的转换矩阵。

从图 12.3 中可以看出上述三个模型的区别和联系。

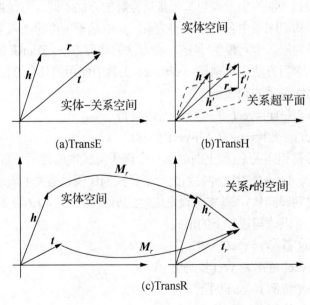

图 12.3 TransE、TransH 和 TransR 的比较

CTransR[147]是 TransR 的一个改进方法,它考虑同一种关系在不同实体对之间表示不同的含义,因此将同一个关系的实体对聚类成若干子类别,在每一个子类别中,单独学习一个关系的向量表示。CTransR 是对知识图谱中的知识进行分门别类处理的一个初步探索,在预测性能上有少量提升。其不足之处是只考虑了关系的不同含义,没有考虑实体的多样性,不同类型的实体仍然共享同一个转换矩阵 M。

TransH 和 TransR 只是部分地解决了 TransE 存在的问题。例如,当使用 TransR 解决一对多关系的时候,趋向于学习到 $M_r t_i = M_r t_j$,$i,j \in \{1, \cdots, m\}$,$(h,r,t_i),(h,r,t_j) \in KB$(知识图谱),因此,$t_i$ 和 t_j 的差异仅依赖于转换矩阵 M_r 特征值为 0 的个数。另外,因为对头实体(h)和尾实体(t)使用同样的操作,加上采用对称式打分函数,现有方法对于自反关系不能学到有效的表示。例如,对于自反关系 r(如"朋友"等),当事实(h,r,t)和(t,r,h)同时成立时,TransE、TransH 和 TransR 学到的表示趋向于得到$(h \approx t)$和$(r \approx 0)$。其中,h 与 t 相等对于自反关系可能是一个好的性质,但是所有自反关系的表示都一样(取值都为 0)就不能有效区分不同关系了。实际上这是基于"点"的嵌入方法的常见问题,基于"密度"的嵌入方法可以部分解决这个问题,特别是基于非对称的打分函数,事实的打分不仅与实体有关,还与它们的顺序有关[(h,r,t)和(t,r,h)的打分函数不一样]。Ji 等人[231]提出了 TransD,通过让转换矩阵由相应的实体和关系共同决定,解决实体和关系多样性的问题。之后他们又提出了 SparseTrans,使用稀疏矩阵作为关系的转换矩阵,根据关系的复杂程度(头实体和尾实体的关系链接个数)调整稀疏矩阵的稀疏度,使得不同复杂度的关系由不同自由度的模型进行学习,进而解决数据不均衡问题。

此外,TransE 模型忽略了关系的不同语义。例如,下面的关系"部分"(has part)具有两个潜在的语义。

(1) 组成相关的语义,如(桌子,部分,桌腿)。

(2) 位置相关的语义,如(大西洋,部分,纽约湾)。

但由于 TransE 等模型采用基于平移的方法,同一个关系只唯一分配一个平移向量,不能处理关系多语义的问题。对此,Xiao 等人提出贝叶斯非参数无限混合表示模型 TransG,利用特定关系的关系分量的混合来进行知识表示,每个分量代表一个特定的潜在语义。

自 2013 年 TransE 被提出以来,基于该框架的方法层出不穷,以上是几个典型的改进算法的介绍,更多的方法参见表 12-1。表 12-1 列出了这些方法的打分函数 $F_{r(h,t)}$,并以模型的参数个数作为模型复杂度。

除了上述方法,还有一些其他的自定义能量函数的基于表示学习的推理方法。Structured 模型为每种关系定义两个矩阵 W_{rh} 和 W_{rt},打分函数 $F_{r(h,t)}$ 为 $-\|W_{rh}h - W_{rt}t\|_1$(其中,打分函数在基于能量学习的框架中也被称为能量函数)。该模型使用了两个独立的矩阵操作头实体和尾实体,无法很好地刻画头实体和尾实体之间的联系。Unstructured 模型是 Structured 模型的特例,它令 $W=I$,打分函数 $F_{r(h,t)}$ 为 $-\|h-t\|_1$。但是该模型的缺点是没有

考虑不同关系的影响。SME(semantic matching energy，语义匹配能量)模型为了克服参数过多的问题，将实体和关系都用向量表示，所有三元组共享 SME 模型中的参数。SME 模型使用多维矩阵运算刻画实体和关系之间的联系，它首先对 h、r 进行线性运算得到向量 v_{hr}，然后对 t、r 进行线性运算得到向量 v_{tr}，打分函数为 $v_{hr}^T v_{tr}$，其中线性运算的权重可以是矩阵或三维张量。SME 模型具有很强的学习能力，参数较少，但是计算量大，特别是使用三维张量的情况下，难以运用到大规模知识图谱中。

表 12-1 基于打分函数的方法比较

模型	打分函数 $F_{r(h,t)}$	参数个数
TransE	$\|(h+r-t)\|$	$d(n_e+n_r)$
TransH	$\|(h-w_r^T h w_r)+r-(t-w_r^T h w_r)\|$	$d_e n_e + 2d_r n_r$
TransR	$\|M_r h + r - M_r t\|$	$d_e n_e + (d_r+d_r)_r^n$
TransD	$\|(h'^T r' + I)h + r - (t'^T r' + I)t\|$	$2d_e n_e + 2d_r n_r$
TransM	$\omega_r \|h+r-t\|$	$d(n_e+n_r)+n_r$
TransA	$(h+r-t)^T W_r (h+r-t)$	$d_e n_e + (d_r+d_r)_r^n$
TransG	$\sum_{m=1}^{M_r} \pi_{r,m} e^{-\frac{\|u_h+u_{r,m}-u_t\|_2^2}{\sigma_h^2+\sigma_t^2}}$	$2d_e n_e$
KG2E	$\frac{1}{2}\{\mu^T \Sigma^{-1} \mu + \log\det\Sigma\}$ $\Sigma = \Sigma_h + \Sigma_t + \Sigma_r$	$2d_e n_e + 2d_r n_r$
SpaceTrans	$\|hM(\theta_r^h)_r^h + r - tM(\theta_r^t)_r^t\|$	$d_e n_e + 2 + 2(1-\theta)(d_r+1)n_r n_e$

LF(latent factor，潜在因子)模型将实体用向量表示，关系用矩阵表示。LF 把关系看作实体间的二阶关联，定义打分函数 $F_{r(h,t)}=h^T W_r t$(某种程度上等价于 RESCAL 模型)。该模型充分考虑实体和关系之间的交互，实体和关系之间的联系得到充分的体现。SL(single layer，单层)模型将实体用向量表示，关系用矩阵表示，为每个三元组定义一个单层非线性神经网络作为打分函数，将实体向量作为输入层，关系矩阵作为网络的权重参数。SL 模型是 NTN(neural tensor network，神经张量网络)模型的特例，当 NTN 模型中的三维张量均为 0 时，NTN 模型退化为 SL 模型。NTN 模型是受 LF 模型启发，在 SL 模型中加入关系与实体的二阶非线性操作，增强实体与关系的交互性。NTN 模型是目前表达能力最强的模型，适合学习稠密的知识图谱。它的主要缺点是参数太多，计算量太大，不适合稀疏知识图谱。

这类基于能量函数的方法，相比于基于张量分解的方法，有更灵活的目标，可以根据推理任务的不同变换能量函数，因此它的能量函数更接近任务本身的目标，使其往往能获得优于张量分解的效果。更准确地说，该类方法更像是基于矩阵分解方法的延续，很多应用使用矩阵分解的结果作为该类方法的初始化。基于数值计算的推理是目前学术界的研究热点，每年都会出现新的模型和方法。

12.2 符号演算和数值计算的融合推理

在通过表示学习的方法获得知识的分布式表示后，便可以通过数值计算的方法对知识进行推理。这种方法有两个明显的优势：①基于数值计算的推理速度非常快而且与知识的规模无关，往往比逻辑推理或概率推理方法的速度快出几个数量级；②可以缓解由于数据稀疏带来的"冷启动"问题，由于知识图谱中存在大量长尾实体，对它们相关的知识进行推理时往往会因为不能搜集到足够的证据而使推理失败，表示学习方法通过反复的迭代可以令这些长尾实体获得一些隐式的语义，在一定程度上缓解数据稀疏的问题。但表示学习的方法也有弱点，主要体现在推理的精度相对较低。基于表示学习的推理可以把答案排到靠前的位置，但很难排到第一的位置，这主要是因为表示学习不能利用知识图谱中显式的长距离依赖(如逻辑规则)，而这种信息往往对推理很有效。

为利用表示学习的优势，并克服它的弱点，已有一些研究者提出融合表示学习和逻辑推理方法。例如，Rocktaschel 等人[232]提出用实体和关系的表示计算元组的概率，并基于 t-norm 理论计算出一条逻辑规则成立的概率；Wang 等人[233]则利用整数线性规划整合了知识的分布式表示与手写的规则，但规则的普适性却存在着一定的问题；Neelakanta 等人[234]提出基于循环神经网络(recurrent neural networks, RNN)在关系路径的分布式向量上进行循环表示，具有类似思路的还有 PTransE[235]，并且 PTransE 在遍历关系路径时，加入了类似 PRA 的启发式规则；Guu 等人[236]则在对关系路径表示后更进了一步，他们利用逻辑规则的分布式表示去预测两个实体之间是否存在类似的规则。

下面以 PTransE 和 Guu 的方法为例介绍如何利用知识图谱中元素的分布式表示，来对关系路径或逻辑规则的身体部分进行分布式表示。该类方法将普通原子关系扩展到一个关系序列上，认为知识图谱中一个关系序列的向量表示可以用于预测两个实体间是否存在这个关系序列下的路径，而这正是马尔可夫逻辑网等概率推理模型进行规则实例化的目的，因此合并表示学习与逻辑推理的思路是可行的。由此，将逻辑规则表示为前提→假设，按照 Horn 子句的定义，规则身体部分的前提是一条知识图谱上的路径。如式(12.3)，TransE 将关系表示成在实体分布式空间中的转移，并假设头实体和关系的向量之和应该在实体空间中接近尾实体，即 $E_h+E_r=E_t$。若换一种方式思考，一个元组本身是长度为 1 的路径，也是长度为 1 的规则的身体部分，那么扩展 TransE 的思想，将长度为 1 的路径 r 推广成长度任意的路径，则可以得到当路径 $p(h,t)$ 存在于知识图谱中时有如下等式。

$$E_h + E_p = E_t \tag{12.4}$$

在扩展的 TransE 的假设下,再继续探索路径以及路径中关系类型之间的关联。例如,对于路径 $h \xrightarrow{r1} x \xrightarrow{r2} t$,根据 TransE 的假设可以得到 $E_h + E_{r1} = E_x$ 和 $E_x + E_{r2} = E_t$。之后重写第二个等式,得到 $E_x = E_t - E_{r2}$,将重写后的等式代入第一个等式中消去中间变量 E_x,则得到 $E_h + E_{r1} + E_{r2} = E_t$,对比之前的等式(12.4),可以发现 $E_p = E_{r1} + E_{r2}$,即在 TransE 的假设下路径的向量表示约等于路径中含有的关系向量之和,更普遍地有

$$E_p = \sum_{r_i \in p} E_{r_i} \tag{12.5}$$

更进一步地推导,可以得到更有趣的结论:对于一个三元组 $r(h,t)$,有 $E_h + E_r = E_t$,若 h 和 t 之间存在一条路径 P,有 $E_h + E_p = E_t$,则可以得到 $E_r = E_p$,即若一个三元组中的两个实体之间存在一条路径,那么这条路径的向量表示应该接近于三元组关系的向量表示。

下面介绍两个关于融合符号演算和数值计算推理的具体方法。

一个方法是通过串行地合并嵌入式表示和概率逻辑推理的方式。首先利用表示学习运算速度快的特点,过滤掉低概率的答案,并把答案缩小至一个较小的候选集合内,如图 12.4 中的①部分所示。这一步骤在很大程度上减小了计算复杂度。例如,需要推理的问题是"谁是郭靖的父亲?",那么所有的人类实体都有可能是候选答案(这里我们不对性别做特殊限制,因为这需要人类某种规则化的先验知识,并不是所有的问题类型都含有这种先验知识)。然后利用逻辑推理准确的特点,对候选集合中的每一个候选答案进行精确的推理。这一步骤可以使用任何一种不确定性推理方法,这里不展开说明,图 12.4 中的②部分展示了这一过程。

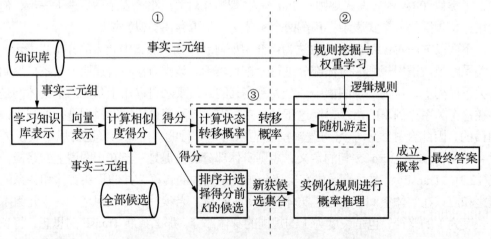

图 12.4 融合数值计算的概率逻辑推理过程示意图

此外，这个方法提出了将在表示学习中获得的先验知识注入到后续的逻辑推理中的设想，以辅助逻辑推理更准确地进行。这实质上也是一种数据驱动的方法，直观地看，新的候选集合中的候选假设有着不同的候选得分，有时还会差别很大，从表示学习方法中获得较高得分的候选，在后续逻辑推理中应当具有一定的优势。例如，当使用表示学习的方法计算出以下候选的得分：

国籍(郭靖,美国):0.2
国籍(郭靖,中国):0.8

后者的得分远远高于前者，那么如何捕捉这种先验信息呢？可以利用表示学习在候选选择过程中对候选的打分作为先验信息加入到基于马尔可夫逻辑网算法的随机游走中，更新之前完全随机图中所有节点均匀分布的情况，令之前得分较高的候选假设有更大的概率出现在被采样到的规则中，以提高它们成立的可能性，由此"国籍(郭靖,中国)"采样到规则实例的概率就比"国籍(郭靖,美国)"高了四倍，若规则是有益于推理出假设的，那么"国籍(郭靖,中国)"成立的概率就会更大。实现这一想法的具体方法是：通过改变随机游走过程中的状态转移概率的计算方法，将前一步骤表示学习计算出的相似度得分进行某种转换，作为与状态转移概率正相关的一个组件，并在随机游走算法框架下，依然确保它的稳定性。

另一个方法是直接将分布式表示加入到逻辑规则挖掘的过程中，以动态地指导随机游走的方向，令其挖掘出更多、更好的能够推理出目标的逻辑规则，因此这一方法也被称为目标导向的随机游走。推理目标是所要挖掘的规则要用于推理的内容。例如，要为推理"国籍(郭靖,中国)"挖掘规则，那么三元组"国籍(郭靖,中国)"就是推理目标，用 $p=R(H,T)$ 来表示目标。在推理目标 p 时，此方法总是能指引随机游走算法找到能推理出 p 的有用规则。与上一个方法相同，此方法也是通过改变随机游走的状态转移概率来实现的，而不同的是，上一个方法是人为地设计了一种先验的使用方法，而此方法则使用数据驱动的方法让算法不断地学习如何使用分布式表示。从更高的层次来说，这一改变更像是从固定策略的启发式搜索方法向探索策略的强化学习的升级。

本章小结

本章主要介绍基于数值计算的知识推理方法。首先介绍了基于张量分解和能量函数的知识推理方法。对基于翻译的嵌入式学习模型(TransE)及其变体做了详细的介绍。然后介绍了关于融合符号演算和数值计算推理方法的前沿研究工作。基于数值计算的知识推理是目前学术界的研究热点，越来越受到研究者的关注。符号演算和数值计算的融合推理可以充分利用表示学习和数值计算的优势，以得到效率更高的推理算法。

本章习题

1. 什么是基于数值计算的推理方法?
2. 一般基于数值计算的推理方法有哪些?

第 13 章 知识问答与对话

近年来,知识图谱发展迅猛,不仅在数据规模上快速增长,而且可以免费获取很多高质量数据。这些高质量的结构化数据在各个应用中发挥着重要作用,如商品推荐、商业智能和决策支持等。作为一种描述自然知识和社会知识的重要载体,知识图谱最直接、最重要的任务是满足用户的精确信息需求,提供个性化知识服务。其中,致力于回答各种类型问题的问答和对话系统是非常典型的任务。例如,人们经常希望计算机系统能自动回答类似下面的问题:

(1) 屠呦呦是哪里人?
(2) 华为公司的创始人毕业于哪所大学?
(3) 中国哪座城市被称为"六朝古都"?
(4) 今天晚上有哪些从北京到上海的国航航班?

如果没有知识图谱,我们也可以利用搜索引擎、导航网站等工具获得相关信息。例如,使用搜索引擎搜索"郭靖 男主角",返回结果中包含许多具有时效性的网页,而不能得到精准的答案,如图 13.1 所示。也就是说,这种信息获取方式只能返回相关的文档集合,用户需要自行阅读并分析这些文档进而获取精确信息。本章主要介绍知识问答和对话的相关技术并主要关注面向知识图谱的问答和对话。作为知识图谱的典型应用,问答和对话系统能够接受自然语言形式描述的问题,通过问句分析、知识抽取、知识推理等操作,自动得到精确答案。例如,对于上述四个问题,可分别得到答案"宁波市""重庆大学""江苏省南京市"和"CA1858"。诚然,目前的问答和对话系统大多只能回答事实型问题,不能很好地处理复杂问题,如"为什么天空是蓝色的?""如何制作一盘美味的宫保鸡丁?""诺贝尔奖是什么时候设立的?"等。本章主要关注问答和对话中能够回答事实型问题的相关技术。首先对整个自动问答的发展历史和不同的问答类型进行简要介绍,然后介绍基于知识图谱的问答技术和对话技术。

图 13.1 搜索引擎对"郭靖 男主角"的返回结果

13.1 概述

  自动问答技术可以追溯到计算机诞生初期的 20 世纪五六十年代，其中，代表性的系统包括 Baseball 和 Lunar。Baseball 是最早的以"未来的人机交互将是以自然语言进行的交流方式"为目标构建的系统。Lunar 系统是为了方便月球地质学家对美国"阿波罗"计划从月球带来的大量岩石和土壤数据进行查询、比较和分析而开发的问答系统。这些问答系统大多针对特定领域设计，一般处理的数据规模不大，并且只接受限定表达形式、限定领域的自然语言问题，不需要过多依赖自然语言处理技术，其性能与系统针对特定领域的定制程度有关，但是这类系统因为没有足够的知识资源而难以在实际环境中应用。

  随着互联网技术的发展，人们希望利用日益丰富的网络数据资源解决问答系统中的数据匮乏问题，特别是 20 世纪 90 年代中期，在 TREC-QA 评测任务推动下，检索式问答技术取得了显著的进展，这种系统的主要特点是：利用浅层自然语言处理技术分析问题，并利用信息检索等技术从大规模文本或网页库中抽取答案。但是，由于用户需求的多样性和自然语言的复杂性，这种浅层语义分析技术难以准确理解用户查询意图进而提取出有用的信息，因此这类检索式问答技术也未能得到广泛应用。

  长期以来，问答技术发展的两大困难是缺乏高质量的知识资源和高效的自然语言分析技术。随着 Web 2.0 的兴起，包括 Wikipedia、大众点评等应用在内的众多基于用户(协同)生成内容(user-generated content，UGC)的互联网服务产生了越来越多的高质量数据资源，以此为基础，大量的知识库以自动或半自动的方式构建了起来，如 Freebase、YAGO、DBpedia 等。另外，随着近年来统计机器学习方法的兴起和发展，自然语言处理中的各个任务都取得了突飞猛进的发展，无论是基于语义分析的知识工程，还是大规模开放域的问句理解都取得了长足的进步。可以说，科研人员正逐步攻克问答和对话系统中最核心的知识资源缺失问题和自然语言处理问题。

近年来，不少产品取得的成功引起了社会公众对自动问答技术的关注。例如，IBM 研发的问答机器人 Watson 在美国智力竞赛节目中战胜人类选手；苹果公司研发的 Siri 系统在智能手机中的应用取得了良好效果。实际上，Siri 中的大部分问题都是由知识计算引擎 Wolfram Alpha 处理的。Watson 和 Wolfram Alpha 成功的关键因素有以下两个。

(1) 丰富的知识资源。Watson 定义了自己的知识框架，并从大约 2 亿个包括图书、新闻、电影剧本、辞海、文选和百科全书等的资料中抽取知识，而 Wolfram Alpha 针对各个领域定义知识结构并抽取大量事实。

(2) 强大的语义分析技术。Watson 开发的 DeepQA 系统集成了统计机器学习、句法分析、主题分析、信息抽取、知识库集成和知识推理等深层语义分析技术，Wolfram Alpha 利用了 Wolfram 早期研发的数学工具包 Mathematica，这是一种能够进行代数计算、符号和数值计算，具有可视化和统计功能的高效知识计算平台。

值得注意的是，以问答和对话技术为核心的聊天机器人近年来在国内外发展得如火如荼，如百度公司的"小度"、华为公司的"小诺"，众多企业和研究团体也在该领域发力突破。这类聊天机器人从目前来看虽然还不能解决太多真实信息需求，但是以用户乐意接受的方式把问答和对话技术的研究成果展示给大众，是助力其走向成熟的一个关键步骤。

13.2 知识问答

为了更好地进行知识的组织和管理，知识库系统通常需要支持描述性语言，这种语言主要用于知识检索和知识推理，如 Freebase 提供的 MQL，W3C 组织制定的 SPARQL 等。类似于结构化查询语言在关系数据库中的作用，知识库的描述性语言不仅可以为用户提供统一的交互接口，还能更方便地描述抽象知识(如逻辑规则)和执行复杂查询。

虽然知识图谱中存储了大量有价值的信息，但是由于其主要目的是让计算机操作和使用，因此，人们(特别是普通用户)难以直接从中获取自己需要的信息。例如，获取 Freebase 中的 "32 actors born in the 1960s, with two films of each actor" (32 位出生于 20

世纪 60 年代且出演过两部电影的男演员)，需要按照 Freebase 提供的结构化查询语言的语法和 Freebase 中的词汇(实体、属性、关系等)，输入如下相应的查询语句：SELECT * FROM Actor WHERE number = 32 AND BirthYear = 1960 AND FilmCount = 2。这种结构化查询语言的优点是表达能力强，可以满足用户精细的信息需求。但是，它的缺点也很明显，用户不但需要掌握结构化查询语言的语法，而且还要充分了解知识库中的资源表示形式。如果学习该结构化查询语言，普通用户很难利用此类接口找到需要的知识内容。在实际的互联网应用中，这种过于专业的交互方式会降低大部分用户的使用热情。因此，如何构建便捷易用的交互方式，是当前知识库应用中一个迫切需要解决的问题。

使用自然语言进行人机交互是最简便、最直接，也是最有效的一种方式，因此，人们迫切地需要面向知识库的自然语言问句理解技术。也就是说，人们希望知识问答系统可以直接响应自然语言的信息需求，而不需要用户输入计算机可理解的形式化查询语句。知识问答系统使用自然语言作为交互语言，为用户提供了一种更加友好的知识图谱查询方式。一方面，自然语言的表达能力非常强，可以表达用户精细而复杂的信息需求；另一方面，这种方式不需要用户接受任何的专业训练。由于其广阔的应用前景，知识库问答在学术界和企业界都成为研究热点。例如，图 13.2 展示的是一个应用了知识问答技术的搜索引擎的基本形态。现在，在百度搜索中直接输入一个完整的自然语言问句(事实型问题)，其返回的第一条搜索结果就是知识图谱中的答案。

图 13.2　知识库问答应用实例

知识图谱一般表示为相互关联的事实三元组集合，如图 13.3 右侧所示。针对用户使用自然语言提出的问题，问答系统通过与知识图谱进行交互，检索相关知识点(事实集)，进而进行知识推理得出最终准确的答案。目前，面向知识图谱的问答系统按照技术方法可以分为以下两种类型。

(1) 语义解析类型。考虑到知识图谱可以使用其支持的查询语言检索信息(如 MQL、

SPARQL 等),那么如果能够把自然语言问句自动地转换为结构化查询语句,就可以直接通过检索知识图谱得到精确答案。例如,我们可以把问句"屠呦呦是哪里人?"转换为对应知识图谱的查询语句"select ?o where {屠呦呦 出生地 ?o.}",进行知识库检索能够得到答案"宁波市"。我们把这类模型称为基于语义解析的方法(图 13.3 左侧所示为问答系统模型)。

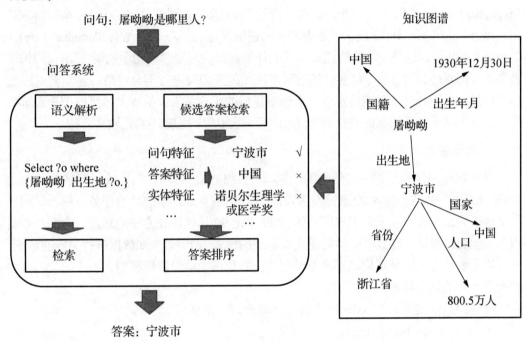

图 13.3　知识问答流程和两类方法

(2) 搜索排序类型。事实性问题一般都包含相关实体。通常来说,该问题的答案与相关实体在知识图谱中有比较紧密的联系。例如,它们之间可以通过一步或若干步关系路径关联。因此,首先可以通过搜索与相关实体有路径联系的实体作为候选答案,然后利用从问句和候选答案提取出来的特征进行比对,进而对候选答案进行排序得到最优答案。例如,利用问句中的实体"屠呦呦"在知识图谱中检索所有关系(路径),可以得到候选答案"宁波市""中国""诺贝尔生理学或医学奖"等候选实体,然后进行匹配和排序,选择最终答案。我们把这类模型称为基于搜索排序的方法。

13.2.1　基于语义解析的方法

基于语义解析的方法是把问句转换为某种规范的形式化知识表示语句,其实质就是问句的语义解析(semantic parsing)。语义解析是指把一个自然语言句子映射为某种形式化的语义表示。语义表示形式会根据应用领域的不同而不同,典型的应用包括提供航空旅游信息服务接口的 ATIS、用于机器人足球赛的 CLang 和美国地理知识问答系统中使用的 GeoQuery 等。

具体来说,面向知识图谱的问句解析是指利用知识图谱中的资源项(实体、关系、类别等)表示自然语言问句的语义,并以逻辑表达式等形式化语句进行语义表示的任务。例如,对于问句"有哪些城市靠近上海?",使用知识库中的符号(在知识库中,实体符号"Shanghai City"、类别符号"City"、关系符号"next to"分别表示问句中"上海""城市"和"靠近"的含义)。可以把它表示为如下的逻辑表达式:$\lambda x.\text{next to}(x,\text{Shanghai City}) \wedge \text{City}(x)$。实际上,这是一个挑战性非常大的任务。首先需要对问句中的词/短语与知识图谱中的资源项(词汇表)进行映射;然后对匹配到的资源项进行组合;最后还需要对匹配和组合过程中存在的歧义进行消解,选择最正确的组合结果。基本上,可以把语义解析的方法分为基于训练数据的有监督方法和基于规则(或先验知识)的无监督方法。

1. 有监督方法

语义解析的任务是把一种结构的数据(串行结构的自然语言句子或树形结构的句法树)转换成另一种结构的数据(逻辑表达式)。与自然语言处理中的其他任务一样,早期的语义解析方法大多依赖于人工规则。随着 20 世纪 90 年代统计方法的兴起,人们开始利用机器学习模型从已知数据中学习显式或隐式的模式,期望对未知数据进行更好的预测。统计语义解析方法正是利用机器学习模型从已有数据中学习解析模型,不同的学习方法依赖于不同的学习数据。

典型的监督数据如下,即<自然语言问句,逻辑表达式>的集合。

① What states border Texas?

$\lambda x.\text{state}(x) \wedge \text{borders}(x,\text{texas})$

② What is the largest state?

$\text{argmax}(\lambda x.\text{state}(x), \lambda x.\text{size}(x))$

③ What states border the state that borders the most states?

$\lambda x.\text{state}(x) \wedge \text{borders}(x,\text{argmax}(\lambda y.\text{state}(y),\lambda y.\text{count}(\lambda z.\text{state}(z) \wedge \text{borders}(y,z))))$

④ Utah borders ldaho.

$\text{borders}(\text{utah},\text{idaho})$

如何学习结构预测模型,如对于新的问句(如"有哪些城市靠近上海?"),生成其对应的逻辑表达式形式(如 $\lambda x.\text{next to}(x,\text{Shanghai.City}) \wedge \text{City}(x)$)。目前的方法主要根据语义组合原则构造完整的语义表示结果。语义组合原则是 Gottlob Frege 提出的理论:一条复杂语句的含义由其子句的含义和它们的语义组合原则确定。语义解析基于语义组合原则得到句子(问句)的形式化表示结果。例如,"有哪些城市靠近上海?"是由"哪些城市"和"靠近上海"的语义与它们之间的组合关系"且"确定的。

因此,语义解析包含两个需要解决的关键问题。

① 如何确定问句的子句(短语)和它们对应的形式化表示？
② 当已知各个子句的含义及其形式化表示，如何对它们进行语义组合？

考虑到辞典的构造与语义组合模型相关，本节首先介绍语义组合模型，然后介绍基础辞典的构造方法。

(1) 语义组合模型。

组合范畴语法(combinatory categorial grammars，CCG)是一种有效的、表达能力强的语义组合语法形式，它能处理长距离依赖等多种自然语言现象。CCG 早期主要用于句法分析，2005 年 Zettlemoyer 和 Collins[238]首次将其应用于语义解析任务。随后，大量的工作利用 CCG 进行语义解析。

CCG 的主要思想是把词的句法和语义信息组合在一起形成分析的基础辞典，依据组合语法规则自底向上对自然语言句子进行解析。CCG 的核心是辞典 A，它包括了语义组合过程中所需的全部语法和语义信息。辞典中的每个项由词/短语、句法类型/范畴和逻辑表达式组成。一般地，可以把辞典项标记为格式 "$w:=s:l$"，表示词/短语 w 具有句法类型/范畴 s，并且相应的语义表达式为 l。句法类型/范畴 s 可以是原子类型/范畴，也可以是复杂类型/范畴。逻辑表达式 l 一般由知识库中的词汇加上逻辑符号(lambda 演算)组合而成。

一阶谓词逻辑和 lambda 演算是最常用的语义形式化表示模型，这种逻辑表示形式不是完全针对自然语言问答系统开发设计的，例如表示的语义结构与自然语言的句法结构有明显的结构差异。为了更好地面向知识库问答系统进行问句的语义解析，Percy Liang 等人[239]提出了依存组合语义(dependency-based compositional semantics，DCS)，用于对问句在知识图谱中的语义进行形式化表示。他们使用了一种新的逻辑表示语言 Lambda DCS，并在此基础上提出了相应的语义组合方法，该方法比组合范畴语法中的辞典项规则简单得多，只包含 join 和 intersect 两种组合规则。

在 DCS 中，逻辑形式以树结构表示，称为 DCS 树，这种树结构与句子的句法结构平行。因此，相较于一阶谓词逻辑和 λ 演算表示形式，DCS 树更容易解析和学习。DCS 树中的每个节点都表示了一个限制性满足问题，它可以通过有效的方式获得各个节点的目标值(根节点的目标值即为该逻辑形式的结果)。DCS 最早用于限定领域的知识库问答中，取得了包括 Geo880 在内的多个测试集中的最好效果。2013 年开始，Berant 等人[240]将 DCS 用于回答面向 Freebase 的问题，不仅提出了依存组合语义方法和模型，还开源了相对应的完整知识库问答系统和评测平台 SEMPRE。通过该开源项目，人们可以持续改进和提高问句解析的效果和知识库问答的性能。

(2) 语义辞典构造。

为了自动学习自然语言文本到逻辑表达式之间的映射关系，大多数方法都需要如下这种<句子,逻辑表达式>对标注数据。

句子：哪些城市靠近上海？

逻辑表达式：$\lambda x.\text{City}(x) \wedge \text{next\_to}(x,\text{Shanghai\_City})$

但是，从标注数据中只知道整个句子对应的整个逻辑表达式，而解析方法需要的是句子的片段(如词、短语等)和细粒度的逻辑表达式之间的匹配关系。例如,词语"靠近"对应$\lambda x.\lambda y.\text{next\_to}(x,y)$,短语"哪些城市"对应$\lambda x.\text{City}(x)$。对于给定的句子"杭州靠近上海?"和逻辑表达式 next_to(杭州_City, 上海_City),我们希望得到如下辞典。

  杭州:=NP:Hangzhou_City

  上海:=NP:Shanghai_City

  靠近:=(S\NP)/NP:$\lambda x.\lambda y.\text{next\_to}(x,y)$

因为不知道具体词汇对齐,可能也会得到如下的错误辞典。

  靠近:=NP:Hangzhou_City

  靠近上海:=(S\NP)/NP:$\lambda x.\lambda y.\text{next\_to}(x,y)$

实际上,辞典构建过程中是允许这种情况发生的,这种错误词典可以通过后期剪枝等操作进行过滤。例如,去除出现频率低的辞典项,去除不能够解析成正确逻辑表达式的辞典项。

为了从训练集中的<句子,逻辑表达式>对获得<短语,子逻辑表达式>的匹配关系,可以通过模板和规则从整个问句的逻辑表达式中提取子逻辑表达式,然后与问句中提取的短语进行匹配,形成候选辞典项。每条规则包含一个能识别逻辑表达式子结构的触发词。对于每个能匹配触发词的逻辑表达式子结构,CCG 都需要为其创建一个对应的范畴。以表 13-1 中的第一个规则为例,该规则定义了一个一元谓词 p_1 作为触发词的规则,这个一元谓词创建的范畴为 N:$\lambda x.p_1(x)$。对于逻辑表达式$\lambda x.\text{major}(x) \wedge \text{city}(x)$,由于它包含两个一元谓词,因此可以得到两个范畴,分别是 N:$\lambda x.\text{major}(x)$和 N:$\lambda x.\text{city}(x)$。

表 13-1 辞典构建规则

规则		由如下逻辑表达式生成的范畴 argmax($\lambda x.\text{state}(x)$)X next_to($a$,上海),$\lambda x,\text{size}(x)$
输入触发词	输出范畴	
常量 c	NP:c	NP:上海
一元谓词 p_1	N:$\lambda x.p_1(x)$	N:$\lambda x.\text{state}(x)$
一元谓词 p_1	S\NP:$\lambda x.p_1(x)$	S\NP:$\lambda x.\text{state}(x)$
二元谓词 p_2	(S\NP)/NP: $\lambda x.\lambda y.p_2(y,x)$	(S\NP)/NP: $\lambda x.\lambda y.\text{next\_to}(y,x)$
二元谓词 p_2	(S\NP)/NP: $\lambda x.\lambda y.p_2(x,y)$	(S\NP)/NP: $\lambda x.\lambda y.\text{next\_to}(x,y)$
一元谓词 p_1	N/N:$\lambda g.\lambda x.p_1(x)\Delta g(x)$	N/N:$\lambda g.\lambda x.\text{state}(x)\Delta g(x)$
第二个参数为常量c的二元谓词 p_2	N/N:$\lambda g.\lambda x.p_2(x,c)\Delta g(x)$	N/N:$\lambda g.\lambda c.\text{next\_to}(x,上海)\Delta g(x)$
二元谓词 p_2	(N\N)/NP: $\lambda x.\lambda g.\lambda y.p_2(x,y)\Delta g(x)$	(N\N)/NP: $\lambda x.\lambda g.\lambda y.\text{next\_to}(ax,y)\Delta g(a)$

续表

规则		由如下逻辑表达式生成的范畴 argmax(λx.state(x))X next_to(a,上海),λx,size(x)
输入触发词	输出范畴	
包含 argmax/min，且第二个参数为一元函数	NP/NP: λg.argmax/min($g,\lambda x.f(x)$)	NP/NP: λg.argmax/min($g,\lambda x$.size(x))
数值型的一元函数	S/NP: $\lambda x.f(x)$	S/NP: λx.size(x)

以上是 Zettlemoyer 和 Collins[238]提出的从<句子,逻辑表达式>对中构造初始辞典的基本方法。实际上，通过使用这些辞典项对训练集中的句子进行解析，可能产生一个或多个高得分的分析结果。从这些分析结果中抽取出产生高得分的辞典项加入原始辞典，一直重复该过程，直到无法添加新辞典项。

可以看出，上面的方法虽然容易实现，但是严重依赖人工设计的模板，不容易扩展到其他领域和其他语言中。为了解决这个问题，Kwiatkowski 等人[241]提出了一种不依赖于模板和语言的方法，该方法依赖于逻辑学中的高阶合一(higher-order unification)操作，把完整的逻辑形式切分成子逻辑形式的组合。这种方式可以有效地扩展辞典项，具有更好的泛化性能。此外，Wong 等人[242]通过利用 IBM 翻译模型学习自然语言句子(问句)与逻辑表达式之间符号的对齐关系解决这个问题。该方法的假设是逻辑表达式包含了与句子(问句)相同意思的不同语言表达，而机器翻译的对齐模型能够学习不同语言之间符号的对应关系，这种基于不同语言句子对齐的方式经常用于帮助获取初始辞典和估计初始参数。但是，包括 Kwiatkowski 等人提出的方法在内的传统方法通常只在某些限定领域和小规模知识库中达到较好的效果。当面对如 Freebase 和 DBpedia 这样的大规模知识图谱的时候，这些依赖于人工编写规则和模板的辞典构造方式往往难以满足要求。因此，大规模知识库的问句解析中的一个重要任务就是扩展限定领域中的辞典。近年来有不少研究者都在尝试解决该问题，这些方法的主要思想是通过文本与知识库间的对齐关系，学习到文本与知识库中不同符号的关联程度。

(3) 组合消歧模型。

为了解决解析过程中遇到的歧义问题，人们提出了相应的概率模型，如针对 CCG 的概率化组合范畴语法(probabilistic combinatory categorial grammar，PCCG)模型。下面以 PCCG 模型为例，说明在解析过程中如何利用概率模型进行消歧。PCCG 模型对于 CCG 的作用类似于在句法分析中的概率化上下文无关文法(probabilistic context free grammar，PCFG)模型对上下文无关文法(context free grammar，CFG)模型的作用。PCCG 模型定义概率模型，计算句子 S 最有可能转换成的逻辑表达式 L。

$$\arg\max_L P(L|S;\theta) = \arg\max_L \sum_T P(L,T|S,\theta) \tag{13.1}$$

式中，一个逻辑表达式 L 可能由多个解析树 T 产生，生成逻辑表达式 L 的概率由累加所有可以生成该结果的分析树产生，$\theta \in \mathbf{R}^d$ 是概率模型的参数，其参数值(权重)需要通过学习得到。

大多数方法都采用对数线性模型(log-linear model)建模这种结构化预测问题。PCCG 模型对分析结果定义了如下的概率模型。

$$P(L,T|S;\theta) = \frac{\mathrm{e}^{f(L,T,S)\cdot\theta}}{\sum_{(L,T)}\mathrm{e}^{f(L,T,S)\cdot\theta}} \tag{13.2}$$

式中，函数 f 用于从 (L,T,S) 中抽取属于 $\mathbf{R}^d$ 的特征向量，每个特征表示了 (L,T,S) 中的某个子结构，分母对满足语法的所有有效分析结果的得分进行求和。

2. 无监督方法

问句解析是希望把自然语言转换成可以在知识库中直接查询的形式化语句(如对应 Semantic Web 中的 SPARQL 语句)。有的研究者利用人类总结的经验指导这种转换，无须基于形如<自然语言问句,逻辑表达式>或<自然语言问句,答案>的监督数据训练解析模型。典型的转换过程包括：①问句分析，该步骤把自然语言问句转换成查询语义三元组的形式(query triplet)；② 资源映射，对 Query Triplet 中的每个短语，确定其在知识库中的对应资源；③形式化查询语句的生成，对不同类型的问题依据不同的模板生成 SPARQL 语句。PowerAqua 系统是 AquaLog 系统的后续版本，通过融合多个异质知识库来回答问题。PowerAqua 是 Lopez 等人在 2011 年提出的系统，该系统可以定位和整合多个知识库中的语义资源。PowerAqua 使用流水线式框架，共有以下 4 个步骤。

(1) 语言分析(linguistic analysis)模块。该模块分析自然语言问句中词语之间的关系，得到一系列三元组查询表示(subject, property, object)，称为 Query-Triples。这样就把用户的信息需求表示成了基于三元组的形式化语言表示。

(2) 元素级匹配模块 PowerMap。该模块确定哪些和用户问句相关的语义资源应该被应用。这个工作是利用句法分析技术实现的，从各个知识库中找出 Query-Triples 可能对应的资源。然后，语义验证模块用来消歧，确保同一个问题中的词不会有多种不同的解释。

(3) 三元组映射(triple similarity service，TSS)模块。该模块充分利用问句的上下文信息，以及上一步选择的实体周围的知识库信息，从整体上确定用户提出问句的最有可能的解释。在这个步骤中，抽取那些和已有 Query-Triples 最匹配的知识库三元组，进而把已有的查询三元组 Query-Triples 映射到具体的各个知识库中的三元组上，得到 Onto-Triples。这一步骤用到了很多启发式规则来限制候选集合，避免计算复杂度过高。

(4) 融合和排序(merging and ranking)模块。该模块在前面步骤所获得的语义资源的基础上，将具体的知识库三元组所指代的答案事实进行融合，并且使用一系列排序规则，给出排好序的列表式答案。

为了避免利用显式的规则，DEANNA 系统通过利用整数线性规划对上面多个步骤中存在的歧义进行联合消解。TBSL 系统通过人工设置问题模板回答复杂问题，它需要将问句中的短语映射到知识库中，在映射关系短语的时候，TBSL 利用 BOA 关系模板库计算关系匹配得分，TBSL 在 34 个问题中能正确回答 19 个。其中，有些问题还需要关联多个知识库才能生成联合查询，Zettlemoyer 等人[238]提出了能够回答这类问题的方法，通过隐马尔可夫模型(hidden Markov model，HMM)对问句中的短语进行消歧得到问题在各个知识库中的查询子图，并利用语义网中的 owl:sameAs 关系构造联合查询图。

13.2.2 基于搜索排序方法

一般情况下，事实型问答系统只能处理与实体相关的事实内容，处理的问句(如"屠呦呦是哪里人？")都包含至少一个实体词(如"屠呦呦")，问题所涉及的知识也就是该词对应实体的事实，那么答案就是这些事实中的实体(例如，事实<屠呦呦,出生地,宁波市>中的尾实体"宁波市")。基于搜索排序的知识问答类似人工回答的过程，如图 13.4 所示。试想一下，如果你要回答问句"屠呦呦是哪里人？"，并且给定了回答问题所需的全部知识图谱(实体关系网络)，你会怎么做？首先，我们要确定问句是要问关于"谁"的信息，也就是要找到问句的主题词(本例中的"屠呦呦")，并且链接到知识库中的实体上(本例中的实体"屠呦呦")，该实体我们称为主题实体。问题的答案一般为知识图谱中与主题实体相关联的实体，因此，可以把主题实体在知识图谱中通过关系或路径链接的实体提取出来作为候选答案。最后需要从这些候选答案中选择正确的答案，可以把该问题定义为排序问题或分类问题，对候选答案进行排序，或者对每个候选答案进行二分类(是或不是正确答案)。

检索匹配的方法不需要得到问句的形式化查询语句，而是直接在知识图谱中检索候选答案并按照匹配程度排序，选择排在前面的若干答案作为最终结果。给定问题和目标知识图谱，首先，问答系统需要识别问句中的主题实体(对应知识图谱中的实体)；然后，根据该实体在知识图谱中遍历得到候选答案(一般为与它有一条关系路径连接的实体)；最后，分别从问句和候选答案中抽取特征表示，训练过程需要根据<问题,答案>形式的数据学习匹配打分模型，测试过程则直接根据训练得到的模型计算它们之间的匹配得分。根据获取特征表示的技术的不同，基于搜索排序的方法可以分为基于特征工程的方法和基于表示学习的神经网络方法。

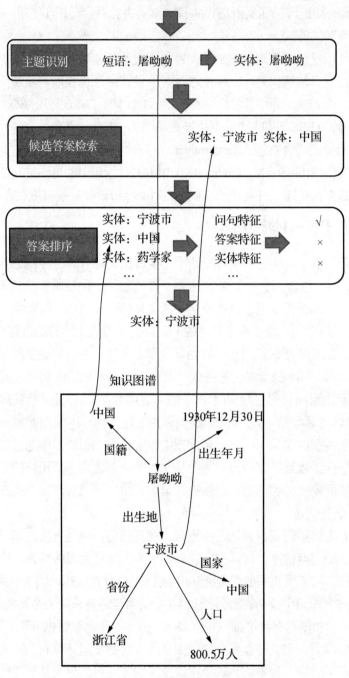

图 13.4 基于搜索排序的知识问答示意图

1. 基于特征工程的方法

一种直接的做法是对问句和候选答案定义特征,并使用特征工程的方法抽取它们,然后用基于特征匹配的分类模型对问题-答案匹配程度进行建模。Yao 等人于 2014 年发表在 ACL 的文章《结构化数据信息提取:基于 Freebase 的知识问答》(*Information Extraction over Structured Data: Question Answering with Freebase*)是这类方法的基础模型,下面对其进行简要介绍。主题词的提取、主题实体的链接与前面章节中的实体识别和链接没有区别,主要步骤包括从问句中提取特征,从候选答案中提取特征,并利用它们进行匹配程度的计算。

(1) 问句特征抽取。

为了更好地从问句中提取特征,首先对问句进行句法分析,得到其依存句法树,如图 13.5(a)所示。问句的依存句法树中包含了丰富的特征信息。例如,通过 Dex(人,哪里)可以知道答案应该是一个地点,并且是"人"的"哪里";更进一步地,通过 Exp(是,屠呦呦)可以确定找到的"屠呦呦"对应实体的"哪里人"信息。有了这些初步信息,我们可以进一步提取抽象特征,主要包括:①问题词(question word,qword),如谁、哪等,它是问句的一个明显特征;②焦点词(question focus word,qfocus),这个词暗示了答案的类型,如名字、时间、地点等,可以用非常简单的方法抽取焦点词,如直接将问题词 qword 相关的那个名词抽取出来作为 qfocus;③主题词(question topic word,qtopic),这个词能够帮助我们找到知识图谱中相关的知识点,需要注意的是,一个问题中可能存在多个主题词(可以随机选取一个作为主题实体);④中心动词(question verb,qverb),有时候动词能够给我们提供很多和答案相关的信息,如"参与""战胜",那么答案有可能是某场球赛或战争,可以通过词性标注来确定 qverb。通过对问句提取问句特征,可以将该问句的依存句法树转化为问句特征图(question graph),如图 13.5(b)所示。

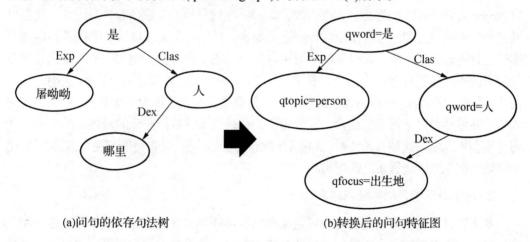

(a)问句的依存句法树　　　　　　　　(b)转换后的问句特征图

图 13.5　问句的依存句法树和转换后的问句特征图

(2) 候选答案特征抽取。

对于知识图谱中的每一个节点,我们都可以抽取出以下特征:该节点的所有关系(relation,记作 rel,如出生地、职业等),该节点的所有属性(property,记作 prop,如类型、出生年月等),以及它们对应的值。对于知识问答,另一类特征非常重要,就是该节点与主题实体节点的关系/路径,如"屠呦呦"与"宁波市"是"出生地"关系。如图 13.6 所示,对于候选答案"宁波市",可以提取"省份=浙江省""国家=中国""类型=地名""与 topic 关系=出生地-r"(R-r 表示关系 R 的逆关系)等特征。

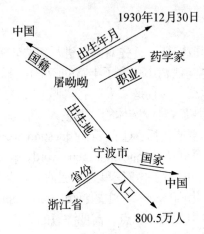

图 13.6 候选答案特征图

(3) 问句与候选答案匹配。

单纯依靠问题中的特征和候选答案中的特征还不够,我们还需要知道"哪里人"和"与 topic 关系=出生地-r"应该对齐,"哪里"与"类型=地名"应该对齐。因此,我们可以把问句中的特征和候选答案中的特征进行组合,希望一个关联度较高的问题与候选答案特征具有较高的权重。该权重的学习可以利用机器学习模型。例如,把从候选答案中找出正确答案的过程建模为一个二分类问题(判断每个候选答案是否为正确答案),可以使用形如<问题,答案>对的训练数据学习一个分类器来判别是否为正确答案,分类器的输入特征向量就是以上特征的组合。需要说明的是,当学习数据充分的时候,基于机器学习的模型可以学习这种对齐关系。实际上,比较好的线下资源(如短语与关系的对齐数据)能够辅助问题与候选答案的匹配判断。

2. 基于表示学习的神经网络方法

基于特征工程的方法还需要自行定义和抽取特征,并且在计算问题和候选答案相关度的时候,需要对问句中的特征和候选答案中的特征进行笛卡儿积运算,这可能使得特征维度扩大到难以处理。为了解决这类问题,可以使用基于表示学习的神经网络方法(即基于深度学习的方法)。近年来,随着深度神经网络技术的不断发展,有很多基于神经网络的知识问答方法通过学习的方式得到问句和候选答案的数值表示，并以此训练匹配模型。具体地，通过表示学习方法，模型将用户用自然语言表示的问题转换为一个低维空间中的数值向量，同时把知识库中的实体、概念、类别，以及它们之间的关系表示为同一语义空间中的数值向量。于是，知识问答任务(判断候选答案集合中哪些实体是正确答案)可以看成问句的表示向量与候选答案的表示向量匹配程度计算的过程。

Bordes 等人[28]于 2014 年发表在 EMNLP 上的文章《基于子图嵌入的知识问答》(*Question Answering with Subgraph Embeddings*)是这类方法的奠基性研究成果，首次将神经网络的方法应用于知识库问答。首先将问句及知识库中的候选实体，以及相关实体、关系和属性都映射到低维空间中，然后计算问题和候选答案的匹配程度。在该模型中，问句由词向量的平均表示，候选答案的表示可以分成三种：①答案实体的向量表示；②答案路径(该实体与主题实体的关联路径)的向量表示(符号向量直接相加)；③和答案直接相关的实体和关系子集的向量表示，称为子图向量表示(subgraph embedding)。

具体地，问句和答案的相似度表示为

$$S(q,a) = f(q)^\mathrm{T} g(a) \tag{13.3}$$

式中，问句表示为 $f(q) = W^\mathrm{T}\varphi(q)$，和前面的工作一样；答案表示为 $g(a) = V^\mathrm{T}\varphi(a)$。$\varphi(a)$ 可以为上述三种不同的表示方式(其中②和③是将相应的实体和关系的向量直接相加)。W 是向量表示矩阵，自然语言的词汇及知识库中的实体和关系都在这个表示矩阵之中。通过设计基于边界的排序损失函数能够训练该模型，基于训练样本(q,a)，可以构造负例(q,a')(a'可以从候选答案实体集合中除正确答案之外的其他实体采样得到)，该神经网络匹配模型的训练目标是使正样本的匹配得分大于负样本的匹配得分加上一个间隔值γ，即

$$\forall a' \neq a, f(q)^\mathrm{T} g(a) > \gamma + f(q)^\mathrm{T} g(a') \tag{13.4}$$

因此，可以采用如下损失函数训练模型

$$[\gamma - f(q)^\mathrm{T} g(a) + f(q)^\mathrm{T} g(a')]_+ \tag{13.5}$$

式中，$[x]_+$ 表示 $\max(0,x)$。根据梯度下降法可以不断更新模型参数 W 和 V。

上述基本模型把问句和答案都表示为词袋模型，没有考虑词的顺序性，也没有考虑答案不同类型属性的不同特性。近年来，不断有新的模型可以获取更丰富的问题、答案语义表示，以及它们之间的关联。为了获取更丰富的问句语义表示，Dong 等人[30]提出了利用卷积神经网络模型获取问句组合语义，并且，针对答案实体类型、答案实体与主题实体的关联路径、其他相关属性三种不同的答案表示，利用了三套不同参数的卷积神经网络模型。Hao 等人提出了基于交叉关注机制的神经网络模型，可以根据不同的答案及其不同侧面动态地表示问句的语义，同时动态地考虑它们之间的联系。具体地，不同答案的不同侧面对问句的关注点不同，而且决定了问句是怎样表示的；而问句又对不同答案侧面进行不同权重的关注。注意力的强弱程度在问句表示时被当作每个词的权重。这种基于关注机制的问答匹配模型能有效提升问答匹配效果。

以上这些研究都是在知识库问答上利用神经网络模型的代表性研究，可以看到，这类方法已经可以在知识库问答上发挥作用。实际上，神经网络的方法是将知识库问答转化为在众多的答案候选中选择最相似的，并没有对自然语言问句进行语义解析。但是由于此类方法不需要人工设计规则和特征，对于自然语言处理工具依赖程度低，因此有更好的迁移性，更适用于互联网大规模的知识库问答应用。

13.2.3 常用评测数据及各方法性能比较

目前，知识库问答系统和方法的常用评测数据包括 ATIS、GeoQuery、QALD、Free917 和 WebQuestions 等。

(1) ATIS(the air travel information system，航空旅行信息系统)是为美国和加拿大航空服务的知识库人机接口，知识库包含了一些城市和航班信息，除了事实性问题，有部分问句是上下文相关的对话形式。

(2) GeoQuery 是美国地理信息知识库，包括了美国各州、城市及它们相邻情况的信息，问句包括一些与地理位置相关的问题。

(3) QALD(question answering over linked data，链接数据问答)是 CLEF 会议中的一个评测子任务，自 2011 年开始，每年举办一届，每次提供若干训练集和测试集。典型的问句如 "What is the total amount of men and women serving in the FDNY?"，问题不仅包括对应的答案，还包括形式化查询语句(SPARQL expressions)。QALD 对应知识库为最新版的 DBpedia 和 YAGO，由于一个问题可能有多个答案，因此评价指标为平均 F1 值。

(4) Free917 包括 917 个问句，它按照如下方式构造得到：给定一个 Freebase 中的关系，让标注者面向 Freebase 提出若干与此关系相关的问题，并给出在 Freebase 中对应的查询语句(即答案)。因此，Free917 不能代表现实情况下的问句。

(5) WebQuestions 是为了解决真实问题而构造的数据集，它通过爬取 Google Suggest 中的问题得到，问句的答案通过 Amazon Mechanic Turk 标注得到。WebQuestions 中典型的问句形如 "What country is the grand bahama island in?"。

以上评测数据中，AITS 和 GeoQuery 的知识库不是通用知识库，QALD 和 Free917 是面向通用知识库的问题集。相比较而言，WebQuestions 是针对限定领域设计的，所涉及的都是比较简单的问题，大部分都只涉及 Freebase 中实体的一个关系，而 QALD 数据集不仅可能包括多个关系和多个实体(如 "Which buildings in art deco style did Shreve, Lamb and Harmon design?")，还包括含有时间、比较级、最高级和推理的问句(如 "How old was Steve Jobs'sister when she first met him?")。

13.3 知识对话

知识问答系统中假设问题包含了提问者的所有信息需求。实际上，对于包含多个信息需求的问题，人们常常会以多个问题的方式表达出来。例如，"李连杰拍过哪些武打电影？""李连杰是哪儿人？"，而不太会表述为"李连杰是哪儿人，他拍过哪些武打电影？"。另外，知识问答假设问题之间没有关系，实际上，多个问题之间常常共享信息，如上面的两个问题。再如，我们常常会问"北京天气如何？""那上海呢？"，实际上，后面的问题就利用了前面问题的部分信息（"天气如何"）。

【知识对话】

本节主要介绍知识服务的另一类主要形式——知识对话(也称对话系统)。对话系统是更自然友好的知识服务模式，它可以通过多轮人机交互满足用户的需求、完成具体任务等。一般对话系统常常通过语音进行交互，所以也常被称为口语对话系统(spoken dialogue system)、人机对话系统(human-machine conversation system)等。

实际上，日常生活中处处都有对话，在生活和工作中我们每天都在通过对话来获取信息、表达观点、抒发情绪、完成任务等。相较于其他任务，特别是知识问答，对话系统有几个特征。

(1) 多角色切换。对话中通常有两个甚至多个角色，可以是提问者，也可以是问题回答者等，并且在对话过程中，各角色之间常常交替变化。

(2) 连贯性。对话的前后内容是有关联的、有逻辑的，这点与知识问答区别明显。

(3) 多模态。真正的(人与人)对话中，常常涉及语音、文字、图片等多种模态的数据，这些数据都可以成为对话中传递信息的方式。

本质上来讲，对话系统就是能与人进行连贯对话的计算机系统。目前，对话系统可以完成简单的任务，如人机聊天、订机票等。随着知识图谱资源的大规模增长和机器学习模型的快速进展，对话系统逐步从限定领域走向开放领域。下面首先简单介绍知识对话技术，然后介绍两类最常用的对话系统——限定领域的任务导向型对话系统和开放领域的通用对话系统，最后对对话系统的评价方法进行讨论。

13.3.1 知识对话技术概述

图 13.7 所示为对话系统的典型架构。虚线内是文本对话系统部分，它一般包含六个组成部分。

(1) 语音识别。该模块主要负责接收用户的输入信息，把输入的语音数据转为计算机方便表示和处理的文字形式。

(2) 对话理解。该模块主要负责对用户的输入信息进行分析处理，获得对话的意图。

(3) 对话管理。该模块根据对话的意图做出合适的响应，控制整个对话过程，使用户与对话系统顺利交互，解决用户的问题，它是对话系统的核心步骤。

(4) 任务管理。该模块针对具体任务来管理对话过程所涉及的实例型知识数据和领域知识(可能难以形式化描述)。

(5) 对话生成。该模块主要负责将对话管理系统的决策信息转换为文本结构的自然语言。

(6) 语音合成。该模块主要负责将文本结构的信息转换为语音数据发送给用户。

本书主要关注对文本内容的处理，因此不介绍语音识别和语音合成部分的内容。实际上，除去语音识别和语音合成模块，就是文本对话系统的主要研究内容，也是对话系统的核心内容。

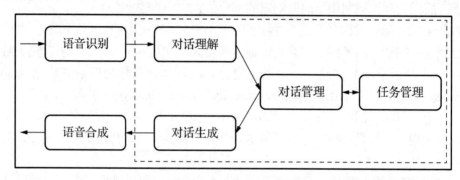

图 13.7　对话系统的典型架构

13.3.2　任务导向型对话系统

本节将介绍任务导向型对话系统，特别是其中的主要组成模块：对话理解、对话生成、对话管理。典型的任务导向型对话过程示例如图 13.8 所示。首先是系统引导对话，然后是用户输入意图，通过用户输入和系统引导的方式交互式地完善用户意图信息，最终完成具体任务。

1. 自然语言理解

自然语言理解模块的目标是将文本数据表示的信息转换为可被机器处理的语义表示。一般来讲，机器可处理的语义表示都与具体任务相关，它需要与特定任务维护的内容数据(知识图谱)进行交互。例如，订购火车票的对话系统可能需要与数据库进行交互，它的任务是帮助用户购买到合适的火车票，因此需要确定火车票的车次、类型、出发站、到达站、出发时间、到达时间、历时、票价等信息(一般把信息类型称为"槽")。例如，用户输入的信息需求"从北京到上海的高铁有哪些?"可能对应如下的"槽-值"框架信息。

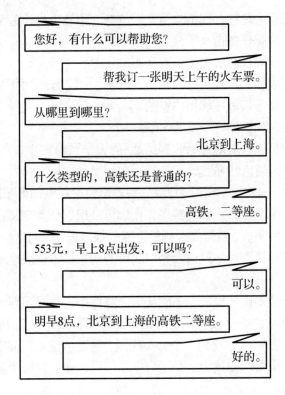

图 13.8 任务导向型对话过程示例

火车票：
    始发-到达：
        出发站：北京
        到达站：上海
    类型：高铁

    自然语言理解模块如何把输入的文本数据转换成上述语义信息呢？这不是一个简单的任务，语言理解中的多种难点问题都体现在该任务中。

    首先，因为同样的意思有很多种不同的表达方式，对机器而言，理解每句话表达的意思不是简单的任务。例如，下面三句话都表示同样的意图，都表示想订购一张从北京到上海的高铁火车票。

    Q1:从北京到上海的高铁有哪些？
    Q2:可以帮我订购一张北京到上海的火车票吗？
    Q3:我想要一张到上海的票。

    其次，自然语言的表示常常存在不确定性，相同语言表达在不同语境下的语义可能完全不同。

最后,在自然语言中往往存在不规范、不流畅、重复、指代甚至是错误等情况。这些问题都给自然语言理解任务带来了很大的困难。

目前,对话系统还难以解决上述所有问题。

一些对话系统用模板的方式进行自然语言理解,抽取出其中的"槽"和对应的"值"。例如,可以通过设计如下模板理解用户意图。

P1:从<出发站>到<到达站>的<类型>有哪些?
P2:可以帮我订购一张<出发站>到<到达站>的火车票吗?
P3:我想要一张到<到达站>的票。

其中,<出发站>、<到达站>、<类型>分别表示模板对应知识图谱中"槽"的信息。这种方法的好处是非常灵活,也容易实现,人们可以根据任务定义各种各样的模板。当然该方法的缺点也非常明显,就是复杂场景下需要很多模板,而这些模板几乎无法穷举。因此,基于模板的自然语言理解只适合相对简单的场景,方便快速地开发一个简单可用的语义理解模块。

上述方法使用的是规则和模板,不能从历史数据中自动学习理解模型。目前,很多方法都是使用数据驱动的统计模型识别对话中的意图和抽取对话中的意图项(槽值抽取和填充)。对话意图识别可以描述为一个分类问题,通过从输入查询中提取的文本特征进行意图分类。槽值抽取可以描述为一个序列标注问题,通过对每个输入词的标注和分类找出各个槽对应的值。

2. 对话管理

对话管理是对话系统中最重要的组成部分,也是体现其区别于问答系统的核心步骤。对话管理用于控制对话的框架和结构,维护对话状态,通过与任务管理器的交互生成相应的动作。目前常用的对话管理技术包括基于有限状态自动机的方法、基于框架的方法和基于概率模型的方法。

(1) 基于有限状态自动机的方法。

这是一种最简单的对话管理架构,它把任务完成过程中系统向用户询问的各个问题表示为状态,而整个对话可以表示为状态之间的转移。状态转移图可以用有限状态自动机进行描述,状态图中的节点表示系统询问用户各个槽值的提示语句,节点间的边表示用户状态的改变,节点间的转移控制着对话的进行。对话过程中,用户的输入对应着特定槽的信息,系统根据用户输入的信息从当前状态转移到下一个状态,当任务完成的时候,即完成了一次对话的交互。系统需要一步一步从用户的话语/回复中获取所需订购火车票的出发站、到达站、类型、出发时间、座位类型等信息,并通过确认信息最后完成订购任务。需要说明的是,整个规划流程都是事先预定好的,也就是说,需要先提供"出发站"和"到达站"然后才能提供"座位类型"信息,它无法处理含有更多信息的对话。如果系统在咨询出发城市的时候,用户还提供了如"出发时间"等更多类型的数据,对

第 13 章
知识问答与对话

话系统是无法识别这些信息的,它需要完全按照状态自动机中的状态转移过程重新询问这些信息。

(2) 基于框架的方法。

任务导向型对话系统实质上是获取/填充任务对应表中各个槽的值。例如,订购火车票系统就是需要从用户获取值填充出发站、到达站、类型、出发时间、座位类型等槽信息。只要能通过用户提供的槽值确定记录(获取了所需的全部信息),就能够完成任务,如表 13-2 所示。由于使用任务常用框架进行表示,因此该方法被称为基于框架的方法,由于对话是填充任务记录各个槽值的过程,因此也常被称为基于槽填充的方法。基于框架的对话方法就是确定这些所需全部槽值的过程,并在对话过程中不断填充和修改对话状态(如用向量表示框架中各个槽的填充情况)。对话管理系统根据各个槽的填充情况控制对话的过程。由于可以一次获取框架中的多个槽值,因此,不需要重新询问用户已经提供过的信息。另外,填写各个槽值的时候也不需要按照固定顺序进行。因此,相较于基于有限状态自动机的对话管理系统,这类系统更灵活,它能够适应更多的对话类型。由于它不需要预先确定所有的对话流程,因此可以根据当前用户的意图与对话的上下文信息来决定下一步的对话操作。

表 13-2 任务的槽和对应的系统提示问题

槽	系统提示问题
始发站	"从哪里出发?"
到达站	"去哪里?"
出发时间	"您准备坐几点出发的车?"
类型	"选择什么类型的车?高铁、动车还是其他的?"
座位类型	"请问您选择什么类型的座位?"

(3) 基于概率模型的方法。

基于有限状态自动机和基于框架的对话系统都需要人工定义规则,非常耗费人力与时间,而且人工定义的规则集合难以保证列出所有规则,覆盖率不够。因此,人们提出了基于概率统计的对话管理方法,使用数据驱动的方法自动学习对话模型。对话过程是一个连续决策任务,一个好的决策应该是选择各种动作,这些动作集合的目标是最大化完成最终任务的回报(reward)和最小化损失(cost)。因此,可以利用马尔可夫决策过程(Markov decision process,MDP)进行建模。MDP 是一种可以应用在对话管理系统上的概率模型,通过分析对话数据学习到决策规则,在一定程度上克服了人工定义规则覆盖率不足的问题。使用该模型对对话系统建模,能够利用强化学习(reinforcement learning)技术基于特定回报/损失求解最优对话策略,学习对话管理模型。

3. 自然语言生成

对话管理模块能够得到对话系统在输出时刻的系统状态，如某列列车车次信息。基于对话状态，自然语言生成模块需要得到具体的回复内容。自然语言生成技术包括两个部分：内容选择和内容描述。其中，内容选择是由对话管理模型决定的，用户接收的描述内容则取决于自然语言生成模块。

最简便直接的自然语言生成方法通过预先设定的模板，对系统状态(内容)进行一定的组织、选择和变换，将模板填充完整后输出。该方法效率高，实现简单，但是生成的句子质量不高。模板难以维护或扩展，也难以创造新的语言表达。

近年来，为了解决基于模板的自然语言生成模型难以维护和扩展的问题，研究者提出端到端的自然语言生成模型，采用数据驱动的统计模型学习如何自动生成完整自然语言回复句子，自然问答就是其中一个典型代表。

传统知识问答都是针对用户(使用自然语言)提出的问句，提供精确的答案实体。例如，对于问句"郭芙的出生地在哪儿?"，返回"桃花岛"。但是，仅仅提供这种孤零零的答案实体并不是友好的交互方式，用户更希望接收到以自然语言句子表示的完整答案，也称自然答案。例如，对于上述问句，返回"郭芙是郭靖和黄蓉的女儿，她出生在桃花岛上"。自然答案可以广泛应用于智能客服等各种知识服务领域。知识问答中自然答案的生成具有非常明确的现实意义和巨大的应用背景。与返回答案实体相比，在知识问答中返回自然答案具有如下优势。

(1) 普通用户更乐于接受能够自成一体的答案形式，而不是局部的信息片段。

(2) 自然答案能够对回答问句的过程提供某种形式的解释，可以无形中增加用户对系统的接受程度。

(3) 自然答案能够提供与答案相关联的背景信息(如上述自然答案中的"郭靖和黄蓉")。

(4) 完整的自然语言句子可以更好地支撑答案验证、语音合成等后续任务。

为了生成自然答案，端到端的自然问答系统 COREQA[基于编码器-解码器(encoder-decoder)的深度学习模型]，针对需要多个知识图谱中的事实才能回答的复杂问句，引入了复制和检索机制，利用复制、检索和预测等不同语义单元获取模式，从不同来源获得不同类型的词汇，从而生成复杂问句的自然答案。下面以"你知道郭靖来自哪里吗?"这个问题为例说明该系统的主要步骤。

(1) 知识检索。首先识别问题中包含的实体词，这里需要识别出的实体词是"郭靖"。然后根据实体词从知识图谱中检索出相关的三元组(主题,属性,对象)。针对"郭靖"这个实体，我们可以检索出(郭靖,性别,男)、(郭靖,出生地,蒙古)、(郭靖,祖籍,山东)等三元组。

(2) 编码器。为了生成答案，需要先将问句和检索到的知识实例分别编码成向量，以便后续深度生成模型利用。问句编码器使用典型的双向循环神经网络把词序列的问句转换为向量序列。知识实例编码器使用记忆网络(memory network)对知识检索阶段得到的知识三元组进行编码。

(3) 解码器。这一步根据答案和知识的编码向量生成自然答案。自然答案虽然是词序列，但是不同的词可能需要通过不同途径获得。例如，对于上述问题的答案"郭靖出生在蒙古，他的祖籍是山东"，词语"郭靖"需要从源问句中复制得到，实体词"蒙古""山东"需要从知识库中检索得到，而其他词如"出生""在""祖籍"等需要通过模型预测得到。因此，COREQA 在标准的序列到序列(sequence to sequence，Seq2Seq)模型基础上，融合了三种词语(语义单元)获得模式(包括复制、检索和预测)，用统一的模型对其建模，让各种模式之间相互竞争和影响，最终对复杂问题生成一个最好的自然答案。

13.3.3 通用对话系统

通用对话系统不针对特定的任务，它以通过图灵测试为主要目标。早期的方法大多基于模板进行对话的分析和生成，随着近年来数据资源的丰富和机器学习方法的进步，越来越多的工作自动从数据中学习通用对话模型。

1. 基于模板的方法

早期的对话系统主要是使用关键词和模式匹配的方法，处理和生成的句式都比较简单，也比较固定，能处理的领域有限，不能处理较复杂的对话，对话的自然度较差。

麻省理工学院在 1966 年设计开发了 ELIZA 对话系统。这个系统可以允许用户在一定的限制内进行对话，人在与其对话时不会察觉是在与机器交流。下面是典型的对话例子。

ELIZA: Hello, I am Eliza.

User: can you speak chinese?

ELIZA: Perhaps you would like to be able to **speak chinese**?

User: who is your mother?

ELIZA: Are such questions on your mind often?

User: can you see pictures?

ELIZA: Don't you believe that I can see **pictures**?

User: what's the weather of Beijing?

ELIZA: I'm not sure I understand you fully.

User: What year is this?

ELIZA: What is it that you really want to know?

User: Which year you are developed?

ELIZA: Perhaps you would like to be **developed**?

从上面的例子可以看出，ELIZA 只是使用模式匹配的方法，根据用户的输入，匹配出关键的部分(如例子中的加粗部分)，转换成符合语法的输出，达到与用户对话的目的。这是模式匹配方法在对话系统中的成功应用，但是整个对话过程比较生硬，不够自然，不是一个很好的对话系统。

实际上，后来还有人延续这种方法设计通用对话系统。例如，美国人工智能专家理查德·华莱士设计了 ALICE 聊天系统，它是第一个宣称通过图灵测试的系统，并且该系统在 2000 年和 2001 年连续两年获得洛伯纳奖。国内也有不少这类的聊天系统，如小黄鸡 10-17。但是，包括 ELIZA 和 ALICE 等在内的对话系统没有涉及任何的知识，因此，可以认为上述方法只是采取了技巧"引导"模型通过图灵测试，没有太多实用价值。

2. 端到端的方法

近年来，深度神经网络在自然语言处理领域的各个任务中都取得了广泛而成功的应用，有些任务提升了传统特征工程模型的效果(如命名实体识别等序列标注任务)，有些任务使得开放域下的学习和应用成为可能(如自动作诗、对话生成等任务)，有些任务避免了传统方法大量的工程性操作(如知识问答中的模板工程、机器翻译中的调序操作)。类似地，基于端到端的对话模型希望从原始历史对话数据中学习对话过程中所需的全部知识，自动生成流利、完整的对话内容。例如，这种模式希望从以下形式的原始对话数据中学习对话模型，从而对各式各样的消息进行自动回复。

A：会，结了婚之后你赚的钱有她一半。
B：那她赚的钱也得有我一半吧，那扯平了。
A：对啊，所以你还贷款的钱是你们两个人的钱，即使她不赚钱。
A：那个年代的三连冠没现在那么容易拿，欧冠半决赛没那么容易进。
B：然而事实是之前有欧冠卫冕，现在没了。
A：三连冠是指联赛。
B：92 改制以后没有了。
A：联赛更容易，各种连冠。意甲就有米兰三连冠。
B：之后球队开始多了。

这些对话数据可以从网络论坛或电影对话等数据源中大规模获取。如果把对话过程中的句子(消息-回复)看成词的序列，那么对话的建模就是学习一个词序列 $X=[x_1,x_2,\cdots,x_n]$ 到词序列 $Y=[y_1,y_2,\cdots,y_m]$ 转换的任务。基于循环神经网络(recurrent neural network，RNN)的 Seq2Seq 模型是端到端对话模型的基础性工作。下面简要介绍 RNN 的 Seq2Seq 模型如何生成自然语言。

语言生成任务中使用的 Seq2Seq 模型通常是采用 RNN 的编码器-解码器(encoder-decoder)框架。在编码过程中，利用 RNN 把输入对象(问句)$X=[x_1,x_2,\cdots,x_n]$转换为数值表示向量 c。例如，可以利用如下最基本的模型：$h_t=f(x_t,h_{t-1})$；$c=\varphi(h_1,\cdots,h_{Lx})$。其中，$h_t$ 是 RNN 的隐层状态集合，c 是输入对象 X 的抽象表示。实际上，通常还会利用 LSTM

等更好的模型获得隐层状态和上下文表示。另一个常用的技巧就是双向 RNN，使用两个独立的 RNN 分别从头到尾和从尾到头处理原始对象，然后拼接相对应位置的隐层状态，得到整体对象和每个时刻输入对象的表示。

基于 RNN 的编码器得到抽象编码表示，另一个 RNN 用于解码，得到最终的语言输出序列 $Y=[y_1,y_2,\cdots,y_m]$。例如，可以利用如下最基本的模型：$S_t=f(y_{t-1},S_{t-1},c); p(y_t|y<t,X)=g(y_{t-1},S_t,c)$。其中，$S_t$ 表示解码 RNN 在时刻 t 的隐层状态，时刻 t 的目标词预测模型 $p(y_t|y<t,X)$ 通常使用一个在限定词汇表(如 3 万个词)上的 Softmax 分类器进行建模。

13.3.4 评价方法

相较于问答系统，对话系统更难以评价。因为在对话系统中，各个过程都需要人工进行评估和测试；另外，在问答中，每个问题都有精确的答案，但是在对话中，对于同样的消息，可以有含义和形式都完全不同的回复，没有唯一的答案。因此，最理想的评价方式就是让人使用对话系统，然后从各个方面对满意度进行打分。表 13-3 就是 Walker 所采用的对话系统打分的方法，用户可以对其打 1~5 分，通过计算平均分判断系统的相对性能。

表 13-3 对话系统评价中的用户满意度调查

项目	评价
语音合成模块的性能	系统合成的语音是否容易理解？
文本识别模块的性能	系统是否理解了你说的内容？
任务易用性	是不是便于找到所需信息？
交互速度	系统交互的速度是否合适？
用户体验	在各个步骤上你是否知道自己都能说些什么？
系统反馈	系统回复内容的时候迟钝或延迟的频度如何？
期望行为	系统是不是按照你期望的执行？
未来使用	你认为你今后还会使用该系统吗？

对于对话系统性能的评价，人参与当然是最好的方式，但是，每改变一次系统(加某个特征、加某个模块、重新学习模型等)都需要人进行评价，这在实践中显然不可行。因此，常常需要有些启发式的自动评价方法，它们能从不同方面对对话系统的性能进行评估比较。这些评价主要关注对话系统如何快速无障碍地满足用户的需求，因此所有评价指标都是基于如下两个准则：①最大化任务完成度；②最小化成本开销。

本章小结

本章主要围绕以知识图谱为知识载体的问答和对话系统进行介绍。首先对自动问答技术的发展脉络进行了梳理,介绍了不同类型的问答系统。然后详细介绍了面向知识图谱的问答系统,总结了两类典型的知识问答技术:基于语义解析的方法和基于搜索排序的方法。最后对具有多轮交互过程的对话系统进行了介绍,主要包括任务导向型和通用对话型两种不同的对话任务。

本章习题

1. 举例说明什么是知识问答。
2. 面向知识图谱的问答系统按照技术方法可以分为哪两种类型?
3. 什么是知识对话?

参 考 文 献

[1] 李德毅. 人工智能导论[M]. 中国科学技术出版社, 2018.

[2] 赵军. 知识图谱[M]. 北京: 高等教育出版社, 2018.

[3] WONG W, LIU W, BENNAMOUN M. Ontology learning from text: A look back and into the future[J]. ACM Computing Surveys, 2012, 44(4): 1-36.

[4] BERNERS-LEE T, HENDLER J, LASSILA O. The semantic web[J]. Scientific American, 2001, 284(5): 28-37.

[5] 金海, 袁平鹏. 语义网数据管理技术及应用[M]. 北京: 科学出版社, 2010.

[6] 杜方, 陈跃国, 杜小勇. RDF 数据查询处理技术综述[J]. 软件学报, 2013, 24(6): 1222-1242.

[7] 吴鸿汉, 瞿裕忠. RDF 数据浏览的研究综述[J]. 计算机科学, 2009, 36(2): 5-10.

[8] 张剑. 国外语义网发展概述[J]. 图书情报工作, 2005, 49(6): 62-65.

[9] BIZER C, LEHMANN J, KOBILAROV G, et al. DBpedia-a crystallization point for the web of data[J]. Web Semantics: Science, Services and Agents on the World Wide Web, 2009, 7(3): 154-165.

[10] SUCHANEK F M, KASNECI G, WEIKUM G. YAGO: A large ontology from Wikipedia and WordNet[J]. Journal of Web Semantics, 2008, 6(3): 203-217.

[11] CARLSON A, BETTERIDGE J, KISIEL B, et al. Toward an architecture for never-ending language learning[C]. Proceedings of the 24th Conference of the Association for the Advancement of Artificial Intelligence, 2010.

[12] DONG X, GABRILOVICH E, HEITZ G, et al. Knowledge vault: A web-scale approach to probabilistic knowledge fusion[C]. Proceedings of the 20th ACM SIGKDD International Conference on Knowledge Discovery and Data Mining, 2014.

[13] WU F, WELD D S. Open information extraction using Wikipedia[C]. Proceedings of the 48th Annual Meeting of the Association for Computational Linguistics, 2010.

[14] FADER A, SODERLAND S, ETZIONI O. Identifying relations for open information extraction[C]. Proceedings of the Conference on Empirical Methods in Natural Language Processing, 2011.

[15] BOLLACKER K, EVANS C, PARITOSH P, et al. Freebase: A collaboratively created graph database for structuring human knowledge[J]. ACM, 2008, 6: 1247-1250.

[16] DUMAIS S T. Latent semantic analysis[J]. Annual review of information science and technology, 2004, 38(1): 188-230.

[17] HOFFART J, SUCHANEK F M, et al. YAGO2: A spatially and temporally enhanced knowledge base from Wikipedia[J]. Artifcial Intelligence, 2013, 194 (Supplement C): 28-61.

[18] NAVIGLI R, PONZETTO S P. BabelNet: The automatic construction, evaluation and application of a wide-coverage multilingual semantic network[J]. Artificial Intelligence, 2012, 193(Supplement C): 217-250.

[19] ETZIONI O, CAFARELLA M, DOWNEY D, et al. Webscale information extraction in KnowItAll(preliminary results)[C]. Proceedings of the 13th International Conference on World Wide Web, 2004.

[20] BANKO M, CAFARELLA M J, SODERLAND S, et al. Open information extraction from the web[C]. Proceedings of the 20th International Joint Conference on Artificial Intelligence, 2007.

[21] 邹磊, 彭鹏. 分布式 RDF 数据管理综述[J]. 计算机研究与发展, 2017, 54(6): 1213-1224.

[22] LEVY O, GOLDBERG Y. Dependency-based word embeddings[J]. ACL, 2014 (2): 302-308.

[23] YU M, DREDZE M. Improving lexical embeddings with semantic knowledge[C]. Proceedings of the 52nd Annual Meeting of the Association for Computational Linguistics, 2014.

[24] XU C, BAI Y, BIAN J, et al. RC-NET: A general framework for incorporating knowledge into word representations[C]. Proceedings of the 23rd ACM International Conference on Information and Knowledge Management, 2014.

[25] WESTON J, BORDES A, YAKHNENKO O, et al. Connecting language and knowledge bases with embedding models for relation extraction[C]. Proceedings of the 2013 Conference on Empirical Methods in Natural Language Processing, 2013.

[26] 刘知远, 孙茂松, 林衍凯, 等. 知识表示学习研究进展[J]. 计算机研究与发展, 2016, 53(2): 247-261.

[27] SOCHER R, CHEN D, MANNING C D, et al. Reasoning with neural tensor networks for knowledge base completion[C]. Proceedings of the Annual Conference on Neural Information Processing Systems, 2013.

[28] BORDES A, CHOPRA S, WESTON J. Question answering with subgraph embeddings[C]. Proceedings of the Conference on Empirical Methods in Natural Language Processing, 2014.

[29] BORDES A, WESTON J, USUNIER N. Open question answering with weakly supervised embedding models[C]. Proceedings of the European Conference on Machine Learning and Knowledge Discovery in Databases, 2014.

[30] DONG L, WEI F, ZHOU M, et al. Question answering over Freebase with multicolumn convolutional neural networks[C]. Proceedings of the 53rd Annual Meeting on Association for Computational Linguistics and the 7th International Joint Conference on Natural Language Processing, 2015.

[31] MOU L L, LU Z D, LI H, et al. Coupling distributed and symbolic execution for natural language queries[C]. Proceedings of the International Conference on Machine Learning, 2017.

[32] NEELAKANTAN A, LE Q V, SUTSKEVER L. Neural programmer: Inducing latent programs with gradient descent[J]. Proceedings of the International Conference on Learning Representations, 2016.

[33] LIANG C, BERANT J, LE Q, et al. Neural symbolic machines: Learning semantic parsers on freebase with weak supervision[J]. Proceedings of the 54th Annual Meeting of the Association for Computational Linguistics, 2016.

[34] GRAVES A, WAYNE G, DANIHELKA I. Neural Turing machines[Z]. London: Google DeepMind, 2014.

[35] GRAVES A, WAYNE G, EYNOLDS M R, et al. Hybrid computing using a neural network with dynamic external memory[J]. Nature, 2016.

[36] GIUNCHIGLIA F, MARCHESE M, ZAIHRAYEU L. Encoding classifications into lightweight ontologies[J]. Journal on Data Semantics, 2007 (8): 57-81.

[37] SUCHANEK F M, KASNECI G, WEIKUM G. YAGO: A core of semantic knowledge unifying WordNet and Wikipedia[C]. Proceedings of the 16th International Conference on World Wide Web, 2007.

[38] LENAT D B. Cyc: A large-scale investment in knowledge infrastructure[J]. Communications of the ACM, 1995, 38(11): 32-38.

[39] WRIGHT S. Correlation and causation[J]. Journal of Agricultural Research, 1921, 20(7): 557-585.

[40] MEDIN D L, SMITH E E. Concepts and concept formation[J]. Annual Review of Psychology, 1984, 35(1): 113-138.

[41] FORTUNA B, LAVRAC N, VELARDI P. Advancing topic ontology learning through term extraction[C]. Proceedings of the 10th Pacific Rim International Conference on Artificial Intelligence, 2008.

[42] LIANG J Q, ZHANG Y, XIAO Y H, et al. On the transitivity of hypernym-hyponym relations in data-driven lexical taxonomies[C]. Proceedings of the AAAI Conference on Artificial Intelligence, 2017.

[43] REI M, BRISCOE T. Looking for hyponyms in vector space[C]. Proceedings of the 18th Conference on Computational Natural Language Learning, 2014.

[44] SANDERSON M, CROFT B. Deriving concept hierarchies from text[C]. Proceedings of the 22nd Annual International ACM SIGIR Conference on Research and Development in Information Retrieval, 1999.

[45] KAVALEC M, SVATÉK V. A study on automated relation labelling in ontology learning[J]. Ontology Learning from Text: Methods, Evaluation and Applications, 2005(123): 44-58.

[46] WU H, SUN M Y, MI P, et al. Interactive discovery of coordinated relationship chains with maximum entropy models[J]. ACM Transactions on Knowledge Discovery from Data, 2018, 12(1): 7.

[47] ABBES H, BOUKETTAYA S, GARGOURI F. Learning ontology from big data through MongoDB database[C]. Proceedings of the IEEE/ACS 12th International Conference on Computer Systems and Applications, 2015.

[48] GUO T, SCHWARTZ D G, BURSTEIN F, et al. Codifying collaborative knowledge: Using Wikipedia as a basis for automated ontology learning[M]//The Essentials of Knowledge Management. Berlin: Springer, 2015: 289-310.

[49] 林海伦, 王元卓, 贾岩涛, 等. 面向网络大数据的知识融合方法综述[J]. 计算机学报, 2017, 40(1): 1-27.

[50] DONG X L, GABRILOVICH E, HEITZ G, et al. From data fusion to knowledge fusion[C]. Proceedings of the International Conference on Very Large Data Bases, 2014.

[51] CHOI N, SONG IL-Y, HAN H. A survey on ontology mapping[J]. SIGMOD Record: ACM SIGMOD (Management of Data), 2006, 35(3): 34-41.

[52] DONG X L, NAUMANN F. Data fusion: Resolving data conflicts for integration[C]. Proceedings of the International Conference on Very Large Data Bases, 2009.

[53] STOILOS G, STAMOU G, KOLLIAS S. A string metric for ontology alignment[C]. Proceedings of the International Semantic Web Conference, 2005.

[54] ANTONIO A, MUIOZ R, MONACHINI M. Named entity WordNet[J]. Proceedings of the International Conference on Language Resources &Evaluation, 2008.

[55] GRAU B C, DRAGISIC Z, ECKERT K, et al. Results of the ontology alignment evaluation initiative[C]. Proceedings of the 8th International Conference on Ontology Matching, 2013.

[56] LI J Z, TANG J, LI Y, et al. RiMOM: A dynamic multistrategy ontology alignment framework[J]. IEEE Transactions on Knowledge and Data Engineering, 2009, 21(8): 1218-1232.

[57] HU W, JIAN N S, QU Y Z, et al. GMO: A graph matching for ontologies[C]. Proceedings of the K-CAP Workshop on Integrating Ontologies, 2005.

[58] 庄严, 李国良, 冯建华. 知识库实体对齐技术综述[J]. 计算机研究与发展, 2016, 53(1): 165-192.

[59] FELLEGI I P, SUNTER A B. A theory for record linkage[J]. Journal of the American Statistical Association, 1969, 64(328): 1183-1210.

[60] NEWCOMBE H B, KENNEDY J M, AXFORD S J, et al. Automatic linkage of vital records[J]. Science, 1959: 954-959.

[61] BHATTACHARYA I, GETOOR L. Collective entity resolution in relational data[J]. ACM Transactions on Knowledge Discovery from Data, 2007, 1(1): 5.

[62] HAO Y C, ZHANG Y Z, HE S Z, et al. A joint embedding method for entity alignment of knowledge bases[C]. Proceedings of the China Conference on Knowledge Graph and Semantic Computing, 2016.

[63] LI Q, LI Y L, GAO J, et al. Resolving conflicts in heterogeneous data by truth discovery and source reliability estimation[C]. Proceedings of the 2014 ACM SIGMOD International Conference on Management of Data, 2014.

[64] TANON T P, VRANDECIC D, SCHAFFERT S, et al. From Freebase to Wikidata: The great migration[C]. Proceedings of the 25th International Conference on World Wide Web, 2016.

[65] MAHDISOLTANI F, BIEGA J, SUCHANEK F. YAGO3: A knowledge base from multilingual Wikipedias[C]. Proceedings of the Conference on Innovative Data Systems Research. 2015.

[66] CRUZ I F, ANTONELLI F P, STROE C. AgreementMaker: Efficient matching for large real-world schemas and ontologies[J]. Proceedings of the International Conference on Very Large Data Bases, 2009.

[67] BRAY T, PAOLI J, SPERBERG-MCQUEEN C M, et al. Extensible Markup Language(XML) 1.0 (Fifth Edition)[S/OL]. (2008-11-26)[2024-04-03]. W3C Recommendation, https://www.w3.org/TR/REC-xml.

[68] BECHHOFER S. OWL: Web Ontology Language[M]//Encyclopedia of Database Systems, Berlin: Springer, 2009.

[69] HU W, QU Y Z. Falcon-AO: A practical ontology matching system[J]. Journal of Web Semantics: Science, Services and Agents on the World Wide Web, 2008, 6(3): 237-239.

[70] QU Y Z, HU W, CHENG G. Constructing virtual documents for ontology matching[C]. Proceedings of the 15th International Conference on World Wide Web, 2006.

[71] JEAN-MARY Y, KABUKA M. ASMOV: Ontology alignment with semantic validation[C]. Proceedings of the SWDB-ODBIS Workshop, 2007.

[72] MILLER G A. WordNet: A lexical database for english[J]. Communications of the ACM, 1995, 38(11): 39-41.

[73] BODENREIDER O. The Unified Medical Language System(UMLS): Integrating biomedical terminology[J]. Nucleic acids research, 2004, 32(1): 267-270.

[74] SEDDIQUI M H, AONO M. Anchor-Flood: Results for OAEI 2009[C]. Proceedings of the ISWC 2009 Workshop on ontology matching, 2009.

[75] SUCHANEK F M, ABITEBOUL S, SENELLART P. PARIS: Probabilistic alignment of relations, instances, and schema[C]. Proceedings of the International Conference on Very Large Data Base, 2011.

[76] LACOSTE-JULIEN S, PALLA K, DAVIES A, et al. SiGMa: Simple greedy matching for aligning large knowledge bases[C]. Proceedings of the 18th ACM SIGKDD International Conference on Knowledge Discovery and Data Mining, 2012.

[77] ABHISHEK A, ANAND A, AWEKAR A. Fine-grained entity type classification by jointly learning representations and label embeddings[C]. Proceedings of the 15th Conference of the European Chapter of the Association for Computational Linguistics, 2017.

[78] LING X, WELD D S. Fine-grained entity recognition[C]. Proceedings of the 26th AAAI Conference on Artificial Intelligence and the 24th Innovative Applications of Artificial Intelligence Conference, 2012.

[79] PAN X M, ZHANG B L, May J, et al. Cross-lingual name tagging and linking for 282 languages[C]. Proceedings of the 55th Annual Meeting of the Association for Computational Linguistics, 2017.

[80] SHIMAOKA S, STENETORP P, INUI K, et al. Neural architectures for fine-grained entity type classification[J]. Proceedings of the Conference of the European Chapter of the Association for Computational Linguistics, 2016.

[81] CHINCHOR N A. Overview of MUC-7[C]. Proceedings of the Message Understanding Conference, 1998.

[82] LEVOW G A. The third international chinese language processing BAKEOFF: Word segmentation and named entity recognition[C]. Proceedings of the 5th SigHAN Workshop on Chinese Language Processing, 2006.

[83] BLACK W J, RINALDI F, MOWATT D. Facile: Description of the NE system used for MUC-7[C]. Proceedings of the 7th Message Understanding Conference, 1998.

[84] GRISHMAN R, SUNDHEIM B. Design of the MUC-6 evaluation[C]. Proceedings of the 6th Message Understanding Conference, 1996.

[85] KRUPKA G R, HAUSMAN K. IsoQuest Inc. : Description of the NetOwl extractor system as used for MUC-7[C]. Proceedings of the 7th Message Understanding Conference, 1998.

[86] KULKARNI S, SINGH A, RAMAKRISHNAN G, et al. Collective annotation of Wikipedia entities in web text[C]. Proceedings of the 15th ACM SIGKDD International Conference on Knowledge Discovery and Data Mining, , 2009.

[87] BORTHWICK A, STERLING J, AGICHTEIN E, et al. NYU: Description of the MENE named entity system as used in MUC-7[J]. Proceedings of the 7th Message Understanding Conference, 1998.

[88] WU Y Z, ZHAO J, XU B. Chinese named entity recognition combining a statistical model with human knowledge[C]. Proceedings of the ACL 2003 workshop on Multilingual and Mixed-Language Named Entity Recognition, 2003.

[89] WU Y Z, ZHAO J, XU B, et al. Chinese named entity recognition based on multiple features[C]. Proceedings of the Conference on Human Language Technology and Empirical Methods in Natural Language Processing, 2005.

[90] BIKEL D M, MILLER S, SCHWARTZ R, et al. Nymble: A high-performance learning name-finder[C]. Proceedings of the 5th Conference on Applied Natural Language Processing, 1997.

[91] SUN J, GAO J F, ZHANG L, et al. Chinese named entity identification using class-based language model[C]. Proceedings of the 19th International Conference on Computational Linguistics, 2002.

[92] BORTHWICK A. A maximum entropy approach to named entity recognition[D]. New York: New York University, 1999.

[93] MIKHEEV A, GROVER C, MOENS M. Description of the LTG system used for MUC-7[C]. Proceedings of the 7th Message Understanding Conference, 1998.

[94] ABERDEEN J, BURGER J, DAY D, et al. MITRE: Description of the alembic system used for MUC-6[C]. Proceedings of the 6th Message Understanding Conference, 1995.

[95] SEKINE S, GRISHMAN R, SHINNOU H, et al. A decision tree method for finding and classifying names in japanese texts[C]. Proceedings of the 6th Workshop on Very Large Corpora, 1998.

[96] NADEAU D. Semi-supervised named entity recognition: Learning to recognize 100 entity types with little supervision[D]. Ottawa: University of Ottawa, 2007.

[97] COLLINS M, SINGER Y. Unsupervised models for named entity classification[J]. Proceedings of the Conference on Empirical Methods in Natural Language Processing, 1999.

[98] KOZAREVA Z, RILOFF E, HOVY E H. Semantic class learning from the web with hyponym pattern linkage graphs[C]. Proceedings of the 46th Annual Meeting of the Association for Computational Linguistics, 2008.

[99] LIU K, QI Z Y, ZHAO J. Are human-input seeds good enough for entity set expansion? Seeds rewriting by leveraging Wikipedia semantic knowledge[C]. Proceedings of AIRS, 2012.

[100] BAGGA A, BALDWIN B. Entity-based cross-document coreferencing using the vector space model[C]. Proceedings of the 17th International Conference on Computational linguistics, 1998.

[101] PEDERSEN T, PURANDARE A, KULKARNI A. Name discrimination by clustering similar contexts[C]. Proceedings of the 6th Annual Conference on Intelligent Text Processing and Computational Linguistics, 2005.

[102] CHEN Y, MARTIN J. Towards robust unsupervised personal name disambiguation[C]. Proceedings of the 2007 Joint Conference on Empirical Methods in Natural Language Processing and Computational Natural Language Learning, 2007.

[103] FLEISCHMAN M B, HOVY E. Multi-document person name resolution[C]. Proceedings of the 42nd Annual Meeting of the Association for Computational Linguistics, 2004.

[104] MANN G S, YAROWSKY D. Unsupervised personal name disambiguation[C]. Proceedings of the 41st Annual Meeting of the Association for Computational Linguistics, 2003.

[105] NIU C, LI W, SRIHARI R K. Weakly supervised learning for cross-document person name disambiguation supported by information extraction[C]. Proceedings of the 42nd Annual Meeting of the Association for Computational Linguistics, 2004.

[106] CUCERZAN S. Large-scale named entity disambiguation based on Wikipedia data[C]. Proceedings of the Conference on EMNLP-CoNLL, 2007.

[107] BUNESCU R C, PASCA M. Using encyclopedic knowledge for named entity disambiguation[C]. Proceedings of the 7th Conference of the European Chapter of the Association for Computational Linguistics, 2006.

[108] HAN X P, ZHAO J. Named entity disambiguation by leveraging Wikipedia semantic knowledge[C]. Proceedings of the 18th ACM Conference on Information and Knowledge Management, 2009.

[109] HAN X P, ZHAO J. Structural semantic relatedness: A knowledge-based method to named entity disambiguation[C]. Proceedings of the 48th Annual Meeting of the Association for Computational Linguistics, 2010.

[110] MALIN B. Unsupervised name disambiguation via social network similarity[J]. Workshop on Link Analysis, Counterterrorism, and Security, 2005, 1401: 93-102.

[111] MALIN B, AIROLDI E, CARLEY K M. A network analysis model for disambiguation of names in lists[J]. Computational &Mathematical Organization Theory, 2005, 11(2): 119-139.

[112] YANG K H, CHIOU K Y, LEE H M, et al. Web appearance disambiguation of personal names based on network motif[C]. Proceedings of the 2006 IEEE/WIC/ACM International Conference on Web Intelligence, 2006.

[113] MINKOV E, COHEN W W, NG A Y, et al. Contextual search and name disambiguation in email using graphs[C]. Proceedings of the 29th Annual International ACM SIGIR Conference on Research and Development in Information Retrieval, 2006.

[114] HASSELL J, ALEMAN-MEZA B, ARPINAR I B. Ontology-driven automatic entity disambiguation in unstructured text[C]. Proceedings of the 5th International Semantic Web Conference, 2006.

[115] BEKKERMAN B, MCCALLUM A. Disambiguating web appearances of people in a social network[C]. Proceedings of the 14th International Conference on World Wide Web, 2005.

[116] KALASHNIKOV D V, NURAYTURAN D, MEHROTRA S. Towards breaking the quality curse: A web-querying approach to web people search[C]. Proceedings of the 31st Annual International ACM SIGIR Conference on Research and Development in Information Retrieval, 2008.

[117] LU Y M, NIE Z Q, CHENG T Y, et al. Name disambiguation using web connection[C]. Proceedings of the 6th International Workshop on Information Integration on the Web, 2007.

[118] MEDELYAN O, WITTEN L H, MILNE D. Topic indexing with Wikipedia[C]. Proceedings of the AAAI Workshop, 2008.

[119] MILNE D N, WITTEN I H. Learning to link with Wikipedia[C]. Proceedings of the 17th ACM Conference on Information and Knowledge Management, 2008.

[120] HAN X P, SUN L, ZHAO J. Collective entity linking in web text: A graph-based method[C]. Proceedings of the 34th International ACM SIGIR Conference on Research and Development in Information Retrieval, 2011.

[121] HE Z Y, LIU S J, LI M, et al. Learning entity representation for entity disambiguation[C]. Proceedings of the 51st Annual Meeting of the Association for Computational Linguistics, 2013.

[122] SUN Y M, LIN L, TANG D Y, et al. Modeling mention, context and entity with neural networks for entity disambiguation[C]. Proceedings of the 24th International Joint Conference on Artificial Intelligence, 2015.

[123] SEVERYN A, MOSCHITTI A. Learning to rank short text pairs with convolutional deep neural networks[C]. Proceedings of the 38th International ACM SIGIR Conference on Research and Development in Information Retrieval, 2015.

[124] HUANG H Z, CAO Y B, HUANG X J, et al. Collective tweet wikification based on semi-supervised graph regularization[C]. Proceedings of the 52nd Annual Meeting of the Association for Computational Linguistics, 2014.

[125] FRANCIS-LANDAU M, DURRETT G, KLEIN D. Capturing semantic similarity for entity linking with convolutional neural networks[C]. Proceedings of the Conference on the North American Chapter of the Association for Computational Linguistics: Human Language Technologies, 2016.

[126] SHEN W, WANG J Y, LUO P, et al. LIEGE: Link entities in web lists with knowledge base[C]. Proceedings of the 18th ACM SIGKDD International Conference on Knowledge Discovery and Data Mining, 2012.

[127] EFTHYMIOU V, HASSANZADEH O, RODRIGUEZ-MURO M, et al. Matching web tables with knowledge base entities: From entity lookups to entity embeddings[C]. Proceedings of the 16th International Semantic Web Confernece, 2017.

[128] XU M L, WANG Z C, BIE R F, et al. Discovering missing semantic relations between entities in Wikipedia[C]. Proceedings of the International Semantic Web Conference, 2013.

[129] MERIALDO P, MECCA G, CRESCENZI V. RoadRunner: Towards automatic data extraction from large web sites[C]. Proceedings of the 27th International Conference on Very Large Data Bases, 2001.

[130] BOLLEGALA D, MATSUO Y, ISHIZUKA M. Relational duality: Unsupervised extraction of semantic relations between entities on the web[C]. Proceedings of the 19th International Conference on World Wide Web, 2010.

[131] ZELENKO D, AONE C, RICHARDELLA A. Kernel methods for relation extraction[C]. Proceedings of the Conference on Empirical Methods in Natural Language Processing, 2003.

[132] CULOTTA A, SORENSEN J. Dependency tree kernels for relation extraction[C]. Proceedings of the 42nd Annual Meeting on Association for Computational Linguistics, 2004.

[133] BUNESCU R C, MOONEY R J. A shortest path dependency kernel for relation extraction[C]. Proceedings of the Conference on Human Language Technology and Empirical Methods in Natural Language Processing, 2005.

[134] MOONEY R J, BUNESCU R C. Subsequence kernels for relation extraction[C]. Proceedings of the International Conference on Neural Information, 2005.

[135] ZHANG M, ZHANG J, SU J, et al. A composite kernel to extract relations between entities with both flat and structured features[C]. Proceedings of the 21st International Conference on Computational Linguistics and the 44th Annual Meeting of the Association for Computational Linguistics, 2006.

[136] COLLINS M, DUFFY N. Convolution kernels for natural language[C]. Proceedings of the 14th International Conference on Neural Information Processing Systems, 2001.

[137] ZHOU G D, ZHANG M, JI Q M. Tree kernel-based relation extraction with context-sensitive structured parse tree information[C]. Proceedings of the Conference on Empirical Methods in Natural Language Processing and Computational Natural Language Learning, 2007.

[138] ZENG D J, LIU K, LAI S W, et al. Relation classification via convolutional deep neural network[C]. Proceedings of the 25th International Conference on Computational Linguistics, 2014.

[139] SANTOS C N, XIANG B, ZHOU B. Classifying relations by ranking with convolutional neural networks[C]. Proceedings of the 53rd Annual Meeting of the Association for Computational Linguistics and 7th International Joint Conference on Natural Language Processing of the Asian Federation of Natural Languages Processing, 2015.

[140] WANG L L, CAO Z, DE MELO G, et al. Relation classification via multi-level attention CNNs[C]. Proceedings of the 54th Annual Meeting of the Association for Computational Linguistics, 2016.

[141] RIEDEL S, YAO L M, MCCALLUM A. Modeling relations and their mentions without labeled text[C]. Proceedings of the European Conference on Machine Learning and Knowledge Discovery in Databases, 2010.

[142] MINTZ M, BILLS S, SNOW R, et al. Distant supervision for relation extraction without labeled data[C]. Proceedings of the Conference of the 47th Annual Meeting of the Association for Computational Linguistics and 4th International Joint Conference on Natural Language Processing of the Asian Federation of Natural Languages Processing, 2009.

[143] HOFFMANN R, ZHANG C, LING X, et al. Knowledge-based weak supervision for information extraction of overlapping relations[C]. Proceedings of the 49th Annual Meeting of the Association for Computational Linguistics, 2011.

[144] NGUYEN T V T, MOSCHITTI A. End-to-end relation extraction using distant supervision from external semantic repositories[C]. Proceedings of the 49th Annual Meeting of the Association for Computational Linguistics, 2011.

[145] SURDEANU M, TIBSHIRANI J, NALLAPATI R, et al. Multi-instance multi-label learning for relation extraction[C]. Proceedings of the Conference on Empirical Methods in Natural Language Processing and Computational Natural Language Learning, 2012.

[146] ZENG D J, LIU K, CHEN Y B, et al. Distant supervision for relation extraction via piecewise convolutional neural networks[C]. Proceedings of the Conference on Empirical Methods in Natural Language Processing, 2015.

[147] LIN Y K, SHEN S Q, LIU Z Y, et al. Neural relation extraction with selective attention over instances[C]. Proceedings of the 54th Annual Meeting on Association for Computational Linguistics, 2016.

[148] JI G L, LIU K, HE S Z, et al. Distant supervision for relation extraction with sentence-level attention and entity descriptions[C]. Proceedings of the AAAI Conference on Artificial Intelligence, 2017.

[149] JIANG X T, WANG Q, LI P, et al. Relation extraction with multi-instance multi-label convolutional neural networks[C]. Proceedings of the 26th International Conference on Computational Linguistics, 2016.

[150] WU W T, LI H S, WANG H X, et al. Probase: A probabilistic taxonomy for text understanding[C]. Proceedings of the International Conference on Management of Data, 2012.

[151] WU F, WELD D S. Autonomously semantifying Wikipedia[C]. Proceedings of the 16th ACM Conference on Information and Knowledge Management, 2007.

[152] TALUKDAR P P, REISINGER J, PASCA M, et al. Weakly-supervised acquisition of labeled class instances using graph random walks[C]. Proceedings of the Conference on Empirical Methods in Natural Language Processing, 2008.

[153] DAVIDOV D, RAPPOPORT A, KOPPEL M. Fully unsupervised discovery of concept-specific relationships by web mining[C]. Proceedings of the 45th Annual Meeting of the Association of Computational Linguistics, 2007.

[154] DAVIDOV D, RAPPOPORT A. Unsupervised discovery of generic relationships using pattern clusters and its evaluation by automatically generated SAT analogy questions[C]. Proceedings of the Association for Computational Linguistics Annual Meeting: Human Language Technologies, 2008.

[155] MILLER G A, BECKWITH R, FELLBAUM C, et al. Introduction to WordNet: An on-line lexical database[J]. International Journal of Lexicography, 1990, 3(4): 235-244.

[156] CHUNG S, TIMBERLAKE A. Tense, aspect, and mood[J]. Language Typology and Syntactic Description, 1985, 3: 202-258.

[157] FILATOVA E, HATZIVASSILOGLOU V. Domain-independent detection, extraction, and labeling of atomic events[C]. Proceedings of Recent Advances in Natural Language Processing, 2003.

[158] PUSTEJOVSKY J, TENNY C. Events and the semantics of opposition[C]. Proceedings of the Events as Grammatical Object, 2000.

[159] LIU Z T, ZHOU W. Research on event-oriented ontology model[J]. Computer Science, 2009, 36(11): 189-192.

[160] ALLAN J, CARBONELL J G, DODDINGTON G, et al. Topic detection and tracking pilot study final report[R]. Proceedings of the DARPA Broadcast News Transcription & Understanding Workshop, 1998 : 194-218.

[161] ALLAN J. Topic detection and tracking: Event-based information organization[M]. Bolin: Springer, 2012.

[162] AHN D. The stages of event extraction[C]. Proceedings of the Workshop on Annotating and Reasoning About Time and Events, 2006.

[163] MCDONALD R T, PEREIRA F, KULICK S, et al. Simple algorithms for complex relation extraction with applications to biomedical IE. Proceedings of the 43rd Annual Meeting on Association for Computational Linguistics, 2005.

[164] RIEDEL S, MCCLOSKY D, SURDEANU M, et al. Model combination for event extraction in BioNLP 2011[C]. Proceedings of the Biomedical Natural Language Processing Shared Task Workshop, 2011.

[165] 孟环建. 突发事件领域事件抽取技术的研究[D]. 上海: 上海大学, 2015.

[166] 林静, 曹德芳, 苑春法. 中文时间信息的 TIMEX2 自动标注[J]. 清华大学学报(自然科学版). 2008, 48(1): 117-120.

[167] 袁毓林. 用动词的论元结构跟事件模板相匹配: 一种由动词驱动的信息抽取方法[J]. 中文信息学报, 2005, 19(5): 37-43.

[168] 丁效, 宋凡, 秦兵, 等. 音乐领域典型事件抽取方法研究[J]. 中文信息学报, 2011, 25(2): 15-20.

[169] 孟雷, 丁效, 秦兵, 等. 基于依存句法和短语结构句法结合的金融领域事件元素抽取[C]. 第十一届全国计算语言学学术会议, 2011.

[170] RILOFF E. Automatically constructing a dictionary for information extraction tasks[C]. Proceedings of the AAAI Conference on Artificial Intelligence, 1993.

[171] KIM J T, MOLDOVAN D I. Acquisition of linguistic patterns for knowledge-based information extraction[J]. IEEE Transactions on Knowledge and Data Engineering, 1995, 7(5): 713-724.

[172] 姜吉发. 一种事件信息抽取模式获取方法[J]. 计算机工程, 2005, 31(15): 96-98.

[173] PISKORSKI J, TANEV H, ATKINSON M, et al. Online news event extraction for global crisis surveillance[J]. Transactions on Computational Collective Intelligence V, Springer, 2011, 6910: 182-212.

[174] TANEV H, PISKORSKI J, ATKINSON M. Real-time news event extraction for global crisis monitoring[C]. Proceedings of the 13th International Conference on Natural Language and Information Systems, 2008.

[175] CHIEU H L, NG H T. A maximum entropy approach to information extraction from semi-structured and free text[C]. Proceedings of the 18th National Conference on Artificial Intelligence, and 14th Conference on Innovative Applications of Artificial Intelligence, 2002

[176] GRISHMAN R, WESTBROOK D, MEYERS A. NYU's English ACE 2005 system description[J]. Journal on Satisfiability, 2005, 5.

[177] 赵妍妍, 秦兵, 车万翔, 等. 中文事件抽取技术研究[C]. 第三届全国信息检索与内容安全学术会议, 2007.

[178] JI H, GRISHMAN R. Brefining event extraction through unsupervised cross-document inference[C]. Proceedings of the 22nd International Conference on Computational Linguistics, 2008.

[179] LIAO S S, GRISHMAN R. Using document level cross-event inference to improve event extraction[C]. Proceedings of the 48th Annual Meeting of the Association for Computational Linguistics, 2010.

[180] HONG Y, ZHANG J F, MA B, et al. Using cross-entity inference to improve event extraction[C]. Proceedings of the 49th Annual Meeting of the Association for Computational Linguistics, 2011.

[181] LIU S L, LIU K, HE S Z, et al. A probabilistic soft logic based approach to exploiting latent and global information in event classification[C]. Proceedings of the AAAI Conference on Artificial Intelligence, 2016.

[182] MCCLOSKY D, SURDEANU M, MANNING C D. Event extraction as dependency parsing[C]. Proceedings of the 49th Annual Meeting of the Association for Computational Linguistics, 2011.

[183] LI P F, ZHU Q M, ZHOU G D. Joint modeling of argument identification and role determination in chinese event extraction with discourse-level information[C]. Proceedings of the International Joint Conference on Artificial Intelligence, 2013.

[184] LI Q, JI H, HONG Y, et al. Constructing information networks using one single model[C]. Proceedings of the Conference on Empirical Methods in Natural Language Processing, 2014.

[185] CHEN Y B, XU L H, LIU K, et al. Event extraction via dynamic multi-pooling convolutional neural networks[C]. Proceedings of the 53rd Annual Meeting of the Association for Computational Linguistics, 2015.

[186] NGUYEN T H, GRISHMAN R. Event detection and domain adaptation with convolutional neural networks[C]. Proceedings of the 53rd Annual Meeting of the Association for Computational Linguistics, 2015.

[187] FENG X C, HUANG L F, TANG D Y, et al. A language-independent neural network for event detection[C]. Proceedings of the 54th Annual Meeting of the Association for Computational Linguistics, 2016.

[188] NGUYEN T H, CHO K, GRISHMAN R. Joint event extraction via recurrent neural networks[C]. Proceedings of the Conference on the North American Chapter of the Association for Computational Linguistics: Human Language Technologies, 2016.

[189] CHEN Z, JI H. Language specific issue and feature exploration in chinese event extraction[C]. Proceedings of the 2009 Annual Conference of the North American Chapter of the Association for Computational Linguistics, 2009.

[190] LIAO S S, GRISHMAN R. Can document selection help semi-supervised learning? A case study on event extraction[C]. Proceedings of the 49th Annual Meeting of the Association for Computational Linguistics, 2011.

[191] LIAO S S, GRISHMAN R. Using prediction from sentential scope to build a pseudo co-testing learner for event extraction[C]. Proceedings of the 5th International Joint Conference on Natural Language Processing, 2011.

[192] LIU S L, CHEN Y B, HE S Z, et al. Leveraging FrameNet to improve automatic event detection[C]. Proceedings of the 54th Annual Meeting of the Association for Computational Linguistics, 2016.

[193] CHEN Y B, LIU S L, ZHANG X, et al. Automatically labeled data generation for large scale event extraction[C]. Proceedings of the 55th Annual Meeting of the Association for Computational Linguistics, 2017.

[194] HANG Y, CHEN Y B, LIU K, et al. DCFEE: A document-level chinese financial event extraction system based on automatically labeled training data[C]. Proceedings of the 56th Annual Meeting of the Association for Computational Linguistics, 2017.

[195] YANG Y M, PIERCE T, J CARBONELL J. A study of retrospective and on-line event detection[C]. Proceedings of the 21st Annual International Association for Computing Machinery SIGIR Conference on Research and Development in Information Retrieval, 1998.

[196] NALLAPATI R, FENG A, PENG F C, et al. Event threading within news topics[C]. Proceedings of the 13th Association for Computing Machinery International Conference on Information and Knowledge Management, 2004.

[197] 贾自艳, 何清, 张海俊, 等. 一种基于动态进化模型的事件探测和追踪算法[J]. 计算机研究与发展, 2004, 41(7): 1273-1280.

[198] STOKES N, CARTHY J. Combining semantic and syntactic document classifiers to improve first story detection[C]. Proceedings of the 24th Annual International ACM SIGIR Conference on Research and Development in Information Retrieval, 2001.

[199] LI Z W, WANG B, LI M J, et al. A probabilistic model for retrospective news event detection[J]. ACM SIGIR Forum, 2005(special): 106-113.

[200] YANG H, CHUA T S, WANG S G, et al. Structured use of external knowledge for event-based open domain question answering[J]. ACM SIGIR Forum, 2003(special): 33-40.

[201] YU M, LUO W H, XU H B, et al. Research on hierarchical topic detection in topic detection and tracking[J]. Journal of Computer Research and Development, 2006, 43(3): 489-495.

[202] HUANG L F, FENG X C, JI H, et al. Liberal event extraction and event schema induction[C]. Proceedings of the 54th Annual Meeting of the Association for Computational Linguistics, 2016.

[203] KRUMM J, HORVITZ E. Eyewitness: Identifying local events via space-time signals in twitter feeds[C]. Proceedings of the 23rd SIGSPATIAL International Conference on Advances in Geographic Information Systems, 2015.

[204] CHENG T, WICKS T. Event detection using twitter: A spatio-temporal approach[J]. PLOS ONE, 2014, 9(6).

[205] WENG J S, LEE B S. Event detection in twitter[C]. Proceedings of the International Conference on Weblogs and Social Media, 2011.

[206] MAYFIELD J, ALEXANDER D, DORR B, et al. Cross-document coreference resolution: A key technology for learning by reading[C]. Proceedings of the AAAI Spring Symposium, 2009.

[207] 仲兆满, 刘宗田, 周文, 等. 事件关系表示模型[J]. 中文信息学报, 2009, 23(6): 56-61.

[208] 杨雪蓉, 洪宇, 马彬, 等. 基于核心词和实体推理的事件关系识别方法[J]. 中文信息学报, 2014, 28(2): 100-108.

[209] CHOUBEY P K, HUANG R H. Event coreference resolution by iteratively unfolding inter-dependencies among events[C]. Proceedings of the Conference on Empirical Methods in Natural Language Processing, 2017.

[210] 杨竣辉, 刘宗田, 刘炜, 等. 基于语义事件因果关系识别[J]. 小型微型计算机系统, 2016, 37(3): 433-437.

[211] 干红华, 潘云鹤. 一种基于事件的因果关系的结构分析方法[J]. 模式识别与人工智能, 2003, 16(1): 56-62.

[212] MARCU D, ECHIHABI A. An unsupervised approach to recognizing discourse relations[C]. Proceedings of the 40th Annual Meeting of the Association for Computational Linguistics, 2002.

[213] SORGENTE A, VETTIGLI G, MELE F. Automatic extraction of cause-effect relations in natural language text[J]. CEUR-WS, 2013.

[214] 付剑锋, 刘宗田, 刘炜, 等. 基于层叠条件随机场的事件因果关系抽取[J]. 模式识别与人工智能, 2011, 24(4): 567-573.

[215] HU L M, LI J Z, LI X L, et al. TSDPMM: Incorporating prior topic knowledge into dirichlet process mixture models for text clustering[C]. Proceedings of the Conference on Empirical Methods in Natural Language Processing, 2015.

[216] HU L M, WANG X Z, ZHANG M D, et al. Learning topic hierarchies for Wikipedia categories[C]. Proceedings of the 53rd Annual Meeting of the Association for Computational Linguistics, 2015.

[217] HU L M, LI J Z, NIE L Q, et al. What happens next? future subevent prediction using contextual hierarchical LSTM[C]. Proceedings of the 31st AAAI Conference on Artificial Intelligence, 2017.

[218] DO Q X, LU W, ROTH D. Joint inference for event timeline construction[C]. Proceedings of the Conference on Empirical Methods in Natural Language Processing and Computational Natural Language Learning, 2012.

[219] NG J P, KAN M Y, LIN Z H, et al. Exploiting discourse analysis for article-wide temporal classification[C]. Proceedings of the 2013 Conference on Empirical Methods in Natural Language Processing, 2013.

[220] GE T, PEI W Z, JI H, et al. Bring you to the past: Automatic generation of topically relevant event chronicles[C]. Proceedings of the 53rd Annual Meeting of the Association for Computational Linguistics, 2015.

[221] WILKINSON K, SAYERS C, KUNO H A, et al. Efficient RDF storage and retrieval in jena2[C]. Proceedings of the 1st International Conference on Semantic Web and Databases, 2003.

[222] WILKINSON K. Jena property table implementation[C]. Proceedings of the 2nd International Workshop on Scalable Semantic Web Knowledge Base Systems, 2006.

[223] SHASHA D, WANG J T L, GIUGNO R. Algorithmics and applications of tree and graph searching[C]. Proceedings of the 21st ACM-SIGMOD-SIGACT-SIGART, 2002.

[224] 科勒, 弗里德曼. 概率图模型: 原理与技术[M]. 王飞跃, 韩素青, 译. 北京: 清华大学出版社, 2015.

[225] NILSSON N J. Probabilistic logic[J]. Artificial Intelligence, 1986, 28(1): 71-87.

[226] BACCHUS F. Representing and reasoning with probabilistic knowledge: A logical approach to probabilities[M]. Cambridge: MIT Press, 1990.

[227] POON H F, DOMINGOS P. Sound and efficient inference with probabilistic and deterministic dependencies[C]. Proceedings of the 21st National Conference on Artificial Intelligence and 18th Innovative Applications of Artificial Intelligence Conference, 2006.

[228] WANG W Y, MAZAITIS K, COHEN W W. Programming with personalized pagerank: A locally groundable first-order probabilistic logic[C]. Proceedings of the 22nd ACM International Conference on Information&Knowledge Management, 2013.

[229] WANG Z, ZHANG J W, FENG J L, et al. Knowledge graph embedding by translating on hyperplanes[J]. Proceedings of the 28th AAAI Conference on Artificial Intelligence, 2014.

[230] LIN Y K, LIU Z Y, SUN M S, et al. Learning entity and relation embeddings for knowledge graph completion[C]. Proceedings of the 29th AAAI Conference on Artificial Intelligence, 2015.

[231] JI G, HE S, XU L, et al. Knowledge graph embedding via dynamic mapping matrix[C]. Proceedings of the 53rd Annual Meeting of the Association for Computational Linguistics and the 7th International Joint Conference on Natural Language Processing, 2015.

[232] ROCKTASCHEL T, SINGH S, RIEDEl S. Injecting logical background knowledge into embeddings for relation extraction[C]. Proceedings of the Conference on the North American Chapter of the Association for Computational Linguistics: Human Language Technologies, 2015.

[233] WANG Q, WANG B, GUO L. Knowledge base completion using embeddings and rules[C]. Proceedings of the 24th International Joint Conference on Artificial Intelligence, 2015.

[234] NEELAKANTAN A, ROTH B, MCCALLUM A. Compositional vector space models for knowledge base completion[C]. Proceedings of the 53rd Annual Meeting of the Association for Computational Linguistics, 2015.

[235] LIN Y K, LIU Z Y, LUAN H B, et al. Modeling relation paths for representation learning of knowledge bases[C]. Proceedings of the Conference on Empirical Methods in Natural Language Processing, 2015.

[236] GUU K, MILLER J, LIANG P. Traversing knowledge graphs in vector space[C]. Proceedings of the Conference on Empirical Methods in Natural Language Processing, 2015.

[237] PELLETIER F J. Did Frege believe frege's principle?[J] Journal of Logic, Language and Information, 2001, 10(1): 87-114.

[238] ZETTLEMOYER L S, COLLINS M. Learning to map sentences to logical form: Structured classification with probabilistic categorial grammars[J]. Proceedings of the 21st Conference on Uncertainty in Artificial Intelligence, 2005.

[239] LIANG P, JORDAN M I, KLEIN D. Learning dependency-based compositional semantics[J]. Computational Linguistics, 2013, 39(2): 389-446.

[240] BERANT J, CHOU A, FROSTIG R, et al. Semantic parsing on Freebase from question-answer pairs[C]. Proceedings of the Conference on Empirical Methods in Natural Language Processing, 2013.

[241] KWIATKOWSKI T, ZETTLEMOYER L S, GOLDWATER S, et al. Inducing probabilistic CCG grammars from logical form with higher-order unification[C]. Proceedings of the 2010 Conference on Empirical Methods in Natural Language Processing, 2010.

[242] WONG Y W, MOONEY R. Learning for semantic parsing with statistical machine translation[C]. Proceedings of the Main Conference on Human Language Technology Conference of the North American Chapter of the Association of Computational Linguistics, 2006.